新三导丛书

U0643291

# 材料科学基础
# 导教·导学·导考

## （第2版）

刘智恩　编著

西北工业大学出版社

西安

【内容简介】 本书是针对《材料科学基础(第5版)》(西北工业大学出版社,2019)教材的内容而编写的,共分为9章,包括工程材料中的原子排列、材料中的相结构、凝固、相图、材料中的扩散、塑性变形、回复与再结晶、固态相变以及复合效应与界面等。每章都从内容精要、知识结构、重要公式、典型范例、效果测试和参考答案6个方面对重点内容和主要知识点进行阐述、分析和练习。书后附有硕士研究生入学考试模拟题及部分高校历年硕士研究生入学考试试题。通过对考研试题的分析和讨论,明确解题思路,了解考题的范围、深度及题型。

本书可作为材料科学与工程各专业本科生学习、考研辅导用书,也可供工程技术人员阅读参考。

图书在版编目(CIP)数据

材料科学基础导教·导学·导考 / 刘智恩编著. —
2版. — 西安:西北工业大学出版社,2022.9(2025.2重印)
ISBN 978 - 7 - 5612 - 8336 - 3

Ⅰ. ①材… Ⅱ. ①刘… Ⅲ. ①材料科学 Ⅳ. ①TB3

中国版本图书馆 CIP 数据核字(2022)第 152682 号

CAILIAO KEXUE JICHU DAOJIAO · DAOXUE · DAOKAO
材料科学基础导教·导学·导考

刘智恩　编著

| | | |
|---|---|---|
| 责任编辑:梁　卫 | 策划编辑:梁　卫 | |
| 责任校对:张　潼 | 装帧设计:李　飞 | |
| 出版发行:西北工业大学出版社 | | |
| 通信地址:西安市友谊西路 127 号 | 邮编:710072 | |
| 电　　话:(029)88491757,88493844 | | |
| 网　　址:www.nwpup.com | | |
| 印 刷 者:兴平市博闻印务有限公司 | | |
| 开　　本:787 mm×1 092 mm | 1/16 | |
| 印　　张:13.625 | | |
| 字　　数:358 千字 | | |
| 版　　次:2015 年 9 月第 1 版　2022 年 9 月第 2 版　2025 年 2 月第 3 次印刷 | | |
| 书　　号:ISBN 978 - 7 - 5612 - 8336 - 3 | | |
| 定　　价:42.00 元 | | |

# 前　言

西北工业大学出版社自 1996 年开始陆续出版"通向研究生之路·世纪精版"系列丛书,该丛书的出版顺应了广大考研学生的需求,受到了广泛的关注并产生了较好的影响力。随后,《材料科学基础常见题型解析及模拟题》于 2003 年纳入该系列丛书并付梓出版。自出版后,《材料科学基础常见题型解析及模拟题》有效地帮助材料科学与工程类专业的学生学习技术基础课程,并为他们准备研究生考试提供了有益指导。为了更好地满足广大学生学习与考试的需要,并配合不断更新完善的教材教学使用,笔者于 2015 年对《材料科学基础常见题型解析及模拟题》进行了修订再版,同时更名为《材料科学基础导教·导学·导考》,一直发行至今。

《材料科学基础导教·导学·导考》自第 1 版出版以来,受到了广大读者的欢迎和好评。本次修订主要结合教材《材料科学基础(第 5 版)》的内容做了部分完善。本书的内容共 9 章,对应于教材中的教学内容。每章都从内容精要、知识结构、重要公式原理、典型范例、效果测试等方面,阐述教材的核心内容及教学基本要求。本书内容紧扣大纲,严把尺度,重视提高学生分析问题、解决问题的能力。需要指出的是,每章中的"效果测试"一节,所选用的测试题大多来自教材中每章后面的习题。为了便于学生自学,每章末尾都给出了参考答案。此外,还对其他内容做了一些必要的补充、删改及更新。本书附录包括典型考研试题剖析、硕士研究生入学考试模拟题及部分高校历年考研试题,试图通过对往年部分高校考研试题的分析和讨论,明确知识点和解题思路,让读者掌握考研范围、深度及题型。

这次再版,得到了西北工业大学材料学院王永欣、席守谋等老师的支持,在此一并致谢!

本书难免存在不足或疏漏,敬请读者批评指正。

编著者

2022 年 5 月

# 目　　录

# 第1章  工程材料中的原子排列

## 1.1  内容精要

本章介绍了决定材料性能的两个根本性问题:原子间的结合键和晶体结构。

原子结合成分子或固体时,原子间产生的相互作用力,称为结合键。根据电子围绕原子的分布方式不同,可将结合键分为5类:离子键、共价键、金属键、分子键及氢键。根据结合键的不同,我们通常把工程材料分为金属材料、高分子(聚合物)材料、陶瓷材料及复合材料4类。

除结合键外,晶体结构是决定材料性能的又一根本性因素。在晶体材料的理想状态中,原子有着规则性的排列。本章建立了晶体结构与空间点阵、晶格、晶胞等概念;讨论了晶体中晶面、晶向的概念及其表示方法;介绍了金属中常见的bcc,fcc,hcp三种典型晶格类型以及陶瓷中常见的氯化钠型结构和金刚石型结构。

但是,实际晶体中的结构远不是理想的,而是存在许多类型不同的缺陷。尽管这些缺陷很少,可能在$10^{10}$个原子中只有1个脱离其平衡位置,但这些缺陷极为重要。按照几何特征,晶体中的缺陷可分为点缺陷(包括空位和间隙原子)、线缺陷(位错)和面缺陷(包括晶界、亚晶界等)。

点缺陷是热力学上稳定的一种缺陷。任何温度下,都有一定浓度的点缺陷存在。但过饱和的点缺陷,可使材料的屈服强度升高。点缺陷是扩散及与扩散有关的塑性变形、化学热处理、相变等过程的基础。

位错是晶体缺陷中极为重要的一种缺陷。本章主要讨论了位错的基本类型,柏氏矢量,作用在位错上的力及位错的运动,位错的应力场与应变能以及位错的增殖、塞积与交割等。对于实际晶体中的位错,以面心立方点阵晶体为例进行了分析。

在面缺陷中,主要是认识晶界的结构和特性,因为晶界对材料的力学、腐蚀、冶金性能等影响很大。

必须指出的是,在讨论固体物质结构时,除了晶体与非晶体外,还有一种介于晶体与非晶体之间的"另类"物质,被称为准晶体。它在原子排列上是长程有序,与晶体相似,但它不具备平移对称性,故又与晶体不同。准晶体具有密度小、耐蚀和耐氧化的优点及特殊的光学性能而受到人们的关注。

基本要求:

(1)认识材料的4大类别(金属、聚合物、陶瓷及复合材料)及其分类的基础。

(2)建立单位晶胞的概念,用以想象原子在空间的排列。

(3)熟悉常见晶体中原子的规则排列形式,特别是bcc,fcc以及hcp;还有NaCl结构和金刚石结构。

(4)掌握晶向、晶面指数的标定方法。若给出晶体中具体的晶向、晶面时应会标注"指数";若给出具体的"指数"时,应能在三维空间图上找出其位置。

(5)认识晶体缺陷的基本类型、基本特征、基本性质。注意位错线与柏氏矢量,位错线移动方向、晶体滑移方向与外加切应力之间的关系。

(6) 了解位错应力场的特点及应变能的计算；位错的增殖、塞积与交割。

(7) 了解晶界的特性及分类。

(8) 认识晶体、非晶体、准晶体。

## 1.2 知识结构

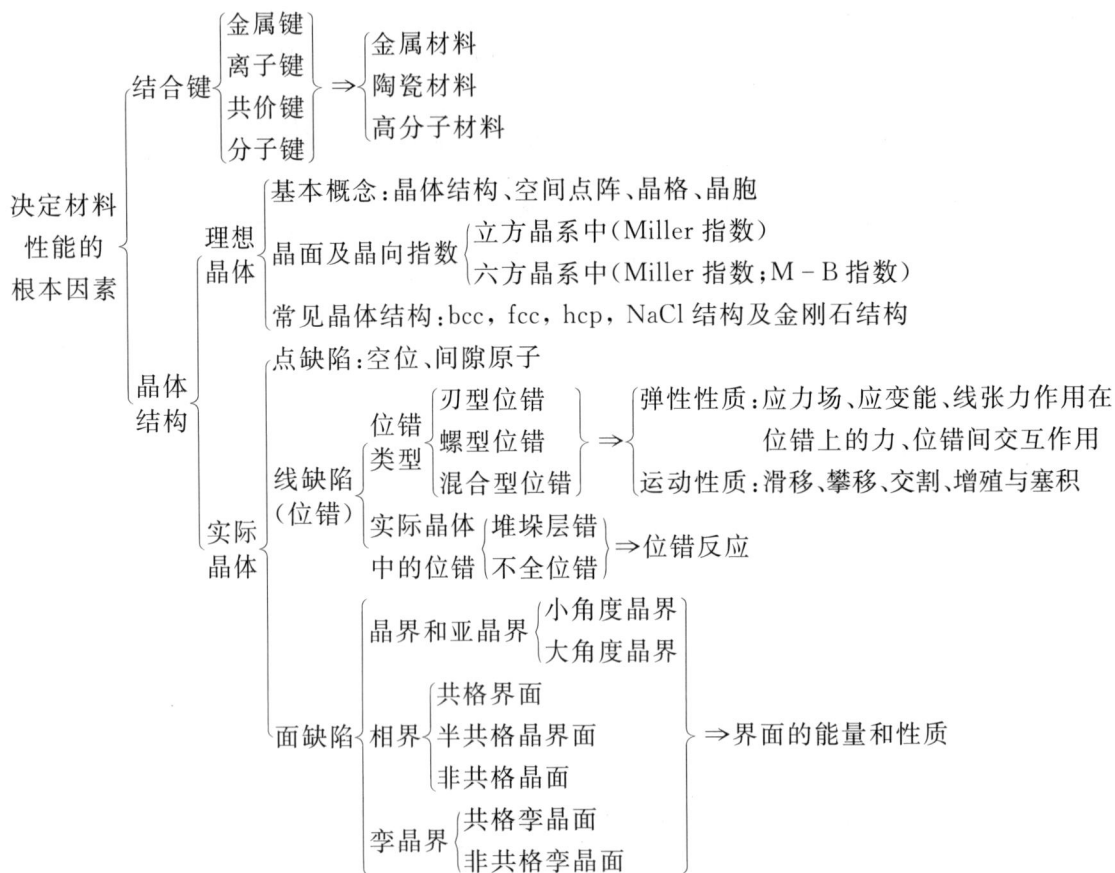

## 1.3 重要公式

(1) 在六方晶系中，某晶向用三轴坐标系标出的晶向指数为$[uvw]$，而用四轴坐标系标出的晶向指数为$[UVTW]$，则三轴与四轴坐标系晶向指数的关系为

$$\left. \begin{array}{l} U = \dfrac{1}{3}(2u - v) \\[2mm] V = \dfrac{1}{3}(2v - u) \\[2mm] T = -(u + v) \\[2mm] W = w \end{array} \right\} \tag{1-1}$$

(2) 在立方晶系中：

1) 设两个晶向为$[u_1 v_1 w_1]$和$[u_2 v_2 w_2]$，则两晶向间的夹角$\alpha$为

$$\cos\alpha = \frac{u_1u_2 + v_1v_2 + w_1w_2}{\sqrt{u_1^2 + v_1^2 + w_1^2}\ \sqrt{u_2^2 + v_2^2 + w_2^2}} \tag{1-2}$$

2）设晶体中有两个不平行晶面 $(h_1k_1l_1)$ 和 $(h_2k_2l_2)$，它们的交线为 $[uvw]$，则交线的晶向指数为

$$u : v : w = \begin{vmatrix} k_1 & l_1 \\ k_2 & l_2 \end{vmatrix} : \begin{vmatrix} l_1 & h_1 \\ l_2 & h_2 \end{vmatrix} : \begin{vmatrix} h_1 & k_1 \\ h_2 & k_2 \end{vmatrix}$$

或

$$\left.\begin{aligned} u &= k_1l_2 - l_1k_2 \\ v &= l_1h_2 - h_1l_2 \\ w &= h_1k_2 - k_1h_2 \end{aligned}\right\} \tag{1-3}$$

（3）点缺陷平衡浓度 $c$ 的计算如下：

$$c = \frac{n_e}{N} = \exp\left[-\frac{\Delta E_V}{kT} + \frac{\Delta S_V}{k}\right] \tag{1-4}$$

式中　$n_e$ —— 平衡空位的数目；

　　　　$N$ —— 阵点总数；

　　　　$\Delta E_V$ —— 每增加一个空位的能量变化；

　　　　$\Delta S_V$ —— 相应的振动熵变化；

　　　　$k$ —— 玻耳兹曼常数。

应用此公式时，可简写为

$$c = A\exp\left(-\frac{\Delta E_V}{kT}\right) \tag{1-5}$$

式中　$A$ —— 振动熵决定的系数，其值约在 $1 \sim 10$ 之间。为了方便，可取 $A = 1$。

（4）作用在单位长度位错线上的力为

$$F = \tau b \tag{1-6}$$

式中　$\tau$ —— 外力在滑移面上的切应力分量；

　　　　$b$ —— 位错的柏氏矢量的模。

$F$ 的方向永远垂直于位错线，并指向滑移面上的未滑移区。

（5）位错周围的应力场。

1）螺型位错的应力场：

切应力为

$$\tau_{\theta z} = \tau_{z\theta} = \frac{Gb}{2\pi r} \tag{1-7}$$

式中　$G$ —— 切变模量；

　　　　$b$ —— 柏氏矢量的模；

　　　　$r$ —— 至位错线的距离。

2）刃型位错的应力场：

正应力为

$$\left.\begin{aligned} \sigma_{xx} &= -A\,\frac{y(3x^2+y^2)}{(x^2+y^2)^2} \\ \sigma_{yy} &= A\,\frac{y(x^2-y^2)}{(x^2+y^2)^2} \\ \sigma_{zz} &= \nu(\sigma_{xx}+\sigma_{yy}) \end{aligned}\right\} \tag{1-8}$$

切应力为

$$\left.\begin{aligned} \tau_{xy} &= \tau_{yx} = A\,\frac{x(x^2-y^2)}{(x^2+y^2)^2} \\ \tau_{xz} &= \tau_{zx} = \tau_{yz} = \tau_{zy} = 0 \end{aligned}\right\} \tag{1-9}$$

式中　$A = \dfrac{Gb}{2\pi(1-\nu)}$；

　　　　$\nu$ —— 泊松比。

（6）位错的应变能为

$$W_{螺} = \frac{Gb^2}{4\pi}\ln\frac{r_1}{r_0} \tag{1-10}$$

式中　$r_0$ —— 位错中心区的半径，一般取 $r_0 \approx b \approx 2.5\times10^{-10}$ m；

　　　　$r_1$ —— 位错应力场的作用半径，一般取 $r_1 = 10^{-6}$ m。

$$W_{刃} = \frac{Gb^2}{4\pi(1-\nu)}\ln\frac{r_1}{r_0} \tag{1-11}$$

式中　$\nu$ —— 泊松比，其值为 $0.3\sim0.4$。

$$W_{混} = \frac{Gb^2}{4\pi K}\ln\frac{r_1}{r_0}$$

式中　$K = \dfrac{1-\nu}{1-\nu\cos^2\varphi}$，其值约为 $0.75\sim1$。

（7）单位长度位错的能量为

$$W = \alpha b^2 \tag{1-12}$$

式中　$\alpha$ —— 与位错类型有关的系数，值为 $0.5\sim1$。

（8）位错间的互作用力。

1）单位长度两平行线位错间的互作用力为

$$f_r = \frac{Gb_1 b_2}{2\pi r} \tag{1-13}$$

式中　$G$ —— 切变模量；

　　　　$b_1,b_2$ —— 分别为两位错的柏氏矢量；

　　　　$r$ —— 两位错间的距离。

互作用力的方向平行于两位错的连线，且两位错同号相斥，异号相吸。

2）单位长度两平行且共滑移面的刃位错间互作用力为

$$f_x = \frac{Gb_1 b_2}{2\pi(1-\nu)}\,\frac{x(x^2-y^2)}{(x^2+y^2)^2} \tag{1-14}$$

$$f_y = \frac{Gb_1 b_2}{2\pi(1-\nu)}\,\frac{y(3x^2+y^2)}{(x^2+y^2)^2} \tag{1-15}$$

式中 $f_x$ —— 引起滑移的作用力,随 $b_2$ 位错所处位置的不同而改变;

$\qquad$ $f_y$ —— 使 $b_2$ 位错沿 $y$ 轴攀移的力。

$f_x$,$f_y$ 均以指向坐标轴正向时为正。

(9)对称倾侧晶界中的位错间距为

$$D = \frac{b}{\theta} \tag{1-16}$$

式中 $\theta$ —— 相邻两晶粒的位向差(称为倾侧角);

$\qquad$ $b$ —— 柏氏矢量的模。

## 1.4 典型范例

**例 1.1** 纯铝晶体为面心立方点阵,已知铝的相对原子质量 $A_r(\text{Al}) = 26.97$,原子半径 $r = 0.143\ \text{nm}$,求铝晶体的密度。

**解** 纯铝晶体为面心立方点阵,每个晶胞有 4 个原子,点阵常数 $a$ 可由原子半径求得,即

$$a = 2\sqrt{2}\,r = 2\sqrt{2} \times 0.143\ \text{nm} = 0.405\ \text{nm}$$

所以密度

$$\rho = \frac{m}{v} = \frac{4A_r}{N_0 a^3} = \frac{4 \times 26.97\ \text{g}}{6.023 \times 10^{23} \times (0.405 \times 10^{-7})^3\ \text{cm}^3} = 2.696\ \text{g/cm}^3$$

**讨论** 求解这类问题的关键,是能根据晶胞模型计算出点阵常数 $a$ 与原子半径 $r$ 之间的关系。常见晶体结构中点阵常数与原子半径的关系为

bcc: $\qquad$ $r = \dfrac{\sqrt{3}}{4}a$ $\quad$ 或 $\quad$ $a = \dfrac{4\sqrt{3}}{3}r$

fcc: $\qquad$ $r = \dfrac{\sqrt{2}}{4}a$ $\quad$ 或 $\quad$ $a = 2\sqrt{2}\,r$

hcp: $\qquad$ $r = \dfrac{1}{2}a$ $\quad$ 或 $\quad$ $a = 2r$ $\quad$ (当 $c/a = 1.633$ 时)

**例 1.2** 氧化镁($\text{MgO}$)与氯化钠($\text{NaCl}$)具有相同的结构。已知 Mg 的离子半径 $r_{\text{Mg}^{2+}} = 0.066\ \text{nm}$,氧的离子半径 $r_{\text{O}^{2-}} = 0.140\ \text{nm}$。

(1)试求氧化镁的晶格常数;

(2)试求氧化镁的密度。

**解** (1)氯化钠的晶体结构如图 1-1 所示。由图可知,氧化镁的晶格常数为

$a = 2 \times (r_{\text{Mg}^{2+}} + r_{\text{O}^{2-}}) = 2 \times (0.066\ \text{nm} + 0.140\ \text{nm}) =$
$0.412\ \text{nm}$

(2)每一个单位晶胞中含有 4 个 $\text{Mg}^{2+}$ 及 4 个 $\text{O}^{2-}$;1 mol 的 $\text{Mg}^{2+}$ 具有 24.31 g 的质量,1 mol 的 $\text{O}^{2-}$ 具有 16.00 g 的质量。

所以氧化镁的密度为

$$\rho = \frac{4 \times \left( \dfrac{24.31\ \text{g}}{6.02 \times 10^{23}} + \dfrac{16.00\ \text{g}}{6.02 \times 10^{23}} \right)}{a^3} =$$

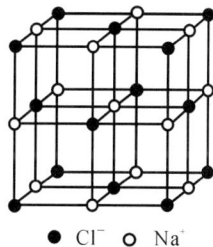

● Cl⁻ ○ Na⁺

图 1-1 NaCl 结构

$$\frac{4 \times (24.31 \text{ g} + 16.00 \text{ g})}{(0.412 \times 10^{-7} \text{cm})^3 \times 6.02 \times 10^{23}} = 3.83 \text{ g/cm}^3$$

**讨论** 氧化镁是离子化合物。因此,对这类计算,必须使用离子半径而不能使用原子半径。一般来说,负离子的半径都大于正离子半径,只有当正负离子相切时正、负离子间的距离 $r_0$ 才对应着最低的能量状态,因而才是平衡的离子间距 $r_e$,即 $r_0 = r^+ + r^- = r_e$。

**例 1.3** 对于金属钽(Ta):

(1) 试问 1 mm³ 中有多少原子?

(2) 试求其原子的堆积密度为多少。

(3) 它是立方晶系的,试确定其具有什么样的晶体结构(相对原子质量为 180.95;原子半径为 0.142 9 nm;密度为 16.6 mg/m³)。

**解** (1) $n = \dfrac{16.6 \times 10^{-3}}{180.95/(6.02 \times 10^{23})} = 5.52 \times 10^{19}$ 个/mm³

(2) 原子的堆积密度为

$$PF = \frac{4}{3}\pi(0.142\ 9 \times 10^{-6})^3 \times 5.52 \times 10^{19} = 0.675$$

(3) 因为 PF ≈ 0.68,所以其晶体结构为 bcc。

**讨论** 晶体结构中的堆积密度,是指单位体积晶体中原子所占的体积。因此,堆积密度

$$PF = \frac{nv}{V}$$

式中 $n$——晶胞中的原子数;

$v$——一个原子的体积;

$V$——晶胞体积。

**例 1.4** 具有 bcc 结构的 Fe 单位晶胞体积,在 912 ℃ 时是 0.024 64 nm³;fcc 铁在相同温度时其单位晶胞的体积是 0.048 6 nm³。求当铁由 bcc 转变成 fcc 时,其密度改变的百分数为多少。

**解** Fe 的相对原子质量为 55.85。

$$\rho_{bcc} = \frac{55.85 \text{ g}/6.02 \times 10^{23} \times 2}{0.024\ 64 \times 10^{-21} \text{ cm}^3} = 7.53 \text{ g/cm}^3$$

$$\rho_{fcc} = \frac{55.85 \text{ g}/6.02 \times 10^{23} \times 4}{0.048\ 6 \times 10^{-21} \text{ cm}^3} = 7.636 \text{ g/cm}^3$$

$$\frac{\Delta\rho}{\rho} = \frac{7.636 - 7.53}{7.53} \times 100\% = 1.4\%$$

**讨论** 计算结果表明,当晶体结构改变时,其体积和密度也相应地发生了变化,这是具有同素异晶转变的晶体材料在温度改变时(加热或冷却过程中)产生内应力、引起变形或开裂的主要原因。

**例 1.5** 画出立方晶系中下列晶面和晶向:(010),(011),(111),(231),($3\bar{2}1$);[010],[011],[111],[231],[$3\bar{2}1$]。

**解** 如图 1-2(a) 所示,$AHED$ 为(010),$AHFC$ 为(011),$BHF$ 为(111)。

如图 1 - 2(b) 所示，$KLF$ 为 $(231)$，$FIJ$ 为 $(3\bar{2}1)$，$OB$ 为 $[011]$。

如图 1 - 2(c) 所示，$GH$ 为 $[010]$，$GD$ 为 $[111]$。

如图 1 - 2(d) 所示，$OM$ 为 $[\bar{3}21]$，$ON$ 为 $[231]$。

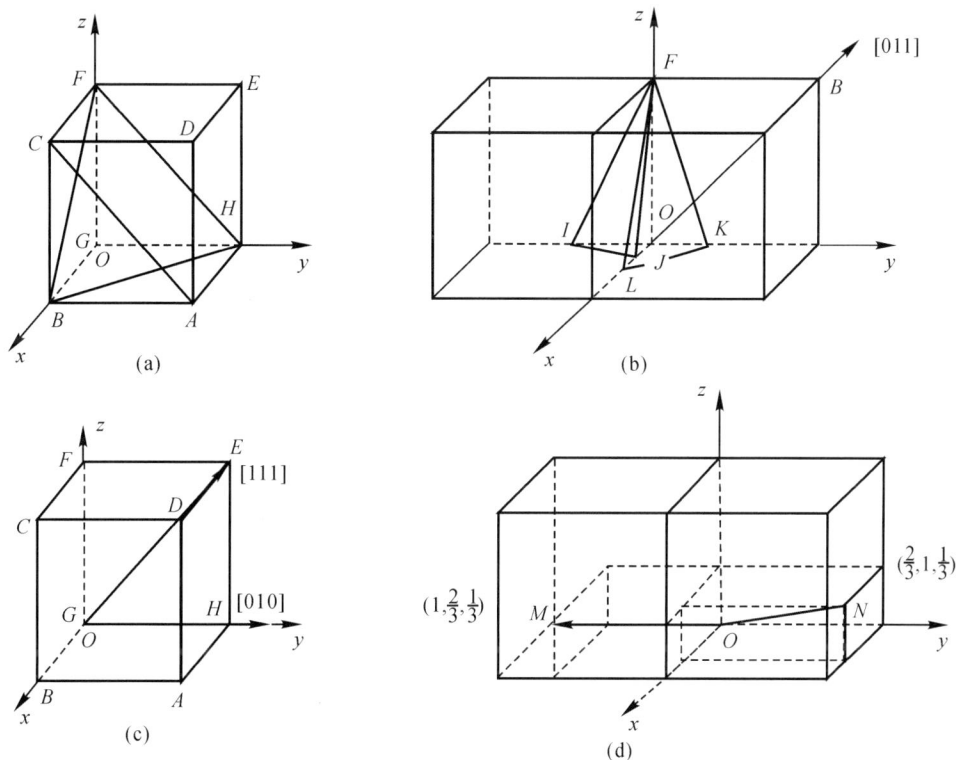

图 1 - 2　立方晶系中的一些晶面和晶向

**讨论**　已知截距求晶面指数，则指数是唯一的；而已知晶面指数，画出晶面时，这个晶面就不是唯一的。因此，用已知晶面指数画出晶面时，要尽可能把它画在一个晶胞内。方法：找出晶面在三个晶轴上的截距，对这三个截距同时扩大或缩小整数倍后，求得的晶面指数是相同的。

**例 1.6**　在六方晶体中：

(1) 绘出常见晶面 $(11\bar{2}0)$，$(01\bar{1}0)$，$(10\bar{1}2)$，$(1\bar{1}00)$，$(\bar{1}012)$；

(2) 求出如图 1 - 4 中所示晶向的晶向指数。

**解**　(1) 六方晶体中常见晶面如图 1 - 3 所示。

(2) 在图 1 - 4 中，$OA$ 晶向的确定如下。

在三轴坐标系中，其晶向为 $[011]$；在四轴坐标系中，其指数的确定有两种方法：

$$u = \frac{1}{3}(2 \times 0 - 1) = -\frac{1}{3}$$

$$v = \frac{1}{3}(2 \times 1 - 0) = \frac{2}{3}$$

$$t = -\left(-\frac{1}{3} + \frac{2}{3}\right) = \frac{1}{3}$$
$$w = 1$$

所以四轴坐标系中 $OA$ 的晶向指数为 $[\bar{1}2\bar{1}3]$。

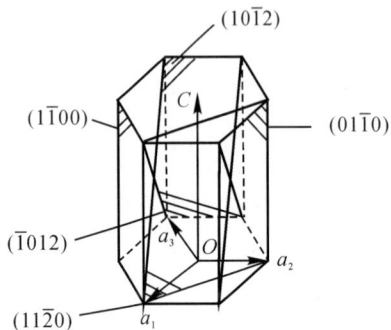

图 1-3　六方晶体中常见晶面

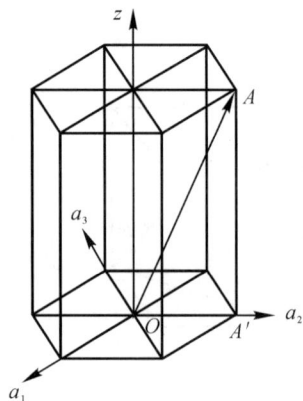

图 1-4　$\overrightarrow{OA}$ 晶向

**讨论**　在六方晶系中，用四指数表示晶向时，一般情况下指数的确定应先求出三指数，然后按公式求出四指数。但有时用矢量法可直接较简捷地求出四轴制下的晶向指数。如求此题中 $OA$ 的晶向指数，只要选择适当路线，依次移动（可以 $\frac{1}{3}a$ 为一步，或以 $\frac{2}{3}a$ 为二步来试，会很快找出底面上的一点），最后到达欲标定方向上的某一节点。将沿各晶轴方向移动距离化为最小整数比即可[当然应使 $a_3 = -(a_1 + a_2)$]。如图 1-4 所示，若沿 4 个晶轴依次移动的距离为 $-\frac{1}{3}, \frac{2}{3}, -\frac{1}{3}, 1$，将其化为最小整数比，即得 $OA$ 晶向指数 $[\bar{1}2\bar{1}3]$。

**例 1.7**　在 fcc 中，$\langle 110 \rangle$ 晶向中位于 $(111)$ 平面上的有哪些？

**解**　设位于 $(111)$ 平面上的晶向为 $[uvw]$，按晶带定理，有 $1 \times u + 1 \times v + 1 \times w = 0$，即 $u + v + w = 0$。

若 $u = 0$，则 $v = -w$，得 $[01\bar{1}]$，$[0\bar{1}1]$。

若 $v = 0$，则 $u = -w$，得 $[10\bar{1}]$，$[\bar{1}01]$。

若 $w = 0$，则 $u = -v$，得 $[1\bar{1}0]$，$[\bar{1}10]$。

故有 6 个晶向（实际上只有 3 个方向，因互为反向）。

**讨论**　按晶带定理，晶带轴 $[uvw]$ 与该晶带的晶面 $(hkl)$ 之间存在 $hu + kv + lw = 0$ 的关系，可推知：当一个晶向 $[uvw]$ 位于或平行于一个晶面 $(hkl)$ 时，此两指数之间必满足 $hu + kv + lw = 0$。

**例 1.8**　求 $[11\bar{1}]$ 和 $[20\bar{1}]$ 两晶向所决定的晶面。

**解**　因为
$$h : k : l = \begin{vmatrix} 1 & -1 \\ 0 & -1 \end{vmatrix} : \begin{vmatrix} -1 & 1 \\ -1 & 2 \end{vmatrix} : \begin{vmatrix} 1 & 1 \\ 2 & 0 \end{vmatrix}$$

所以，上述两晶向所决定的晶面为 $(112)$，如图 1-5 所示。

**讨论**　两晶向所决定的晶面指数的计算公式。

设晶体中有两个不平行的晶向 $[u_1 v_1 w_1]$ 和 $[u_2 v_2 w_2]$，由它们所决定的晶面其指数为

($hkl$),按晶带定理有

$$\begin{cases} u_1 h + v_1 k + w_1 l = 0 \\ u_2 h + v_2 k + w_2 l = 0 \end{cases}$$

解上述方程组可得

$$h : k : l = \begin{vmatrix} v_1 & w_1 \\ v_2 & w_2 \end{vmatrix} : \begin{vmatrix} w_1 & u_1 \\ w_2 & u_2 \end{vmatrix} : \begin{vmatrix} u_1 & v_1 \\ u_2 & v_2 \end{vmatrix}$$

或

$$\begin{cases} h = v_1 w_2 - w_1 v_2 \\ k = w_1 u_2 - u_1 w_2 \\ l = u_1 v_2 - v_1 u_2 \end{cases}$$

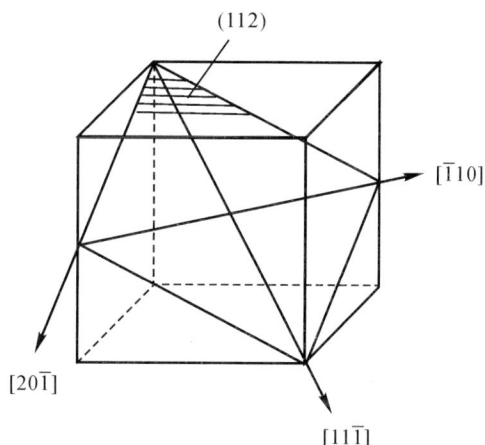

图 1 - 5　两晶向所决定的晶面

**例 1.9**　分别计算面心立方晶格与体心立方晶格的 {100}，{110} 和 {111} 晶面族的面间距,并指出面间距最大的晶面(设两种晶格的点阵常数均为 $a$)。

**解**　由面心立方晶胞和体心立方晶胞中晶面间的几何关系,可求得不同晶面族中的面间距,如表 1-1 所示。

表 1 - 1　立方晶体中的晶面间距

| 晶面 | | {100} | {110} | {111} |
|---|---|---|---|---|
| 面间距 | fcc | $\dfrac{a}{2}$ | $\dfrac{\sqrt{2}\,a}{4}$ | $\dfrac{\sqrt{3}\,a}{3}$ |
| | bcc | $\dfrac{a}{2}$ | $\dfrac{\sqrt{2}\,a}{2}$ | $\dfrac{\sqrt{3}\,a}{3}$ |

显然 fcc 中 {111} 的面间距最大,bcc 中 {110} 的面间距最大。

**讨论**　对于晶面间距的计算,不能简单地使用公式,应考虑组成复合点阵时,晶面层数会增加。如对于 bcc 点阵,从一个晶胞看,{100} 晶面的面间距 $d_{100} = a$;但 bcc 点阵实际上是一个复合点阵,它是由两个简单立方点阵相套而得,故在两个 (100) 中间,还夹了一层由 4 个体心原子组成的面,它和 (100) 面上的原子排列完全相同,故 $d_{100} = \dfrac{a}{2}$,而不是 $a$。

**例 1.10**　试分别计算面心立方晶格及体心立方晶格中{100}，{110}，{111}晶面上原子的面密度及⟨100⟩，⟨110⟩，⟨111⟩晶向上原子的线密度，并指出其中最密面和最密方向（设两种晶格点阵常数均为 $a$）。

**解**　原子的面密度是指单位晶面内的原子数，原子的线密度是指晶向上单位长度所包含的原子数。据此可求得原子的面密度和线密度，如表 1-2 所示。

表 1-2　立方晶体中的面密度及线密度

| 晶面及晶向 | | ⟨100⟩ | ⟨110⟩ | ⟨111⟩ | ⟨100⟩ | ⟨110⟩ | ⟨111⟩ |
|---|---|---|---|---|---|---|---|
| 面（线）密度 | bcc | $\dfrac{1}{a^2}$ | $\dfrac{\sqrt{2}}{a^2}$ | $\dfrac{1}{3}\sqrt{3}/a^2$ | $\dfrac{1}{a}$ | $\dfrac{1}{2}\sqrt{2}/a$ | $\dfrac{2}{3}\sqrt{3}/a$ |
| | fcc | $\dfrac{2}{a^2}$ | $\dfrac{\sqrt{2}}{a^2}$ | $\dfrac{4}{3}\sqrt{3}/a^2$ | $\dfrac{1}{a}$ | $\dfrac{\sqrt{2}}{a}$ | $\dfrac{1}{3}\sqrt{3}/a$ |

可见，在 bcc 中，原子密度最大的晶面为{110}，原子密度最大的晶向为⟨111⟩；在 fcc 中，原子密度最大的晶面为{111}，原子密度最大的晶向为⟨110⟩。

**讨论**　如何确定晶面和晶向上的原子数呢？如 bcc 中的(110)晶面上的原子数，等于用(110)面来切这个晶胞，在切面上所得到的遮影面积，将其拼合成圆（即原子），有 $n$ 个圆，就相当于有 $n$ 个原子，因而(110)晶面上有 $4\times\dfrac{1}{4}+1=2$ 个；而在⟨100⟩上，单位长度所含的原子数目为 $2\times\dfrac{1}{2}=1$ 个。

**例 1.11**　绘出面心立方点阵[见图 1-6(a)]中(110)晶面的原子剖面图，并标出[001]，[1$\bar{1}$0]，[$\bar{1}$11]，[1$\bar{1}$2]等晶向和(1$\bar{1}$0)，(001)，($\bar{1}$11)等晶面[指这些晶面在(110)上的垂直投影线]。

**解**　上述晶向和晶面在(110)原子剖面上的表示，如图 1-6(b)所示。

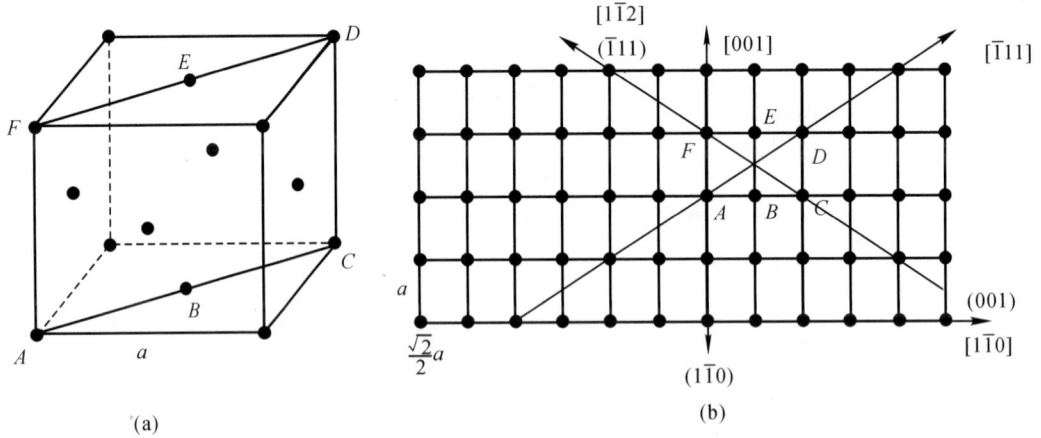

图 1-6　面心立方点阵晶胞及原子剖面图<br>(a)面心立方点阵晶胞；(b)(110)原子面

**讨论** 晶面和晶向除空间(立体图中)表示方法外,还有平面表示法。在平面上表示晶面和晶向,在研究许多晶体学问题时很方便,应学会这种方法。

**例 1.12** 计算具有 NaCl 型结构的 FeO 的密度(假设 Fe 与 O 离子的数目相等)。已知铁离子的半径为 $r_{Fe^{2+}}=0.074$ nm,氧离子的半径为 $r_{O^{2-}}=0.140$ nm;铁的相对原子质量为 55.8,氧的相对原子质量为 16.0。

**解** 由于 FeO 具有 NaCl 型结构,所以单位晶胞中有 $4Fe^{2+}$ 及 $4O^{2-}$,则有

$$V = a^3 = [2 \times (0.074 + 0.140) \times 10^{-9} \text{ mm}]^3 = 78.4 \times 10^{-30} \text{ m}^3$$

$$m = 4 \times (55.8 + 16.0)/(0.6 \times 10^{24}/\text{g}) = 479 \times 10^{-24} \text{ g}$$

$$\rho = \frac{m}{V} = \frac{479 \times 10^{-24} \text{ g}}{78.4 \times 10^{-30} \text{ m}^3} = 6.1 \times 10^6 \text{ g/m}^3$$

**讨论** 经测量而得的 FeO 密度大约为 5.7 g/cm³,与上述值不等,说明该结构具有阳离子的空位。

**例 1.13** 离子键结合的原子其最大配位数受其离子半径比的限制。试证明当配位数为 6 时,其最小的半径比为 0.41。

**解** 当配位数为 6 时,其可能的半径比的最小值见图 1-7(a)。从图 1-7(b)可知第5、第6个离子正好位于图 1-7(a)所示的中心离子的正上方和正下方。一个镁离子 $Mg^{2+}$ 最多只能被 6 个氧离子($O^{2-}$)包围。

由图 1-7(a)可知:

$$(r+R)^2 = R^2 + R^2$$

$$r = \sqrt{2}R - R$$

即

$$\frac{r}{R} = 0.41$$

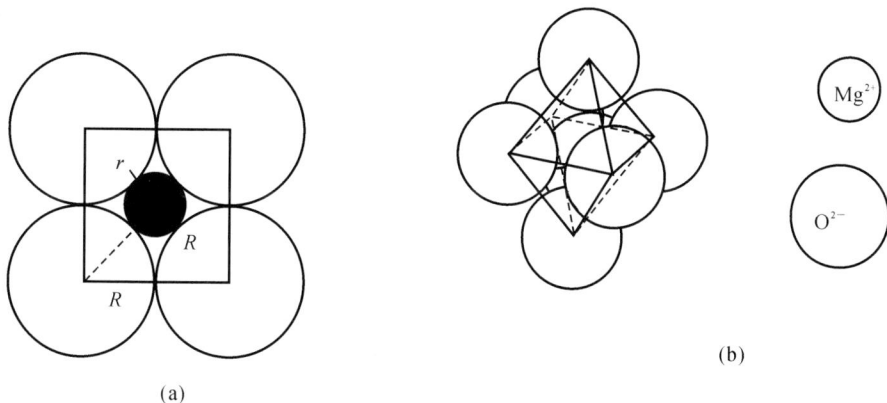

图 1-7 离子化合物配位数与离子半径的关系
(a) 配位数为 6 时最小的 $r/R$; (b) 离子键的配位数(三度空间)

**讨论** 配位数是指一个原子周围的最近邻原子的数目。对纯元素晶体来说,这些最近邻原子到所论原子的距离必然是相等的;但对于多种元素形成的晶体,不同元素的最近邻原子到所论原子的距离不一定相等。这里,"最近"是同种原子相比较而言,而配位数则是一个原子

周围的各元素的最近邻原子数之和。

对于金属晶体来说,配位数与原子半径有关。当配位数由 12 变成 8,6,4 时,原子半径将分别收缩 3%,4%,12%。

对于以共价键结合的原子,其最大的配位数是由此原子所具有的价电子数来决定的。而离子键结合的原子,其最大配位数则受其离子半径比的限制。

**例 1.14** 以氯化钠为例,说明它的结构符合泡林(pauling)规则。

**解** NaCl 的结构如图 1-1 所示。这是一个以面心立方点阵为基础的结构,$Cl^-$ 离子占据 fcc 点阵的结点,$Na^+$ 离子则位于其八面体间隙中。

现在来验证这个结构是否符合 pauling 规则。由元素的哥德斯密德及泡林离子半径可查得 $\dfrac{r_+}{r_-} = \dfrac{r_{Na^+}}{r_{Cl^-}} \approx 0.54$,由于 0.54 在 $0.414 \sim 0.732$ 区间,由泡林规则可知,负离子多面体应为八面体。显然,这是符合图 1-1 所示的结构的,因为 $Na^+$ 离子正是位于 $Cl^-$ 离子的八面体间隙中。另外,再按第二规则来确定 $Cl^-$ 离子的配位数 $CN_-$。由于 $Z_- = Z_+ = 1$,$CN_+ = 6$(见图 1-1)。代入式 $\dfrac{Z_+}{CN_+} = \dfrac{Z_-}{CN_-}$ 得到 $CN_- = 6$,即每个 $Cl^-$ 离子同时与 6 个 $Na^+$ 离子形成离子键,这也符合 NaCl 的结构特点。

**讨论** 决定离子化合物的结构是由泡林提出的几条经验规则确定,其中的第一、第二规则如下:

(1) 负离子配位多面体规则:在正离子周围形成一负离子配位多面体,正负离子之间的距离取决于离子半径之和,而配位数则取决于正负离子半径之比。

(2) 电价规则:由于在形成每一个离子键时正离子给出的价电子数应等于负离子得到的价电子数,因此有

$$\frac{Z_+}{CN_+} = \frac{Z_-}{CN_-}$$

式中 $Z_+$,$Z_-$ 分别是正、负离子的电价(原子价),$CN_+$,$CN_-$ 分别是正离子和负离子的配位数。

**例 1.15** 空位数随温度升高而增加。在 20 ℃ 和 1 020 ℃ 之间,由于热膨胀 bcc 铁的晶格常数增加0.51%,在相同的温度范围内,其密度减少 2.0%。假设在 20 ℃ 时,此金属中每 1 000 个单位晶胞内有一个空位,试估计在 1 020 ℃ 时,每 1 000 个单位晶胞中有多少个空位。

**解** 设 20 ℃ 时,晶格常数为 $a$,密度为 $\rho$,则 1 020 ℃ 时,晶格常数为 1.005 $a$,密度为 $0.98\rho$;因为

$$\rho = \frac{1\ 999\ \text{个原子}}{1\ 000\ a^3}$$

$$\frac{\rho_{1\ 020}}{\rho_{20}} = \frac{0.98}{1} = \frac{x\ \text{个原子}/1\ 000 \times (1.005\ a)^3}{1\ 999\ \text{个原子}/1\ 000\ a^3}$$

所以                                   $x = 1\ 989\ \text{个原子}$

$$2\ 000 - 1\ 989 = 11\ \text{个空位}/1\ 000\ \text{个单位晶胞}$$

**例 1.16** 在 500 ℃(773 K)做的扩散实验得出,在 $10^{10}$ 个原子中有一个原子具有足够的激活能可以跳出其平衡位置而进入间隙位置。在 600 ℃(873K),此比例会增加到 $10^9$。

(1) 求此跳跃所需要的激活能;

（2）求在 700 ℃（973K）具有足够能量的原子所占的比例为多少。

**解**　能量超过平均能量 $E$ 而具有高能量的原子数对总原子数的比例为一指数函数，即

$$\frac{n}{N} = Me^{-E/(kT)}$$

式中　$M$——比例常数，$E$ 值的单位通常为 J／个原子；

　　　$k$——玻耳兹曼常数。

利用题中的两对数据，可以写出两个方程式，每一方程式有两个未知数：$E$ 和 $\ln M$。

$$\ln \frac{n}{N} = \ln M - \frac{E}{kT}$$

（1）　$\ln 10^{-10} = -23 = -\ln M - E / \{[13.8 \times 10^{-24} \text{ J}/(\text{个原子} \cdot \text{K})] \times (773 \text{ K})\}$

$\ln 10^{-9} = -20.7 = \ln M - E / \{[13.8 \times 10^{-24} \text{ J}/(\text{个原子} \cdot \text{K})] \times (873 \text{ K})\}$

联立解得

$$\ln M = -2.92, \quad E = 0.214 \times 10^{-18} \text{ J}/\text{个原子} \quad (\text{或 } 129\,000 \text{ J/mol})$$

（2）　$\ln \dfrac{n}{N} = -2.92 - (0.214 \times 10^{-18}) / [(13.8 \times 10^{-24}) \times (973)]$

$$\frac{n}{N} = 6 \times 10^{-9}$$

**讨论**　点缺陷亦称零维缺陷，它是由原子的热振动产生。由热力学和统计力学原理不但可以证明空位等点缺陷是热力学稳定的一种缺陷，而且可以计算晶体在某一温度下空位或间隙原子的平衡浓度 $c$ 与 $c'$。

$$c = \frac{n}{N} = A \exp\left(-\frac{\Delta E}{kT}\right)$$

式中　　$n$——平衡空位；

　　　　$N$——阵点总数；

　　　　$\Delta E$——每增加一个空位的能量变化；

　　　　$k$——玻耳兹曼常数；

　　　　$A$——与振动熵有关的常数，一般为 $1 \sim 10$。

由例 1.15，例 1.16 可以看出，空位平衡浓度对温度十分敏感。

**例 1.17**　已知 Al 晶体在 550 ℃ 时的空位浓度为 $2 \times 10^{-6}$，计算这些空位均匀分布在晶体中的平均间距（已知 Al 的原子直径为 0.287 nm）。

**解**　Al 晶体为面心立方点阵，设点阵常数为 $a$，原子直径为 $d$，则有

$$a = \sqrt{2}\, d$$

设单位体积内的点阵数目为 $N$，则有

$$N = \frac{4}{a^3} = \frac{\sqrt{2}}{d^3}$$

所以，单位体积内的空位数

$$n_V = NC_{\text{空}} = \frac{\sqrt{2}}{d^3} \times 2 \times 10^{-6}$$

假设所有空位在晶体内是均匀分布的，其平均间距为 $L$，则有

$$L = \sqrt[3]{\frac{1}{n_V}} = \sqrt[3]{\frac{1}{2\sqrt{2} \times 10^{-6}} d^3} = 70.7 \times 2.87 = 20.3 \text{ nm}$$

三导

讨论　应注意此类问题的解法。

**例 1.18**　试说明位错反应 $\dfrac{a}{2}[\bar{1}10] \rightarrow \dfrac{a}{6}[\bar{1}2\bar{1}] + \dfrac{a}{6}[\bar{2}11]$ 能否进行。

**解**　根据位错反应能否进行的条件：

几何条件 　　　$\dfrac{a}{6}[\bar{1}2\bar{1}] + \dfrac{a}{6}[\bar{2}11] = \dfrac{a}{6}[\bar{3}30] = \dfrac{a}{2}[\bar{1}10]$

此反应满足几何条件。

能量条件

$$b_1 = \frac{a}{2}\sqrt{(-1)^2 + 1^2 + 0} = \frac{\sqrt{2}}{2}a$$

$$b_2 = \frac{a}{6}\sqrt{(-1)^2 + 2^2 + (-1)^2} = \frac{\sqrt{6}}{6}a$$

$$b_3 = \frac{a}{6}\sqrt{(-2)^2 + 1^2 + 1^2} = \frac{\sqrt{6}}{6}a$$

$$b_1^2 = \frac{a^2}{2} > b_2^2 + b_3^2 = \frac{a^2}{3}$$

此反应满足能量条件。

故上述位错反应能够进行。

讨论　位错的分解和合并统称为位错反应。位错之间的反应要能够进行，必须满足几何条件（即反应前、后位错的柏氏矢量之和应相等）和能量条件（即位错反应后应变能降低）。

**例 1.19**　已知位错环 $ABCD$ 的柏氏矢量为 $\boldsymbol{b}$，外应力为 $\tau$ 和 $\sigma$，如图 $1-8$ 所示。试求：

（1）位错环的各边分别是什么位错；

（2）设想在晶体中怎样才能得到这个位错；

（3）在足够大的切应力 $\tau$ 作用下，位错环将如何运动；

（4）在足够大的拉应力 $\sigma$ 作用下，位错环将如何运动。

**解**　（1）由位错线的方向与 $\boldsymbol{b}$ 之间的关系，可以判断：$\overline{AB}$ 是右螺型位错，$\overline{CD}$ 是左螺型位错，$\overline{BC}$ 是正刃型位错，$\overline{DA}$ 是负刃型位错。

（2）设想在完整晶体中有一个正四棱柱贯穿晶体的上、下表面，它和滑移面 $MNPQ$ 交于 $\overline{ABCDA}$。现在让 $\overline{ABCDA}$ 上部的柱体相对于下部柱体滑移 $\boldsymbol{b}$，柱体以外的晶体均不滑移。这样，$\overline{ABCDA}$ 就是在滑移面上已滑移区（环内）和未滑移区（环外）的边界，因而是一个位错环。

（3）在 $\tau$ 的作用下，位错环上部分晶体将不断沿 $x$ 轴方向（即 $\boldsymbol{b}$ 的方向）运动，下部分晶体则反向（沿 $-x$ 轴方向）运动。这种运动必然伴随着位错环的各边向环的外侧运动（即 $\overline{AB}$，$\overline{BC}$，$\overline{CD}$ 和 $\overline{DA}$ 四段位错分别沿 $-z$ 轴、$+x$ 轴、$+z$ 轴和 $-x$ 轴方向运动），从而导致位错环扩大。

（4）在拉应力作用下，在滑移面上方的 $\overline{BC}$ 位错的半原子面和在滑移面下方的 $\overline{DA}$ 位错的半原子面将扩大，即 $\overline{BC}$ 位错将沿 $-y$ 轴方向运动，$\overline{DA}$ 位错则沿 $y$ 轴运动。而 $\overline{AB}$ 和 $\overline{CD}$ 两条螺型位错是不动的（因为螺型位错只能产生滑移运动，而不会产生攀移），故位错环如图 $1-9$。

讨论　位错运动有两种基本方式：滑移和攀移。螺型位错只能滑移，而刃型位错既可滑移又可攀移。

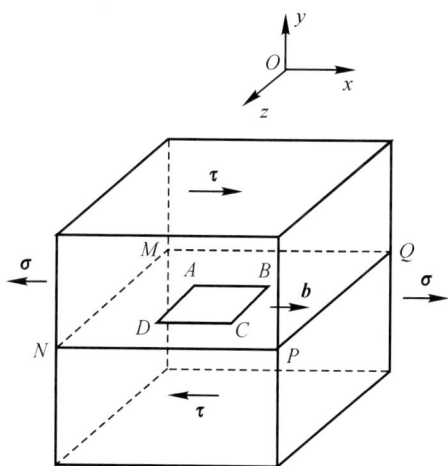

图 1-8　位错环 $\overline{ABCDA}$ 及其
　　　　柏氏矢量 $\boldsymbol{b}$

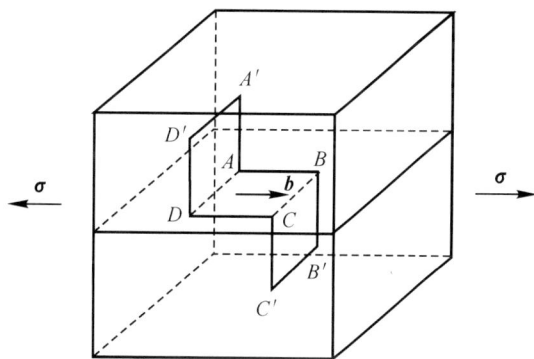

图 1-9　在正应力的作用下,位错环
　　　　$\overline{ABCDA}$ 的运动

**例 1.20**　在 Al 的单晶体中,若(111)面上有一位错 $\boldsymbol{b} = \dfrac{a}{2}[10\bar{1}]$ 与(11$\bar{1}$)面上的位错 $\boldsymbol{b} = \dfrac{a}{2}[011]$ 发生反应时,

(1) 写出上述位错反应方程式,并用能量条件判明位错反应进行的方向;

(2) 说明新位错的性质;

(3) 当外加拉应力轴为[101], $\sigma = 4 \times 10^6$ Pa 时,求新位错所受到的滑动力(已知 Al 的点阵常数 $a_{\mathrm{Al}} = 0.4$ nm)。

**解**　(1)
$$\frac{a}{2}[10\bar{1}] + \frac{a}{2}[011] \rightarrow \frac{a}{2}[110]$$
$$\frac{1}{2}a^2 + \frac{1}{2}a^2 > \frac{1}{2}a^2$$

故知上述位错反应可以向右进行。

(2) 新位错 $\boldsymbol{b} = \dfrac{a}{2}[110]$,为面心立方点阵的单位位错,其位错线为(111)与(11$\bar{1}$)两晶面的交线[$\bar{1}$10],故新位错为刃型位错,其滑移面(由位错线和柏氏矢量所决定的平面)为(001)。对于面心立方点阵,这一新位错为固定位错。

(3) 新位错线单位长度上所受到的滑动力 $F = \tau b$,故得

$$F = \sigma \cos\varphi \, \cos\lambda \times b = 4 \times 10^6 \times \frac{1}{\sqrt{2} \times \sqrt{1}} \times \frac{1}{\sqrt{2} \times \sqrt{2}} \times \frac{\sqrt{2}}{2} \times 4 \times 10^{-10} =$$
$$4 \times 10^{-4} \text{ N/m}$$

**讨论**　位错在晶体中的滑移有确定的晶面和晶向,而不是随意的。面心立方晶体中的滑移面应为{111},而新位错($\boldsymbol{b} = \dfrac{a}{2}[110]$)的滑移面是由位错线和柏氏矢量所决定的平面,即为(001)面,它不是面心立方点阵晶体中的滑移面,故为固定位错。

**例 1.21** $[01\bar{1}]$ 和 $[11\bar{2}]$ 均位于 fcc 铝的 (111) 平面上。因此，$[01\bar{1}](111)$ 与 $[11\bar{2}](111)$ 的滑移是可能的。

(1) 画出 (111) 平面并显示出单位滑移矢量 $[01\bar{1}]$ 和 $[11\bar{2}]$。

(2) 比较具有此二滑移矢量的位错线的能量。

**解** (1) (111) 平面及单位滑移矢量如图 1-10 所示。

(2) 由于两者均有相同的滑移面 (111)，因此可使用相同的切变模量 $G$。若以单位长度位错线为基准，则

$$\frac{E_{01\bar{1}}}{E_{11\bar{2}}} = \frac{LGb_{01\bar{1}}^2}{LGb_{11\bar{2}}^2} = \left(\frac{|b_{01\bar{1}}|}{|b_{11\bar{2}}|}\right)^2 = \left(\frac{\sqrt{2}\,a/2}{\sqrt{6}\,a/2}\right)^2 = \frac{1}{3}$$

即

$$E_{01\bar{1}} = \frac{1}{3}E_{11\bar{2}}$$

图 1-10 滑移面及滑移方向

**讨论** 单位长度的位错，其应变能大致可表示为

$$\frac{W}{L} = \alpha\,G\,b^2 \quad (\text{J/m})$$

式中 $\alpha$ 是与几何因素有关的系数，约为 $0.5 \sim 1.0$。此式表明由于应变能与柏氏矢量的平方成正比，故柏氏矢量越小，位错能量越低，在晶体中就越稳定。

**例 1.22** 若有两个柏氏矢量平行的刃型位错，如图 1-11 所示，位错 I 位于坐标原点，位错 II 在点 $(x, y)$ 处。试求它们之间的相互作用力。

**解** 如图 1-11 所示，两个位错都平行于 $z$ 轴，其柏氏矢量 $b_1$ 和 $b_2$ 都与 $x$ 轴同向。两个位错位于平行的滑移面上，因此在 $b_1$ 位错的应力场中，只有 $\tau_{yx}$ 和 $\sigma_{xx}$ 两个应力分量对 $b_2$ 位错有作用。前者使 $b_2$ 位错受到沿 $x$ 轴方向的滑移力，后者使 $b_2$ 位错受到沿 $y$ 轴方向的攀移力（因为是压应力，引起正攀移），即

$$F_x = \tau_{yx}\boldsymbol{b}_2 = \frac{G\boldsymbol{b}_1\boldsymbol{b}_2}{2\pi(1-\nu)}\frac{x(x^2-y^2)}{(x^2+y^2)^2}$$

$$F_y = -\sigma_{xx}\boldsymbol{b}_2 = \frac{G\boldsymbol{b}_1\boldsymbol{b}_2}{2\pi(1-\nu)}\frac{y(3x^2+y^2)}{(x^2+y^2)^2}$$

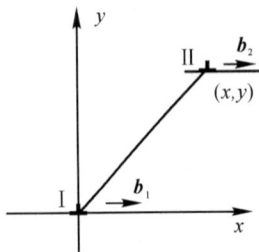

图 1-11 两平行刃型位错的交互作用

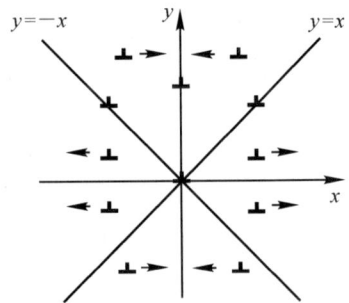

图 1-12 两平行同号刃型位错的作用力

**讨论**　由于刃型位错只能在位错线与柏氏矢量构成的滑移面上滑移,所以 $F_x$ 是决定位错行为的作用力,$F_x$ 的正负由 $x(x^2-y^2)$ 项决定。

当 $x=0$ 时,$F_x=0$,作用力倾向于使同号位错垂直于滑移面排列起来。

当 $x=y$ 时,$F_x=0$,此时位错 Ⅱ 处在不稳定平衡状态。

当 $x>0$,$x>y$ 时,$F_x>0$,两位错互相排斥。

当 $x>0$,$x<y$ 时,$F_x<0$,两位错相互吸引,位错 Ⅱ 受到吸向 $y$ 轴的力。

上述两同号位错的作用力,可用示意图 1-12 表示。当两位错为异号时,它们的受力方向和同号位错相反,稳定平衡与不稳定平衡位置互换。

**例 1-23**　假定某面心立方晶体可以开动的滑移系为 $(11\bar{1})[011]$,试回答下列问题。

(1) 给出引起滑移的单位位错的柏氏矢量,并说明之。

(2) 如果滑移是由纯刃型位错引起的,试指出位错线的方向;如果是由纯螺型位错引起的又怎样?

(3) 指出上述两种情况下,滑移时位错线运动的方向。

(4) 假定在该滑移系上作用一大小为 $7\times10^6$ N/m$^2$ 的切应力,试计算单位刃型位错及单位螺型位错线受力的大小和方向(设晶格常数为 $a=0.2$ nm)。

**解**　示意图如 1-13 所示。

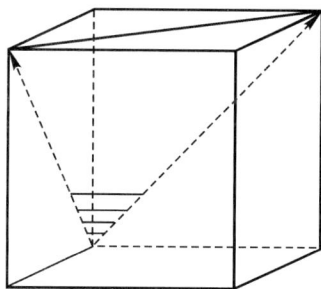

图 1-13　面心立方晶体中的 $(11\bar{1})[011]$ 滑移系

(1) 单位位错的柏氏矢量为 $\boldsymbol{b}=\dfrac{a}{2}[011]$。因为面心立方晶体中,所以在 $[011]$ 方向上原子间最短距离为 $\dfrac{a}{2}[011]$。

(2) 如果滑移由纯刃型位错引起,则位错线方向与 $\boldsymbol{b}$ 垂直,且应位于滑移面上,故为 $[2\bar{1}1]$。如果滑移由纯螺型位错引起,则位错线方向与 $\boldsymbol{b}$ 平行,为 $[011]$。

(3) 若为刃型位错,滑移时位错线的运动方向与位错线垂直,即与 $\boldsymbol{b}$ 一致,为 $[011]$。

若为螺型位错,滑移时位错线的运动方向与位错线和 $\boldsymbol{b}$ 垂直,为 $[2\bar{1}1]$。

(4)
$$\boldsymbol{b}=\frac{a}{2}[011]$$

$$b=|\boldsymbol{b}|=\frac{\sqrt{2}}{2}\times0.2\times10^{-9}=1.414\times10^{-10}\text{ m}$$

单位位错线上的作用力大小为

$$f = \tau\, b = 7 \times 10^6 \times 1.414 \times 10^{-10} = 9.899 \times 10^{-4} \text{ N/m}$$

对螺型位错，$f$ 的方向垂直于位错线，为 $[2\bar{1}1]$；并指向未滑移区。

对刃型位错，$f$ 的方向也垂直于位错线，为 $[011]$；并指向未滑移区。

**讨论** 如果滑移是由纯刃型位错引起的，那么位错线的方向如何确定？有两种方法：一是由观察确定，由图可看出来；二是通过计算。

设位错线方向为 $[uvw]$，则由晶带定理有

$$u + v + w = 0 \tag{1}$$

由两个晶向之间的夹角公式，则有

$$\frac{v + w}{\sqrt{u^2 + v^2 + w^2} \times \sqrt{2}} = 0$$

即

$$\frac{v + w}{\sqrt{u^2 + v^2 + w^2}} = 0 \tag{2}$$

由式（2）可知

$$v + w = 0$$

$$v = -w \tag{3}$$

把式（3）代入式（2）可求得

$$u = 2w$$

故

$$u : v : w = 2 : \bar{1} : 1$$

所以位错线方向为 $[2\bar{1}1]$。

**例 1.24** 不对称倾侧晶界是由纵向和横向两组刃型位错交替排列而成的（见图 1-14）。证明刃型位错间的距离为

$$D_{\perp} = \frac{b_{\perp}}{\theta \sin\varphi}, \quad D_{\vdash} = \frac{b_{\vdash}}{\theta \cos\varphi}$$

式中 $\theta$ —— 两晶粒的取向差；

$\varphi$ —— 界面与晶粒倾转前 $[110]$ 方向的夹角。

**证明** 如图 1-15 所示，作 $CF \parallel AE$，$AF \parallel CE$。故 $AC$ 晶界上单位长度纵向排布的 $\perp$ 型位错数为

$$\rho_{\perp} = \frac{\dfrac{EC - AB}{AC}}{b_{\perp}} = \frac{1}{b_{\perp}}\left(\frac{EC}{AC} - \frac{AB}{AC}\right) = \frac{1}{b_{\perp}}\left[\cos\left(\varphi - \frac{\theta}{2}\right) - \cos\left(\varphi + \frac{\theta}{2}\right)\right] =$$

$$\frac{2}{b_{\perp}}\sin\frac{\theta}{2}\sin\varphi = \frac{\theta}{b_{\perp}}\sin\varphi \qquad \left(\text{因为 } \theta \text{ 很小，故 } \sin\frac{\theta}{2} = \frac{\theta}{2}\right)$$

所以

$$D_{\perp} = \frac{1}{\rho_{\perp}} = \frac{b_{\perp}}{\theta \sin\varphi}$$

同理可证

$$\rho_{\vdash} = \frac{\dfrac{BC - AE}{AC}}{b_{\vdash}} = \frac{1}{b_{\vdash}}\left[\sin\left(\varphi + \frac{\theta}{2}\right) - \sin\left(\varphi - \frac{\theta}{2}\right)\right] = \frac{2}{b_{\vdash}}\sin\frac{\theta}{2}\cos\varphi = \frac{\theta}{b_{\vdash}}\cos\varphi$$

$$D_{\vdash} = \frac{1}{\rho_{\vdash}} = \frac{b_{\vdash}}{\theta \cos\varphi}$$

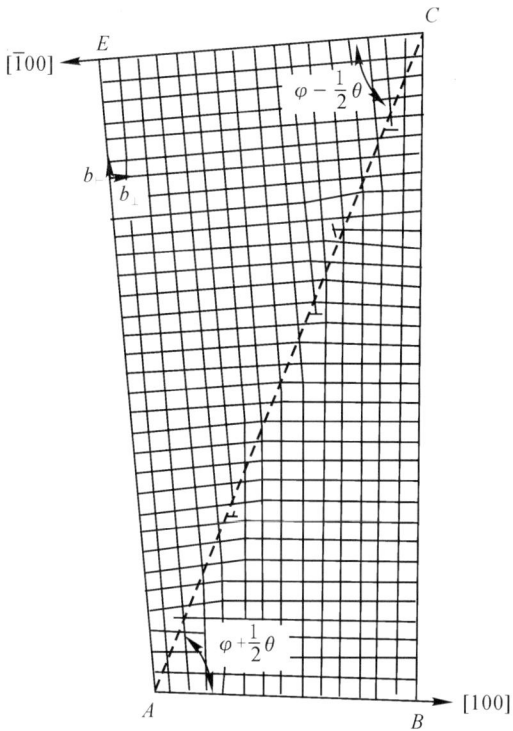

图 1 - 14   简单立方点阵的
不对称倾侧晶界

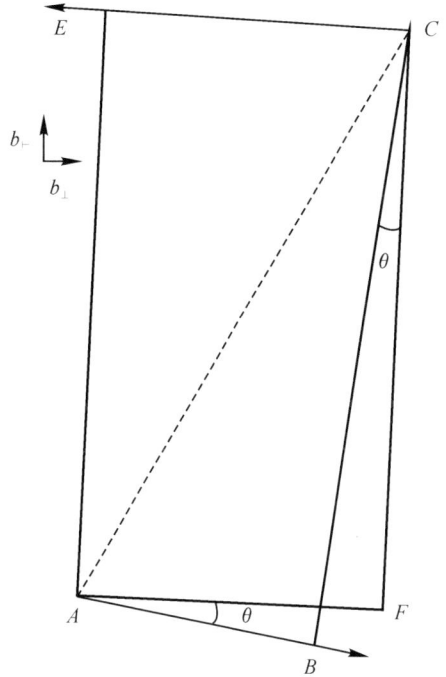

图 1 - 15   解题辅助图

**例 1.25**   钼（Mo）的显微组织如图 1 - 16 所示。估计图中所示的钼其单位体积内的晶界面积。

**解**   由体视金相学可知，每单位体积中所含的晶界表面积 $S_V$ 由公式 $S_V = 2P_L$ 来确定。其中 $P_L$ 为线与边界间每单位长度内交点的数目。

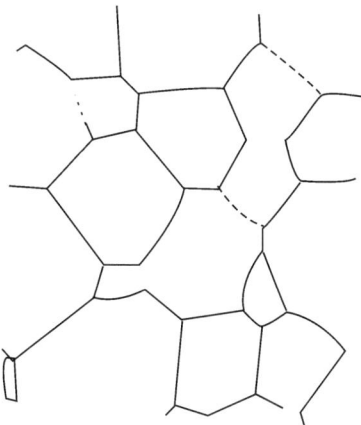

图 1 - 16   钼的晶界组织（×250）

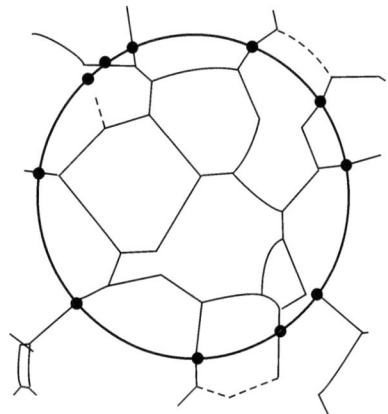

图 1 - 17   晶界表面积的计算

如图 1-17 所示,在钼的显微照片上(见图 1-16)任意画一个直径 50 mm 的圆,该圆与晶界有 11 个交点。因为放大倍数是 250,故圆周实际长度为 50 $\pi$/250 = 0.63 mm,而 $P_L$ = 11/0.63 mm = 17.5/mm,所以

$$S_V = 2 \times 17.5/mm = 35/mm \quad (或 35 \text{ mm}^2/\text{mm}^3)$$

**讨论** 由于金属不透明,不能直接观察三维空间的组织图像,故只能在二维截面上得到显微组织的有关几何参数来解释三维组织图像。公式 $S_V = \dfrac{4}{\pi} L_A = 2P_L$ $(L_A = \dfrac{\pi}{2} P_L)$ 是定量金相中常用基本公式中的一个,其中 $S_V$ 为单位测量体积中含有的表面积,$L_A$ 为单位测量用面积上的线长度,$P_L$ 为单位测量用线长度上的点(相截的点)数。

## 1.5 效果测试

**1.** 作图表示立方晶体的 (123),($0\bar{1}2$),(421) 晶面及 $[\bar{1}02]$,$[\bar{2}11]$,$[346]$ 晶向。

**2.** 在六方晶体中,绘出以下常见晶向 $[0001]$,$[2\bar{1}\bar{1}0]$,$[10\bar{1}0]$,$[11\bar{2}0]$,$[\bar{1}2\bar{1}0]$ 等。

**3.** 写出立方晶体中晶面族 {100},{110},{111},{112} 等所包括的等价晶面。

**4.** 镁的原子堆积密度和所有 hcp 金属一样,为 0.74。试求镁单位晶胞的体积。已知 Mg 的密度 $\rho_{mg} = 1.74$ mg/m³,相对原子质量为 24.31,原子半径 $r = 0.161$ nm。

**5.** 当 $CN = 6$ 时 $Na^+$ 离子半径为 0.097 nm,试问:

(1) 当 $CN = 4$ 时,其半径为多少?

(2) 当 $CN = 8$ 时,其半径为多少?

**6.** 试问:在铜(fcc, $a = 0.361$ nm)的 $\langle 100 \rangle$ 方向及铁(bcc, $a = 0.286$ nm)的 $\langle 100 \rangle$ 方向,原子的线密度为多少?

**7.** 镍为面心立方结构,其原子半径为 $r_{Ni} = 0.124\ 6$ nm。试确定在镍的 (100),(110) 及 (111) 平面上 1 mm² 中各有多少个原子。

**8.** 石英($SiO_2$)的密度为 2.65 mg/m³。试问:

(1) 1 m³ 中有多少个硅原子(与氧原子)?

(2) 当硅与氧的半径分别为 0.038 nm 与 0.114 nm 时,其堆积密度为多少(假设原子是球形的)?

**9.** 在 800 ℃ 时 $10^{10}$ 个原子中有一个原子具有足够能量可在固体内移动,而在 900 ℃ 时 $10^9$ 个原子中则只有一个原子,求其激活能(J/ 原子)。

**10.** 若将一块铁加热至 850 ℃,然后快速冷却到 20 ℃。试计算处理前后空位数应增加多少倍(设铁中形成一摩尔空位所需要的能量为 104 600 J)。

**11.** 设图 1-18 所示的立方晶体的滑移面 ABCD 平行于晶体的上、下底面。该滑移面上有一正方形位错环,如果位错环的各段分别与滑移面各边平行,其柏氏矢量 $\boldsymbol{b}$ // AB。

(1) 有人认为"此位错环运动移出晶体后,滑移面上产生的滑移台阶应为 4 个 $\boldsymbol{b}$",试问这种看法是否正确?为什么?

(2) 指出位错环上各段位错线的类型,并画出位错运动出晶体后,滑移方向及滑移量。

**12.** 设图 1-19 所示立方晶体中的滑移面 ABCD 平行于晶体的上、下底面。晶体中有一条位错线 $fed$,$\overline{de}$ 段在滑移面上并平行 AB,$\overline{ef}$ 段与滑移面垂直。位错的柏氏矢量 $\boldsymbol{b}$ 与 $\overline{de}$ 平行而与 $ef$ 垂直。试问:

(1) 欲使 $\overline{de}$ 段位错线在 $ABCD$ 滑移面上运动而 $ef$ 不动,应对晶体施加怎样的应力?

(2) 在上述应力作用下 $\overline{de}$ 位错线如何运动? 晶体外形如何变化?

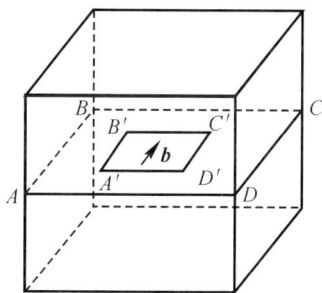

图 1-18  滑移面上的正方形位错环

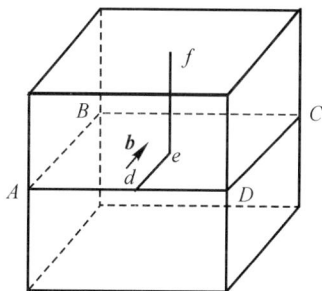

图 1-19  ABCD 滑移面上的位错线

**13.** 设面心立方晶体中的 $(11\overline{1})$ 为滑移面,位错滑移后的滑移矢量为 $\dfrac{a}{2}[\overline{1}10]$。

(1) 在晶胞中画出柏氏矢量 $\boldsymbol{b}$ 的方向并计算出其大小。

(2) 在晶胞中画出引起该滑移的刃型位错和螺型位错的位错线方向,并写出此二位错线的晶向指数。

**14.** 判断下列位错反应能否进行。

(1) $\dfrac{a}{2}[10\overline{1}] + \dfrac{a}{6}[\overline{1}2\overline{1}] \rightarrow \dfrac{a}{3}[11\overline{1}]$;

(2) $a[100] \rightarrow \dfrac{a}{2}[101] + \dfrac{a}{2}[10\overline{1}]$;

(3) $\dfrac{a}{3}[112] + \dfrac{a}{2}[111] \rightarrow \dfrac{a}{6}[11\overline{1}]$;

(4) $a[100] \rightarrow \dfrac{a}{2}[111] + \dfrac{a}{2}[1\overline{1}\overline{1}]$。

**15.** 若面心立方晶体中有 $\boldsymbol{b} = \dfrac{a}{2}[\overline{1}01]$ 的单位位错及 $\boldsymbol{b} = \dfrac{a}{6}[\overline{1}2\overline{1}]$ 的不全位错,此二位错相遇产生位错反应。

(1) 问此反应能否进行? 为什么?

(2) 写出合成位错的柏氏矢量,并说明合成位错的类型。

**16.** 若已知某晶体中位错密度 $\rho = 10^6 \sim 10^7 \ \mathrm{cm/cm^3}$。

(1) 由实验测得 F-R 位错源的平均长度为 $10^{-4} \ \mathrm{cm}$,求位错网络中 F-R 位错源的数目。

(2) 计算具有这种 F-R 位错源的镍晶体发生滑移时所需要的切应力。 已知 Ni 的 $G = 7.9 \times 10^{10} \ \mathrm{Pa}$,$a = 0.350 \ \mathrm{nm}$。

**17.** 已知柏氏矢量 $b = 0.25 \ \mathrm{nm}$,如果对称倾侧晶界的取向差 $\theta = 1°$ 及 $10°$,求晶界上位错之间的距离。 从计算结果可得到什么结论?

**18.** 由 $n$ 个刃型位错组成亚晶界,其晶界取向差为 $0.057°$。 设在形成亚晶界之前位错间无交互作用,试问形成亚晶后,畸变能是原来的多少倍(设 $R = 10^{-4}$,$r_0 = b = 10^{-8}$;形成亚晶界后,

$$R = D \approx \frac{b}{\theta})?$$

**19.** 用位错理论证明小角度晶界的晶界能 $\gamma$ 与位向差 $\theta$ 的关系为 $\gamma = \gamma_0 \theta (A - \ln\theta)$。式中 $\gamma_0$ 和 $A$ 为常数。

**20.** 简单回答下列各题。

（1）空间点阵与晶体点阵有何区别？

（2）金属的 3 种常见晶体结构中，不能作为一种空间点阵的是哪种结构？

（3）原子半径与晶体结构有关。当晶体结构的配位数降低时原子半径如何变化？

（4）在晶体中插入柱状半原子面时能否形成位错环？

（5）计算位错运动受力的表达式为 $f = \tau b$，其中 $\tau$ 是指什么？

（6）位错受力后运动方向处处垂直于位错线，在运动过程中是可变的，晶体作相对滑动的方向应是什么方向？

（7）位错线上的割阶一般如何形成？

（8）界面能最低的界面是什么界面？

（9）"小角度晶界都是由刃型位错排成墙而构成的"这种说法对吗？

# 1.6  参考答案

**1.** 有关晶面及晶向如图 1-20 所示。

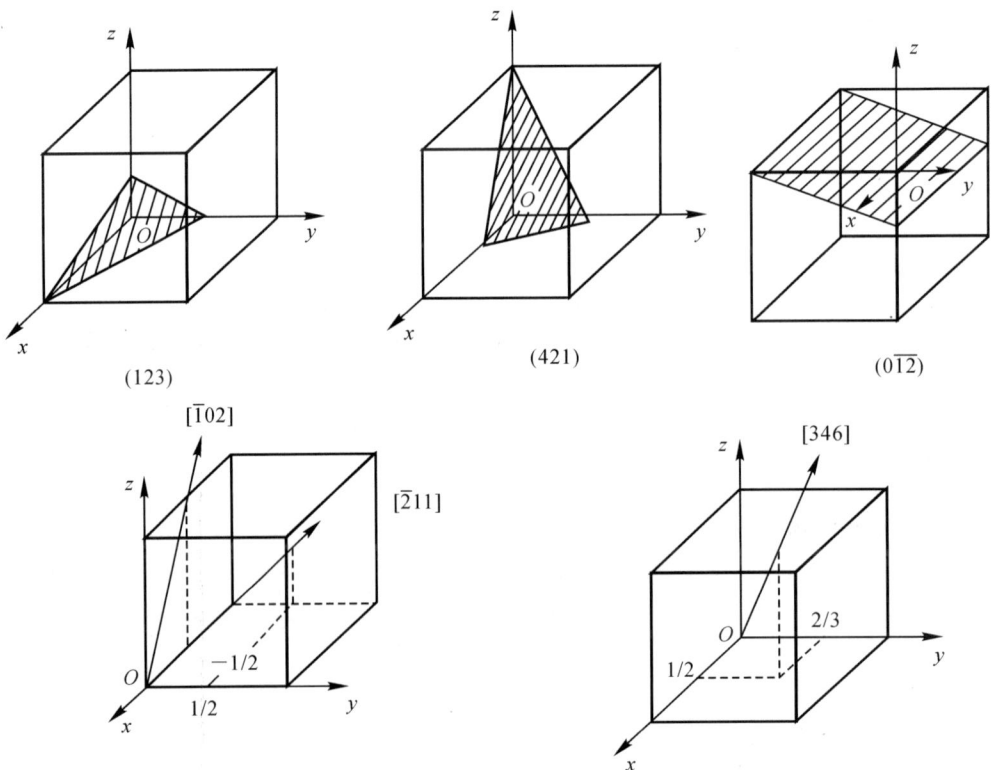

图 1-20　有关晶面及晶向

**2.** 如图 1-21 所示。

**3.** $\{100\} = (100) + (010) + (001)$，共 3 个等价面。

$\{110\} = (110) + (\bar{1}10) + (101) + (\bar{1}01) + (011) + (0\bar{1}1)$，
共 6 个等价面。

$\{111\} = (111) + (\bar{1}11) + (1\bar{1}1) + (11\bar{1})$，共 4 个等价面。

$\{112\} = (112) + (\bar{1}12) + (1\bar{1}2) + (11\bar{2}) + (121) +$
$(\bar{1}21) + (1\bar{2}1) + (12\bar{1}) + (211) + (\bar{2}11) +$
$(2\bar{1}1) + (21\bar{1})$

共 12 个等价面。

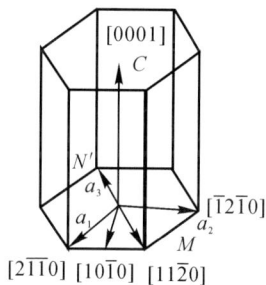

图 1-21　六方晶体中常见晶向

**4.** 单位晶胞的体积为 $V_{uc} = 0.14$ nm³（或 $1.4 \times 10^{-28}$ m³）。

**5.** (1) 0.088 nm；(2) 0.100 nm。

**6.** Cu 原子的线密度为 $2.77 \times 10^6$ 个原子/mm。

Fe 原子的线密度为 $3.50 \times 10^6$ 个原子/mm。

**7.** $1.61 \times 10^{13}$ 个原子/mm²；$1.14 \times 10^{13}$ 个原子/mm²；$1.86 \times 10^{13}$ 个原子/mm²。

**8.** (1) $5.29 \times 10^{28}$ 个硅原子/m³；(2) 0.33。

**9.** $0.4 \times 10^{-18}$ J/个原子。

**10.** $0.616 \times 10^{14}$ 倍。

**11.** (1) 这种看法不正确。在位错环运动移出晶体后,滑移面上、下两部分晶体相对移动的距离是由其柏氏矢量决定的。位错环的柏氏矢量为 **b**,故其相对滑移了一个 $b$ 的距离。

(2) $A'B'$ 为右螺型位错,$C'D'$ 为左螺型位错;$B'C'$ 为正刃型位错,$D'A'$ 为负刃型位错。位错运动移出晶体后滑移方向及滑移量如图 1-22 所示。

**12.** (1) 应沿滑移面上、下两部分晶体施加一切应力 $\tau$。$\tau$ 的方向应与 $\overline{de}$ 位错线平行。

(2) 在上述切应力作用下,位错线 $\overline{de}$ 将向左(或右)移动,即沿着与位错线 $\overline{de}$ 垂直的方向(且在滑移面上)移动。在位错线沿滑移面旋转 360° 后,在晶体表面沿柏氏矢量方向产生宽度为一个 $b$ 的台阶。

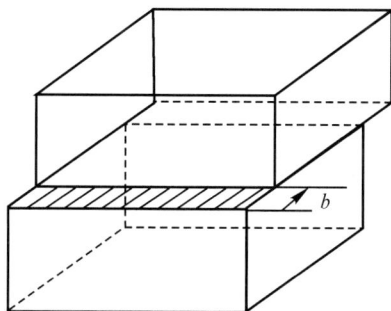

图 1-22　位错环移出晶体后引起的滑移

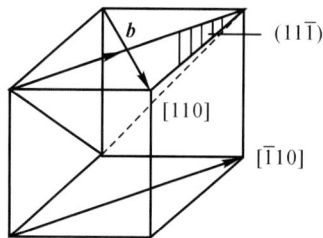

图 1-23　**b** 及位错线方向

**13.** (1) $\boldsymbol{b} = \dfrac{a}{2}[\bar{1}10]$，其大小为 $|\boldsymbol{b}| = \dfrac{\sqrt{2}}{2}a$，其方向见图 1-23。

（2）位错线方向及指数如图 1-23 所示。

**14.**（1）能。几何条件：$\sum \boldsymbol{b}_{\text{前}} = \sum \boldsymbol{b}_{\text{后}} = \dfrac{a}{3}[11\bar{1}]$；能量条件：$\sum b_{\text{前}}^2 = \dfrac{2}{3}a^2 >$

$\sum b_{\text{后}}^2 = \dfrac{1}{3}a^2$。

（2）不能。能量条件：$\sum b_{\text{前}}^2 = \sum b_{\text{后}}^2 = a^2$，两边能量相等。

（3）不能。几何条件：$\sum \boldsymbol{b}_{\text{前}} = \dfrac{a}{b}[557]$，$\sum \boldsymbol{b}_{\text{后}} = \dfrac{a}{b}[11\bar{1}]$，不能满足。

（4）不能。能量条件：$\sum b_{\text{前}}^2 = a^2 < \sum b_{\text{后}}^2 = \dfrac{3}{2}a^2$，即反应后能量升高。

**15.**（1）能够进行。因为既满足几何条件：$\sum \boldsymbol{b}_{\text{前}} = \sum \boldsymbol{b}_{\text{后}} = \dfrac{a}{3}[\bar{1}11]$，又满足能量条件：$\sum b_{\text{前}}^2 = \dfrac{2}{3}a^2 > \sum b_{\text{后}}^2 = \dfrac{1}{3}a^2$。

（2）$\boldsymbol{b}_{\text{合}} = \dfrac{a}{3}[\bar{1}11]$；该位错为弗兰克不全位错。

**16.**（1）假设晶体中位错线互相缠结、互相钉扎，则可能存在的位错源数目 $n = \dfrac{\rho}{L} = 10^{10} \sim 10^{11}$ 个 $/\text{cm}^3$。

（2）$\tau_{\text{Ni}} = 1.95 \times 10^7$ Pa。

**17.** 当 $\theta = 1°$，$D = 14$ nm；$\theta = 10°$，$D = 1.4$ nm 时，即位错之间仅有 $5 \sim 6$ 个原子间距，此时位错密度太大，说明当 $\theta$ 角较大时，该模型已不适用。

**18.** 畸变能是原来的 0.75 倍（说明形成亚晶界后，位错能量降低）。

**19.** 设小角度晶界的结构由刃型位错排列而成，位错间距为 $D$。晶界的能量 $\gamma$ 由位错的能量 $E$ 构成，设 $l$ 为位错线的长度，由图 1-24 可知，

$$\gamma = \frac{El}{Dl} = \frac{E}{D}$$

由位错的能量计算可知，

$$E = \frac{Gb^2}{4\pi(1-\nu)}\ln\frac{R}{r_0} + E_{\text{中心}}$$

取 $R = D$（超过 $D$ 的地方，应力场相互抵消），$r_0 = b$ 和 $\theta = \dfrac{b}{D}$ 代入上式可得

$$\gamma = \frac{\theta}{b}\left[\frac{Gb^2}{4\pi(1-\nu)}\ln\frac{D}{b} + E_{\text{中心}}\right] =$$

$$\frac{G\theta b}{4\pi(1-\nu)}\ln\frac{1}{\theta} + \frac{\theta E_{\text{中心}}}{b} = \gamma_0\theta(A - \ln\theta)$$

式中　$\gamma_0 = \dfrac{Gb}{4\pi(1-\nu)}$，　$A = \dfrac{4\pi(1-\nu)E_{\text{中心}}}{Gb^2}$。

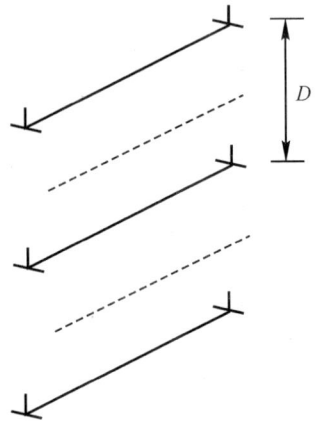

图 1-24　界面结构示意图

**20.**（1）晶体点阵也称晶体结构，是指原子的具体排列；而空间点阵则是忽略了原子的体积，把它们抽象为纯几何点。

（2）密排六方结构。

（3）原子半径发生收缩。这是因为原子要尽量保持自己所占的体积不变或少变[原子所占体积 $V_A=$ 原子的体积（$\frac{4}{3}\pi r^3$）＋间隙体积]，当晶体结构的配位数减小时，即发生间隙体积的增加，若要维持上述方程的平衡，则原子半径必然发生收缩。

（4）不能。因为位错环是通过环内晶体发生滑移、环外晶体不滑移才能形成。

（5）外力在滑移面的滑移方向上的分切应力。

（6）始终是柏氏矢量方向。

（7）位错的交割。

（8）共格界面。

（9）否。扭转晶界就由交叉的同号螺型位错构成。

# 第2章 材料中的相结构

## 2.1 内容精要

在工程实际中得到广泛应用的是合金。合金是指由两种或两种以上的金属,或金属与非金属,经熔炼、烧结等组合而成并具有金属特性的物质。它与纯金属不同,在一定的外界条件下,具有一定成分的合金其内部不同区域可能具有不同的成分、结构和性能。人们把具有相同(或连续变化的)成分、结构和性能的区域称为"相"。合金的组织是由不同的相组成的。在其他工程材料中也有类似情形。尽管各种材料的组织有多种多样,但构成这些组织的相却仅有数种。本章的重点就是介绍这些相的结构、形成规律及性能特点,以便认识组织,进而控制和改进材料的性能。

按照结构特点,可以把固体中的相大致分为6类。

固熔体及金属化合物这两类相是金属材料中的主要组成相。固熔体的结构特点是它具有熔剂组元的点阵类型。根据熔质原子的分布,固熔体可分为置换固熔体及间隙固熔体。其中,根据 Hume-Rothery 规则提出的影响置换固熔体固熔度大小的因素(原子尺寸、电负性、电子浓度、晶体结构等)是核心内容。据此,我们可以在一定的条件下对金属中的固熔度作出预测。由于熔质原子的存在产生固熔强化,使金属在强度、硬度提高的同时,还保持了较高的塑性,因而结构材料中常以固熔体作为基体相。金属化合物的晶体结构,则既不同于熔剂,也不同于熔质,而是组成了一个新点阵。其中,正常价化合物具有 NaCl 或 $CaF_2$ 型结构;电子化合物则取决于其电子浓度;间隙相具有简单晶体结构,间隙化合物则具有复杂晶体结构。此类相总的性能特点是硬而脆,故常用作强化相。

晶体相是构成陶瓷材料的基本相。它由金属元素与非金属元素化合组成。与金属一样,具有晶体结构,但与金属不同的是其结构中并没有大量的自由电子,而是以离子键或共价键为主。晶体相的结构可分为两大类:一类是氧化物,它具有典型离子化合物的晶体结构;另一类是硅酸盐结构,它取决于硅氧四面体 $[SiO_4]$ 在空间的组合情况,通常分为岛状、链状、层状及骨架状4类。一般认为,晶体相中的 AX 化合物具有立方体结构,在这些化合物中具有相同数目的正离子与负离子;其次是 $A_mX_p$ 型化合物,如 $CaF_2$。$Ca^{2+}$ 与 $F^{-1}$ 的配位数不同,因为 $m/p \neq 1$。未被占据的间隙位置将会导致晶格的扭曲;$A_mB_nX_p$ 型化合物被用来描述较复杂的陶瓷结构。

玻璃相是非晶态固体(如玻璃、部分塑料、非晶态金属、陶瓷材料等)中的重要组成相。在微观结构上有各种不同的理论,目前主要是"晶子学说"和"无规则网络假说";在性能上则表现为各向同性、介稳性、无固定熔点、物化性质随成分变化而呈现连续性等。其形成与组成、结构、热力学和动力学等因素有关。

分子相是指固体中分子的聚集状态,它是高分子材料中的重要组成相。它主要由非金属元素组合而成的大分子,这是构成高聚物的基础。每一个大分子都是由一种或几种简单的低分子物质重复连接而成(就像晶体中的单位晶胞)。不论分子的大小,分子内键合很强(原子是由共价键的强吸引力而结合),而分子间的键却较弱(范德瓦尔键)。分子相的结构可分为非晶态结构与晶态结构,它决定了这些分子固体的性能。非晶态高聚物凝固时黏度很大,大分子呈混乱无序排列,形成无规线团结构;对晶态高聚物,在一定条件下,大分子链排列规整、紧密,可部分晶化,故实际为晶态和非晶态的集合结构。其尺寸范围约为 $0.01\sim10~\mu m$。高分子材料中相的形态分为单相连续分布及两相连续分布两种。其相畴形态又分为规则、不规则和脆状等。

除此以外,近年来出现的"超材料(meta-matreials)",其性能取决于"人工结构"。目前,人们已经研究出数百万计的人工结构。利用材料学的原理,把各种人工结构引入"超材料"系统,就可能获得人们想要的、具有新功能的超材料或器件。

基本要求:

(1) 理解 Hume-Rothery 规则,能用实例说明影响固熔度的因素。

(2) 比较间隙固熔体、间隙相及间隙化合物的结构和性能特点。

(3) 熟悉金属间化合物的分类、特点及性能。

(4) 认识陶瓷相的 3 种结构类型及性能特点。

(5) 了解 AX 化合物的结构。

(6) 了解硅氧四面体($SiO_4$)在硅酸盐结构中的意义。

(7) 认识高聚物的结构特点及大分子的聚集态结构。

(8) 认识人工结构与超材料。

## 2.2　知识结构

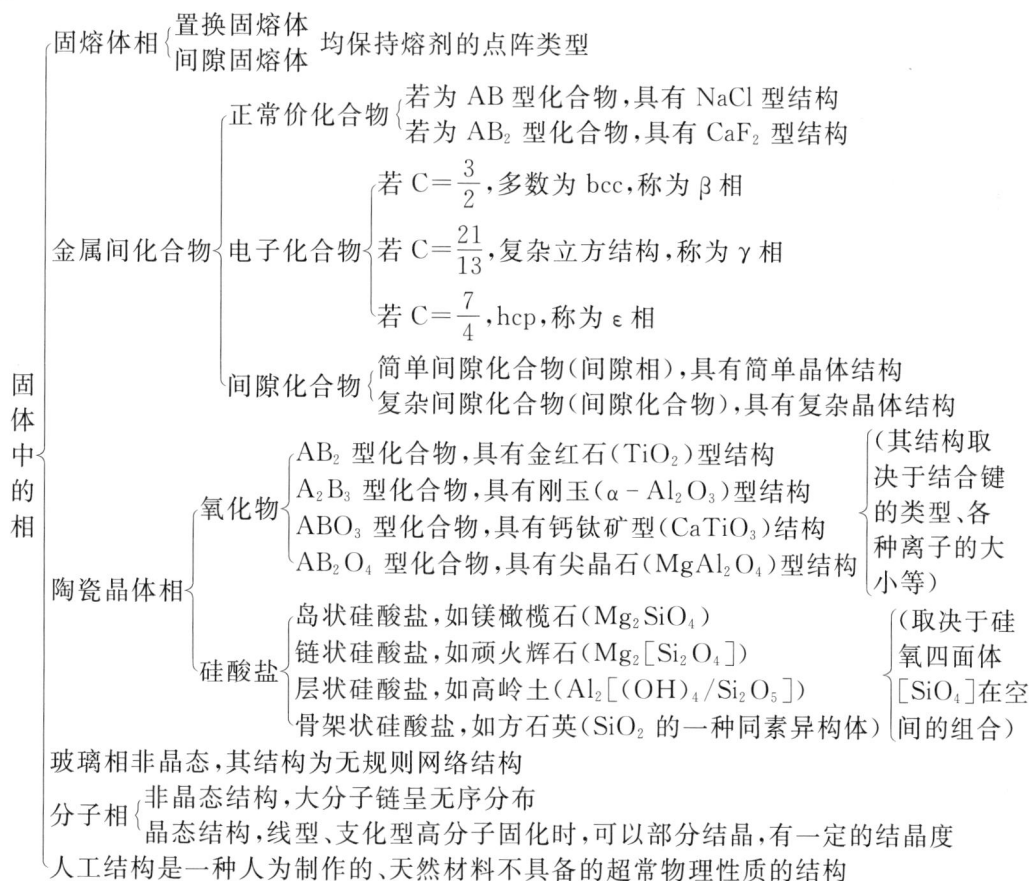

## 2.3 重点原理

**1. 固熔度和 Hume-Rothery 规则**

置换式固熔体的固熔度随合金系的不同而有很大的差别。为了预计置换式固熔体的固熔度，Hume-Rothery 提出以下经验规则。

(1) 15% 规则：如果形成合金的元素的原子半径之差超过 $14\% \sim 15\%$，则固熔度极为有限。它可表示为

$$\delta = \frac{\mid d_A - d_B \mid}{d_A} \times 100\% > 14\% \sim 15\% \qquad (2-1)$$

这里 $d_A$ 和 $d_B$ 分别是熔剂 A 和熔质 B 的原子直径。

(2) 负电价效应：如果合金组元的负电性相差很大，例如当 Gordy 定义的负电性值相差 0.4 以上时，固熔度就极小（因为此时 A，B 二组元易形成稳定的中间相）。

(3) 相对价效应：两个给定元素的相互固熔度是与它们各自的原子价有关的，且高价元素在低价元素中的固熔度大于低价元素在高价元素中的固熔度。

(4) 价电子浓度 $e/a$ 是决定固熔度的一个重要因素。如果用价电子浓度表示合金的成分，那么 ⅡB～ⅤB 族元素在 ⅠB 族熔剂元素中的固熔度都相同，约为 $e/a = 1.36$，而与具体的元素种类无关。

(5) 两组元形成无限（或连续）固熔体的必要条件是它们具有相同的晶体结构。

**2. 决定离子化合物结构的几个规则（pauling 规则）**

(1) 负离子配位多面体规则（pauling 第一规则）：在正离子周围形成一负离子配位多面体，正负离子之间的距离取决于离子半径之和，而配位数则取决于正负离子半径之比。

(2) 电价规则（pauling 第二规则）：由于在形成每一个离子键时正离子给出的价电子数应等于负离子得到的价电子数，因此有

$$\frac{Z_+}{CN_+} = \frac{Z_-}{CN_-} \qquad (2-2)$$

式中　　$Z_+$，$Z_-$ ——分别是正、负离子的电价（原子价）；

　　　　$CN_+$，$CN_-$ ——分别是正离子和负离子的配位数。

据式（2-2），可以确定负离子的配位数。

(3) 负离子多面体连接规则（pauling 第三规则）：在一个配位结构中，当配位多面体共用棱，特别是共用面时，其稳定性会降低，而且正离子的电价越高、配位数越低，则上述效应越显著。

## 2.4 典型范例

**例 2.1** $Mn_{13}$ 钢为面心立方结构的单相固熔体。已知其成分为 $w_{Mn} = 12.3/10^{-2}$，$w_C = 1.34/10^{-2}$，其余为 Fe。点阵常数 $a = 0.364\ 2$ nm，合金密度 $\rho = 7.83$ g/cm³。试说明碳原子的熔入方式 [各元素的相对原子质量 Ar(C) = 12，Ar(Fe) = 55.84，Ar(Mn) = 54.93]。

**解**　对于面心立方点阵，纯熔剂晶胞的原子数 $n_0 = 4$；对于体心立方点阵，$n_0 = 2$。

若按一个晶胞计算，则有

$$n = \frac{\rho V}{m_a}$$

式中 $\rho$ —— 合金密度;

$V$ —— 晶胞体积($V=a^3$);

$m_a$ —— 一个原子的平均质量。

由题意知 Mn13 合金的平均相对分子质量为

$$\overline{M}_r = \dfrac{100}{\dfrac{1.34}{12} + \dfrac{12.3}{54.93} + \dfrac{86.36}{55.8}} = 53.13$$

所以

$$m_a = 55.13 \times 1.66 \times 10^{-23} \text{ g} = 8.819 \times 10^{-23} \text{ g}$$

故

$$n = \dfrac{7.83 \times (3.642 \times 10^{-8})^3}{8.819 \times 10^{-23}} = 4.28 > n_0$$

可知碳原子是以间隙方式熔入 Mn13 钢中。

**讨论** 根据熔质原子的熔入方式,固熔体可以分为置换式固熔体、间隙式固熔体和缺位式固熔体,其判据如下:

若 $n > n_0$,则固熔体为间隙式;

若 $n = n_0$,则固熔体为置换式;

若 $n < n_0$,则固熔体为缺位式。

其中 $n$ —— 晶胞的实际原子数;

$n_0$ —— 纯熔剂晶胞的原子数。

**例 2.2** 绘出 CuAuⅠ型有序固熔体晶体中的(111)和(110)晶面的原子剖面图。

**解** CuAuⅠ型有序固熔体为面心立方结构,依题意可作图,如图 2-1 所示。

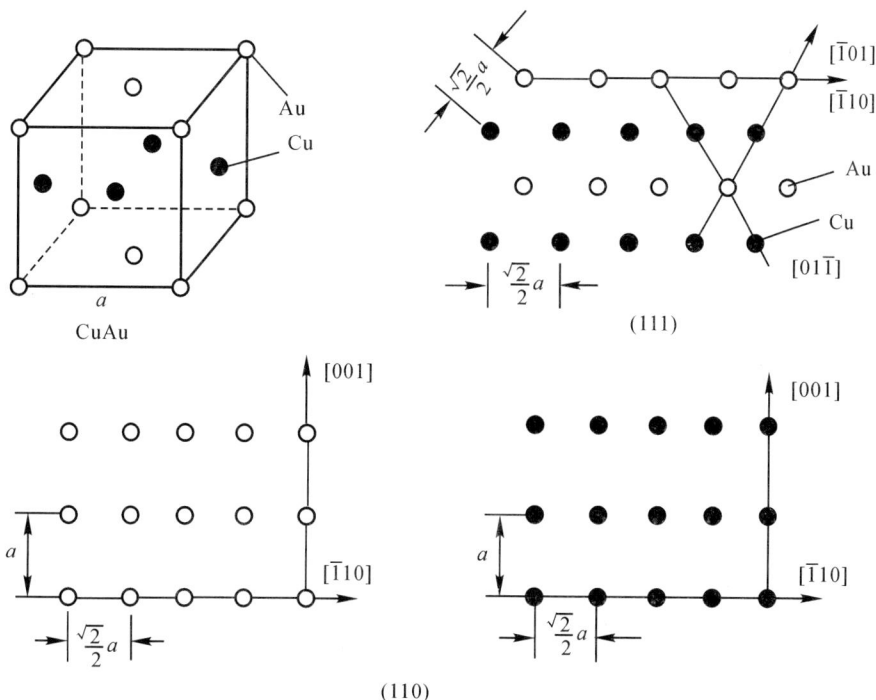

图 2-1 CuAuⅠ型有序固熔体的单位晶胞及(111),(110)晶面

**讨论** 在平面图上表示晶面和晶向在许多情况下非常有用,其关键是能找到一个好的基准面,使其他晶面和晶向在基准面上能得到较好的反映。

**例 2.3** 青铜为铜和锡组成的固熔体合金,其中大约有 3% 的铜原子为锡原子所取代,而铜仍维持着 fcc 结构。试求合金中所含 Cu 和 Sn 的质量分数(已知 Cu 的相对原子质量为 63.54,Sn 为 118.69)。

**解** 由题意知,合金中所含 Sn 的摩尔分数为 $x_{Sn}=3/10^{-2}$,所含 Cu 的摩尔分数为 $x_{Cu}=97/10^{-2}$。故其质量分数为

$$w_{Cu}=\frac{0.97\times63.54\times6.02\times10^{23}}{(0.97\times63.54+0.03\times118.69)\times6.02\times10^{23}}=94.5/10^{-2}$$

$$w_{Sn}=5.5/10^{-2}$$

**讨论** 合金成分的表示有两种方法:用质量分数表示和用摩尔分数表示。在研究实际问题时常需要互相转换,故应对此了解。

若 $w_A$,$w_B$ 分别表示 A 和 B 组元的质量分数,$a_A$ 和 $a_B$ 分别表示 A 和 B 组元的相对原子质量,$x_A$ 和 $x_B$ 分别表示 A 和 B 组元的摩尔分数,则两种单位的换算公式如下:

$$w_A=\frac{a_A x_A}{a_A x_A+a_B x_B}$$

$$w_B=\frac{a_B x_B}{a_A x_A+a_B x_B}$$

$$x_A=\frac{w_A/a_A}{w_A/a_A+w_B/a_B}$$

$$x_B=\frac{w_B/a_B}{w_A/a_A+w_B/a_B}$$

**例 2.4** 在 1 000 ℃ 时,有 $w_C=1.7/10^{-2}$ 的碳熔入面心立方结构的铁中形成固熔体。试求 100 个单位晶胞中有多少个碳原子。

**解** 因为 100 个单位晶胞中,有 400 个铁原子,其质量分数为

$$w_{Fe}=98.3/10^{-2}$$

总质量为 $M=(400\times55.85)/0.983=22\ 726$

碳原子数为 $n_C=22\ 726\times0.017/12.01=32$ 个

**讨论** 大约 1/3 个单位晶胞中才有 1 个碳原子。这是因为碳原子半径较八面体间隙半径稍大些,因而碳原子不太可能都填满所有的等效位置。

**例 2.5** 试求出下列各相的电子浓度:$Cu_3Al$,$NiAl$,$Fe_5Zn_{21}$,$Cu_3Sn$,$MgZn_2$ 等,并指出其晶体结构类型,它们各属何类化合物。

**解** 计算结果如表 2-1 所示。

**表 2-1 某些合金相的电子浓度及归类**

| 合金相 | 电子浓度 | 晶体结构 | 归 类 |
|---|---|---|---|
| $Cu_3Al$ | 1.5(3/2) | 体心立方 | 电子化合物 |
| $NiAl$ | 1.5(3/2) | 体心立方 | 电子化合物 |
| $Fe_5Zn_{21}$ | 1.61(21/13) | γ-黄铜结构 | 电子化合物 |
| $Cu_3Sn$ | 1.75(7/4) | 密排六方结构 | 电子化合物 |
| $MgZn_2$ | 2 | 六方结构 | Laves 相 |

**讨论** 过渡族金属元素的原子价较难确定,是一个有争议的问题。在计算电子浓度时通常定为零价,这是因为其原子的 d 壳层未被填满,故在合金中虽可贡献出最外层电子,却又要吸收电子来填充 d 壳层,实际作用为零。也有人认为其原子价在 $0 \sim 2$ 范围变化,要按具体情况确定。

**例 2.6** 氧化镁(MgO)是具有 $O^{2-}$ 离子的面心立方结构,而 $Mg^{2+}$ 则位于所有的 $6-f$(six-fold)位置(六重配位)。

(1)若其离子半径 $r_{Mg^{2+}} = 0.066\ nm$,$r_{O^{2-}} = 0.140\ nm$,则其堆积密度为多少?

(2)如果 $r_{Mg^{2+}} / r_{O^{2-}} = 0.41$,则堆积密度为多少?

**解** (1)点阵常数为

$$a = 2(r_{Mg^{2+}} + r_{O^{2-}}) = 2(0.066 + 0.140) = 0.412\ nm$$

堆积密度为

$$\rho_{PF} = \frac{\frac{4}{3}\pi(r_{Mg^{2+}}^3 + r_{O^{2-}}^3) \times 4}{a^3} = \frac{\frac{4}{3}\pi \times 4 \times [(0.066)^3 + (0.140)^3]}{(0.412)^3} = 0.73$$

(2)

$$r_{Mg^{2+}} / r_{O^{2-}} = 0.41$$

$$\rho_{PF} = \frac{\frac{4}{3}\pi(r_{Mg^{2+}}^3 + r_{O^{2-}}^3) \times 4}{[2 \times (r_{Mg^{2+}} + r_{O^{2-}})]^3} = \frac{2\pi(r_{Mg^{2+}}^3 + r_{O^{2-}}^3)}{3(r_{Mg^{2+}} + r_{O^{2-}})^3} = \frac{2\pi[(0.41 r_{O^{2-}})^3 + r_{O^{2-}}^3]}{3(0.41 r_{O^{2-}} + r_{O^{2-}})^3} = 0.80$$

**讨论** 在离子晶体里,两个异号离子半径的比值决定了离子的配位数,而配位数的大小直接影响着晶体结构,如 $\frac{r^+}{r^-} = 0.225 \sim 0.414$ 时,配位数为 4;若 $\frac{r^+}{r^-} = 0.414 \sim 0.732$ 时,配位数为 6。上例中 $\frac{r_{Mg^{2+}}}{r_{O^{2-}}} = 0.41$,故 $r_{Mg^{2+}} = 0.41 r_{O^{2-}}$。

**例 2.7** $MgF_2$ 能否具有与 $CaF_2$ 相同的结构?

**解** 查附录可知,$CN = 6$ 时,$r_{F^{-1}} = 0.133\ nm$,$r_{Mg^{2+}} = 0.066\ nm$,$r_{Ca^{2+}} = 0.099\ nm$。

当 $CN = 8$ 时,有

$$r_{Mg^{2+}} = \frac{0.066}{0.97} = 0.068\ nm$$

$$r_{Ca^{2+}} = \frac{0.099}{0.97} = 0.102\ nm$$

$$\frac{r_{Mg^{2+}}}{r_{F^{1-}}} = \frac{0.068}{0.121} = 0.56$$

其中 $r_{F^{-1}} = \frac{0.133}{1.1} = 0.121\ nm$。

因 $Mg^{2+}$ 有 8 个 $F^{1-}$ 配位,故 $r_{Mg^{2+}} / r_{F^{1-}}$ 必须 $\geqslant 0.73$;而现在 $\frac{r_{Mg^{2+}}}{r_{F^{1-}}} = 0.56$,故 $MgF_2$ 不能形成 $CaF_2$ 型的结构。

**讨论** 离子化合物的结构,是由泡林(pauling)提出的几条经验规则决定的。其中第一规则指出"配位数取决于正负离子半径之比",即能否形成某种结构,首先应符合这种结构下的正负离子半径比。另外,应注意不同结构时的离子半径大小按 Ahrens 模型确定,即 $0.97 R_{CN=8} = R_{CN=6} = 1.1 R_{CN=4}$。

**例 2.8** 为了使 $MgF_2$ 能熔入 LiF 中,则必须向 $MgF_2$ 中引入何种形式的空位、阴离子或阳离子？相反，若欲使 LiF 熔入 $MgF_2$ 中，则需向 LiF 中引入何种形式的空位、阴离子或阳离子？

**解** $MgF_2$ 若要熔入 LiF，由 $Mg^{2+}$ 取代 $Li^+$，则需引入阳离子空位。因为被取代的离子和新加入的离子，其价电荷必须相等。

相反，若欲使 LiF 熔入 $MgF_2$（因 $r_{Li^+} \approx r_{Mg^{2+}}$，故 $Li^+$ 可取代 $Mg^{2+}$），由 $Li^+$ 取代 $Mg^{2+}$，则需引入阴离子空位，使电荷平衡且不破坏原来的 $MgF_2$ 结构。

**例 2.9** 当每 6 个 $Zr^{4+}$ 离子存在于固熔体而有一个 $Ca^{2+}$ 离子加入时就可能形成一立方体的 $ZrO_2$。若此阳离子形成面心立方结构，而 $O^{2-}$ 离子则位于 4－$f$ 位置（即四面体间隙）。

(1) 100 个阳离子需要有多少 $O^{2-}$ 离子存在？

(2) 4－$f$ 位置被占据的百分比为多少？

**解** (1) 100 个阳离子中，总电荷为

$$Q_{总} = \frac{100}{7} \times (6 \times 4 + 1 \times 2) = 371.4$$

故需要 371.4/2＝185.7 个 $O^{2-}$ 离子来平衡该电荷。

(2) 100 个阳离子组成 25 个单位晶胞（因为是 fcc 结构），每个单位晶胞共有 8 个 4－$f$ 间隙位置，故 $O^{-2}$ 离子占据 4－$f$ 位置的百分数为

$$\frac{185.7}{25 \times 8} \times 100\% \approx 92.9\%$$

**例 2.10** 设 $Fe_2O_3$ 固熔于 NiO 中，其固熔度（质量分数）为 $w_{Fe_2O_3} = 10/10^{-2}$。此时，有 $3Ni^{2+}$ 被（$2Fe^{3+} + \square$）取代以维持电荷平衡。求 1 $m^3$ 中有多少个阳离子空位数（已知 $R_{O^{2-}} = 0.140$ nm，$r_{Ni^{2+}} = 0.069$ nm，$r_{Fe^{3+}} = 0.064$ nm）。

**解** 设有 100 g 此种固熔体，则 $Fe_2O_3$ 有 10 g，NiO 有 90 g。

$$n_{Fe^{3+}} = \frac{10\ g}{(55.85 \times 2 + 16 \times 3)\ g/mol} \times 2 = 0.125\ mol$$

$$n_{N^{2+}} = \frac{90\ g}{(58.71 + 16)\ g/mol} = 1.205\ mol$$

$$n_{O^{2-}} = \frac{10\ g}{(55.85 \times 2 + 16 \times 3)\ g/mol} \times 3 + \frac{90\ g}{(58.71 + 16)\ g/mol} = 1.393\ mol$$

因为 NiO 具有 NaCl 型结构，$CN = 6$，$r_{Ni^{2+}} \approx r_{Fe^{3+}}$，故可设 NaCl 型的结构不变（主体仍为 NiO），所以

$$a = 2(r_{O^{2-}} + r_{Ni^{2+}}) = 2 \times (0.14 + 0.069) = 0.418\ nm$$

平均每单位晶胞中有 4 个 $Ni^{2+}$ 及 4 个 $O^{2-}$（当 $Fe^{3+}$ 不存在时）。

1 $m^3$ 中有

$$\frac{4\ 个\ O^{2-}}{(0.418 \times 10^{-9})^3\ m^3} = 5.48 \times 10^{28}\ 个氧离子\ /\ m^3$$

每 1.393 mol 的氧离子有 0.125 mol 的 $Fe^{3+}$，即含有 0.125/2 mol 的阳离子空位数，所以

$$5.48 \times 10^{28} \times \frac{0.125/2}{1.393} = 2.46 \times 10^{27}\ 个阳离子空位数\ /m^3$$

**讨论** 例 2.7 至例 2.9 都属于离子化合物中电荷平衡问题。其基础是电价规则（pauling 第二规则），即"在形成每一个离子键时正离子给出的价电子数应等于负离子得到的价电子数，

因此有 $\dfrac{Z_+}{CN_+} = \dfrac{Z_-}{CN_-}$，式中 $Z_+$，$Z_-$ 分别是正、负离子的电价(原子价)，$CN_+$，$CN_-$ 分别是正离子和负离子的配位数"。

**例 2.11**　图 2-2 为聚乙烯分子晶体的结构。链是纵向排列、单位晶胞为 90° 角的斜方晶体。试计算完全结晶的聚乙烯的密度。

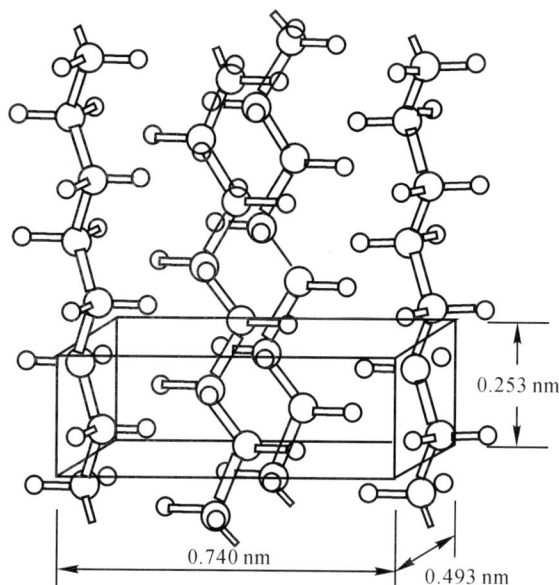

图 2-2　聚乙烯分子晶体的结构

**解**　$(C_2H_4)_n$ 单体是平行于矩形晶胞的两端，相当于每单位晶胞中有两个单体。

完全结晶聚乙烯的密度为

$$\rho = \frac{2 \times (24 + 4)/6.02 \times 10^{23}/\,g}{(0.253 \times 0.740 \times 0.493) \times (10^{-27}\,m^3)} = 1.01 \times 10^6\,g/m^3\ (\text{或}\ 1.01\ g/cm^3)$$

**讨论**　聚乙烯的密度通常介于 $0.92 \sim 0.96\ g/cm^3$ 之间，取决于其结晶度。

**例 2.12**　毫无结晶迹象的聚乙烯其密度为 $0.9\ mg/m^3$，商业用的低密度聚乙烯为 $0.92\ mg/m^3$，而高密度为 $0.96\ mg/m^3$。试估计上述两种情形中结晶的体积分数。

**解**　由例 2.11 可知，完全结晶时聚乙烯的密度为 $1.01\ g/cm^3$，其密度差为

$$1.01 - 0.9 = 0.11\ g/cm^3$$
$$1.01 - 0.92 = 0.09\ g/cm^3$$
$$1.01 - 0.96 = 0.05\ g/cm^3$$

故低密度聚乙烯的结晶度为

$$\eta_{\text{低}} = \frac{0.92 - 0.9}{0.11} = 18\%$$

高密度聚乙烯的结晶度为

$$\eta_{\text{高}} = \frac{0.96 - 0.9}{0.11} = 55\%$$

**讨论**　聚合物的密度与结晶度有关，结晶度越大，则密度越高。结晶度的大小，与分子链

的结构及冷却速度有关。分子链的侧基分子团较小,没有或很少有支化链产生时,分子链容易产生结晶,反之则易形成非晶区;由液态到固态的冷却速度越小,越容易结晶。

## 2.5 效果测试

1. 说明间隙固熔体与间隙化合物有什么异同。

2. 有序合金的原子排列有何特点?这种排列和结合键有什么关系?为什么许多有序合金在高温下变成无序?

3. 已知 Cd,Zn,Sn,Sb 等元素在 Ag 中的固熔度(摩尔分数)极限分别为 $x_{Cd} = 42.5/10^{-2}$,$x_{Zn} = 20/10^{-2}$,$x_{Sn} = 12/10^{-2}$,$x_{Sb} = 7/10^{-2}$,它们的原子直径分别为 0.304 2 nm,0.314 nm,0.316 nm,0.322 8 nm,Ag 为 0.288 3 nm。试分析其固熔度(摩尔分数)极限差别的原因,并计算它们在固熔度(摩尔分数)极限时的电子浓度。

4. 试分析 H,N,C,B 在 α-Fe 和 γ-Fe 中形成固熔体的类型、存在位置和固熔度(摩尔分数)。各元素的原子半径如下:

| 元素 | H | N | C | B | α-Fe | γ-Fe |
|------|------|------|------|------|------|------|
| $r$/nm | 0.046 | 0.071 | 0.077 | 0.091 | 0.124 | 0.126 |

5. 金属间化合物 AlNi 具有 CsCl 型结构,其点阵常数 $a = 0.288$ 1 nm,试计算其密度(Ni 的相对原子质量为 58.71,Al 的相对原子质量为 26.98)。

6. ZnS 的密度为 4.1 $mg/m^3$,试由此计算两离子的中心距离。

7. 碳和氮在 γ-Fe 中的最大固熔度(摩尔分数)分别为 $x_C = 8.9/10^{-2}$,$x_N = 10.3/10^{-2}$。已知 C,N 原子均位于八面体间隙,试分别计算八面体间隙被 C,N 原子占据的百分数。

8. 为什么只有置换固熔体的两个组元之间才能无限互熔,而间隙固熔体则不能?

9. 计算在 NaCl 内,钠离子的中心与下列各离子中心的距离(设 $Na^+$ 和 $Cl^-$ 的半径分别为 0.097 nm 和 0.181 nm)。

(1) 最近邻的正离子;

(2) 最近邻的离子;

(3) 次邻近的 $Cl^-$ 离子;

(4) 第三邻近的 $Cl^-$ 离子;

(5) 最邻近的相同位置。

10. 某固熔体中含有氧化镁为 $x_{MgO} = 30/10^{-2}$,$x_{LiF} = 70/10^{-2}$。

(1) 试问 $Li^+$,$Mg^{2+}$,$F^-$,$O^{2-}$ 之质量分数为多少?

(2) 假设 MgO 的密度为 3.6 $g/cm^3$,LiF 的密度为 2.6 $g/cm^3$,那么该固熔体的密度为多少?

11. 非晶形材料的理论强度经计算为 $G/6 \sim G/4$,其中 G 为剪切模量。若 $\nu = 0.25$,由其弹性性质,试估计玻璃(非晶形材料)的理论强度(已知 $E = 70\ 000$ MPa)。

12. 一陶瓷绝缘体在烧结后含有 1%(以容积为准)的孔,其孔长为 13.7 mm 的立方体。若在制造过程中,粉末可以被压成含有 24 % 的孔,则模子的尺寸应该是多少?

13. 一有机化合物,其成分为 $w_C = 62.1/10^{-2}$,$w_H = 10.3/10^{-2}$,$w_O = 27.6/10^{-2}$。试写出可能的化合物名称。

**14.** 画出丁醇($C_4H_9OH$)的 4 种可能的异构体。

**15.** 一普通聚合物具有 $C_2H_2Cl_2$ 作为单体,其平均分子质量为 60 000 u[取其各元素相对原子质量为 $A_r(C)=12$,$A_r(H)=1$,$A_r(Cl)=35.5$]。

(1) 求其单体的质量;

(2) 其聚合度为多少?

**16.** 聚氯乙烯 $\left(C_2H_3Cl\right)_n$ 被溶在有机溶剂中,设其 C—C 键长为 0.154 nm,且链中键的数目 $x=2n$。

(1) 分子质量为 28 500 g 的分子,其均方根的长度为多少?

(2) 如果均方根长度只有(1)中的一半,则分子质量为多少?

**17.** 一聚合材料含有聚氯乙烯,其 1 个分子中有 900 个单体。如果每 1 个分子均能被伸展成直线分子,则求此聚合物可得到理论上的最大应变为多少(设 C—C 键中每 1 键长是0.154 nm)?

**18.** 有一共聚物 ABS,每一种的质量分数均相同,则单体的比为多少(A—— 丙烯腈;B—— 丁二烯;S—— 苯乙烯)?

**19.** 尼龙-6 是 $HOCO(CH_2)_5NH_2$ 的缩合聚合物。

(1) 给出此分子的结构。

(2) 说明缩合聚合是如何发生的。

(3) 当每摩尔的 $H_2O$ 形成时,所放出的能量为多少? 已知不同的键:C—O,H—N,C—N,H—O,其键能(kJ/mol)分别为 360,430,305,500。

**20.** 试述硅酸盐结构的基本特点和类型。

**21.** 为什么外界温度的急剧变化可以使许多陶瓷器件开裂或破碎?

**22.** 陶瓷材料中主要结合键是什么? 从结合键的角度解释陶瓷材料所具有的特殊性能。

## 2.6　参考答案

**1.** 其比较如表 2-2 所示。

表 2-2　间隙固熔体与间隙化合物的比较

| 类　　　别 | | 间隙固熔体 | 间隙化合物 |
|---|---|---|---|
| 相　同　点 | | 一般都是由过渡族金属与原子半径较小的 C,N,H,O,B 等非金属元素所组成 | |
| 不同点 | 晶体结构 | 属于固熔体相,保持熔剂的晶格类型 | 属于金属化合物相,形成不同于其组元的新点阵 |
| | 表达式 | 用 $\alpha,\gamma,\beta,\ldots$ 等表示 | 用化学分子式 MX,$M_2X$,... 等表示 |
| | 机械性能 | 强度、硬度较低,塑性、韧性好 | 高硬度、高熔点,塑性、韧性差 |

**2.** 有序固熔体,其中各组元原子分别占据各自的布拉菲点阵 —— 称为分点阵,整个固熔体就是由各组元的分点阵组成的复杂点阵,也叫超点阵或超结构。

这种排列和原子之间的结合能(键)有关。结合能愈大,原子愈不容易结合。如果异类原子间结合能小于同类原子间结合能,即 $E_{AB}<(E_{AA}+E_{BB})/2$,则熔质原子呈部分有序或完全有序排列。

有序化的推动力是混合能参量$[\varepsilon^m=\varepsilon_{AB}-\frac{1}{2}(E_{AA}+E_{BB})]\varepsilon^m<0$,而有序化的阻力则是组

态熵;升温使后者对于自由能的贡献($-TS$)增加,达到某个临界温度以后,则紊乱无序的固熔体更为稳定,有序固熔体消失,而变成无序固熔体。

3. 在原子尺寸因素相近的情况下,上述元素在 Ag 中的固熔度(摩尔分数)受原子价因素的影响,即价电子浓度 $e/a$ 是决定固熔度(摩尔分数)的一个重要因素。它们的原子价分别为 $2,3,4,5$ 价,Ag 为 1 价,相应的极限固熔度时的电子浓度可用公式

$$c = Z_A(1 - x_B) + Z_B x_B$$

计算。式中,$Z_A$,$Z_B$ 分别为 A,B 组元的价电子数;$x_B$ 为 B 组元的摩尔分数。

上述元素在固熔度(摩尔分数)极限时的电子浓度分别为 $1.43,1.42,1.39,1.31$。

4. $\alpha$-Fe 为体心立方点阵,致密度虽然较小,但是它的间隙数目多且分散,因而间隙半径很小:$r_{四} = 0.291 R = 0.036\ 1$ nm;$r_{八} = 0.154 R = 0.019\ 1$ nm。

H,N,C,B 等元素熔入 $\alpha$-Fe 中形成间隙固熔体,由于尺寸因素相差很大,所以固熔度(摩尔分数)都很小。例如 N 在 $\alpha$-Fe 中的固熔度(摩尔分数)在 590 ℃ 时达到最大值,约为 $w_N = 0.1/10^{-2}$,在室温时降至 $w_N = 0.001/10^{-2}$;C 在 $\alpha$-Fe 中的固熔度(摩尔分数)在 727 ℃ 时达最大值,仅为 $w_C = 0.021\ 8/10^{-2}$,在室温时降至 $w_C = 0.006/10^{-2}$。因此,可以认为碳原子在室温几乎不熔于 $\alpha$-Fe,微量碳原子仅偏聚在位错等晶体缺陷附近。假若碳原子熔入 $\alpha$-Fe 中时,它的位置多在 $\alpha$-Fe 的八面体间隙中心,因为 $\alpha$-Fe 中的八面体间隙是不对称的,形为扁八面体,[100] 方向上间隙半径 $r = 0.154 R$,而在 [110] 方向上,$r = 0.633 R$,当碳原子熔入时只引起一个方向上的点阵畸变。硼原子较大,熔入间隙更为困难,有时部分硼原子以置换方式熔入。氢在 $\alpha$-Fe 中的固熔度(摩尔分数)也很小,且随温度下降时迅速降低。

以上元素在 $\gamma$-Fe 中的固熔度(摩尔分数)较大一些。这是因为 $\gamma$-Fe 具有面心立方点阵,原子堆积致密,间隙数目少,故间隙半径较大:$r_{八} = 0.414 R = 0.052\ 2$ nm;$r_{四} = 0.225 R = 0.028\ 4$ nm。故上述原子熔入时均处在八面体间隙的中心。如碳在 $\gamma$-Fe 中最大固熔度(质量分数)为 $w_C = 2.11/10^{-2}$;氮在 $\gamma$-Fe 中的最大固熔度(质量分数)约为 $w_N = 2.8/10^{-2}$。

5. 密度 $\rho = 5.97$ g/cm$^3$。

6. 两离子的中心距离为 $0.234$ nm。

7. 碳原子占据 10.2% 的八面体间隙位置;氮原子占据 12.5% 的八面体间隙位置。

8. 这是因为形成固熔体时,熔质原子的熔入会使熔剂结构产生点阵畸变,从而使体系能量升高。熔质与熔剂原子尺寸相差越大,点阵畸变的程度也越大,则畸变能越高,结构的稳定性越低,熔解度越小。一般来说,间隙固熔体中熔质原子引起的点阵畸变较大,故不能无限互熔,只能有限熔解。

9 (1) 0.393 nm;(2) $-0.278$ nm;(3) 0.482 nm;(4) 0.622 nm;(5) 0.393 nm。

10. (1) $w_{Li^+} = 16/10^{-2}$,　$w_{Mg^{2+}} = 24/10^{-2}$,　$w_{F^-} = 44/10^{-2}$,　$w_{O^{2-}} = 16/10^{-2}$。

(2) 该固熔体的密度 $\rho = 2.9$ g/cm$^3$。

11. 故理论强度介于 $\dfrac{0.4E}{6} \sim \dfrac{0.4E}{4}$ 之间,即

$$4\ 900 \sim 7\ 000 \text{ MPa}$$

12. 模子的尺寸 $l = 15.0$ mm。

13. C : H : O $= \dfrac{62.1}{12.011} : \dfrac{10.3}{1.007\ 97} : \dfrac{27.6}{15.999\ 4} = 5.2 : 10.2 : 1.7 \approx 3 : 6 : 1$。

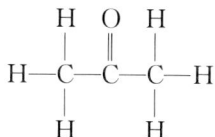

故可能的化合物为 $CH_3COCH_3$（丙酮）。

**14.** 画出丁醇($C_4H_9OH$)的 4 种可能的异构体如下：

（1）　　（2）

（3）　　（4）

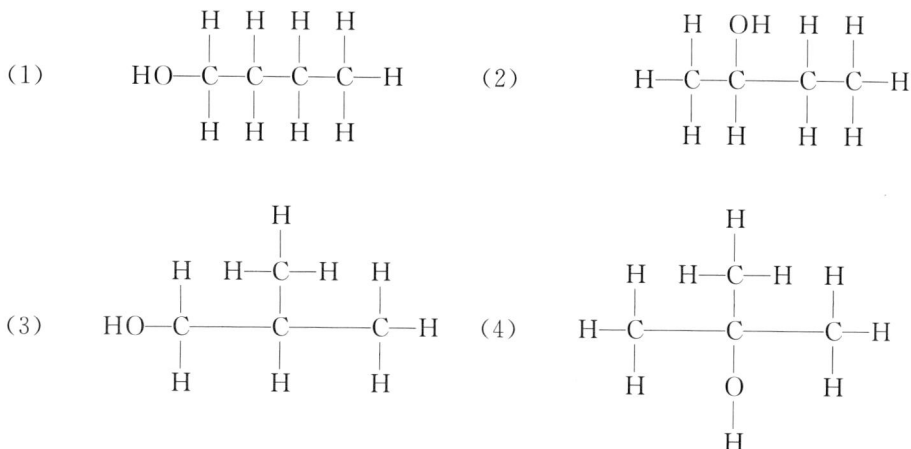

**15.**（1）单体质量为 $12 \times 2 + 1 \times 2 + 35.5 \times 2 = 97$ g/mol；

（2）聚合度为　$n = \dfrac{60\ 000}{97} = 620$。

**16.**（1）均方根据长度 4.65 nm；

（2）分子质量 $M = 7\ 125$ g。

**17.** 理论上的最大应变为 $3\ 380\%$。

**18.** 单体的摩尔分数为

$$x_{苯乙烯} = 20/10^{-2}, \qquad x_{丁二烯} = 40/10^{-2}, \qquad x_{丙烯腈} = 40/10^{-2}$$

**19.**（1）及（2）如下

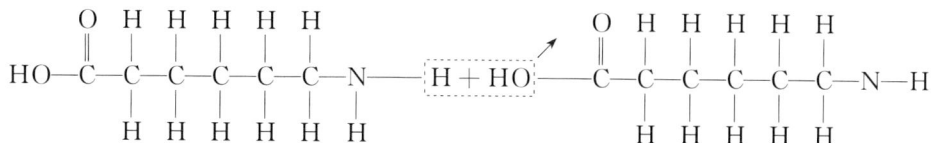

（3）每摩尔的水($0.6 \times 10^{24}$)形成时，需要消去 $0.6 \times 10^{24}$ 的 C—O 及 N—H 键，同时形成 $0.6 \times 10^{24}$ 的 C—N 及 H—O 键。

| 消去的键 | | 形成的键 | |
|---|---|---|---|
| C—O | +360 kJ/mol | C—N | −305 kJ/mol |
| H—N | +430 | H—O | −500 |
| | +790 | | −805 |

净能量变化为 $-15$ kJ/mol。

**20.** 硅酸盐结构的基本特点：

（1）硅酸盐的基本结构单元是[$SiO_4$]四面体,硅原子位于氧原子四面体的间隙中。硅-氧之间的结合键不仅是纯离子键,还有相当的共价键成分。

（2）每一个氧最多只能被两个[$SiO_4$]四面体所共有。

（3）[$SiO_4$]四面体可以互相孤立地在结构中存在,也可以通过共顶点互相连接。

（4）Si—O—Si 的结合键形成一折线。

硅酸盐分成下列几类：

（1）含有有限硅氧团的硅酸盐;

（2）链状硅酸盐;

（3）层状硅酸盐;

（4）骨架状硅酸盐。

**21.** 因为大多数陶瓷主要由晶相和玻璃相组成,这两种相的热膨胀系数相差较大,由高温很快冷却时,每种相的收缩不同,所造成的内应力足以使陶瓷器件开裂或破碎。

**22.** 陶瓷材料中主要的结合键是离子键及共价键。由于离子键及共价键很强,故陶瓷的抗压强度很高,硬度极高。因为原子以离子键和共价键结合时,外层电子处于稳定的结构状态,不能自由运动,故陶瓷材料的熔点很高,抗氧化性好,耐高温,化学稳定性高。

# 第3章 凝 固

## 3.1 内容精要

物质从液态冷却转变为固态的过程称为凝固。凝固后的物质可以是晶体,也可以是非晶体。若凝固后的物质为晶体,则这种凝固称为结晶;若凝固后的物质为非晶体,则这种凝固称为玻璃化。

凝固后是否形成晶体,主要由液态物质的黏度和冷却速度决定。一般来说,黏度高的物质(如部分聚合物,特别是结构不规则的分子、具有边块的分子及链分枝的分子),其晶体结构的基元很难由液体形成,故易形成非晶体,而黏度小的物质易形成晶体;冷却速度也有直接的影响,如果冷却速度大于 $10^7$ K/s 时,金属也能获得非晶态。

本章的重点是从热力学和动力学条件,分析了结晶时形核及形核过程中体系的能量变化。指出当均匀形核时,必须在 $\Delta G < 0$(即 $\Delta T > 0$)的条件下,依靠过冷液相中的相起伏(大于临界晶核半径 $r_k$ 的晶胚)和能量起伏(临界形核功 $\frac{1}{3}\sigma S$)才能实现形核,故十分困难,要求较大的过冷度。而非均匀形核是利用液相中的活性质点或固体界面作为基底而实现的形核,故比均匀形核要容易得多。在相同过冷度下,非均匀形核的临界半径与均匀形核的临界半径完全相同,所不同的是,当非均匀形核时临界半径只是决定晶核的曲率半径,接触角 $\theta$ 才决定晶核的形状和大小。$\theta$ 角越小,晶核的体积和表面积也越小,形核需要的过冷度减小,形核便越容易。

晶体(核)的生长,与液-固界面的微观结构及液-固界面前液相中的温度梯度有关。具有粗糙界面的金属,其成长机理为在固相界面上各点呈垂直式凝聚液态原子而成长,界面的动态过冷度很小(约为 $0.01 \sim 0.05$ ℃),成长速率很快。具有平滑界面的晶体,其成长机理可能有两种方式:一是在晶体学完整的界面上成长,则需要先在晶面上形成二维晶核,再在侧面进行台阶式成长,如此反复进行;二是界面上存在螺型位错台阶或孪晶台阶时,成长则连续地按台阶方式进行,界面的动态过冷度较大(约为 $1 \sim 2$ ℃),成长速率较慢。晶体成长的界面形貌主要决定于界面前沿液体中的温度梯度。在正的温度梯度下,两种界面结构的晶体均呈平直界面;在负温度梯度下成长时,一般金属的界面都呈树枝状(只有那些 $\alpha$ 值较高的物质仍保持平直界面形状)。

基本要求:

(1) 明确结晶相变的热力学、动力学、能量及结构条件。

(2) 了解过冷度在结晶过程中有何意义,过冷度、临界过冷度、有效过冷度、动态过冷度之间的区别。

(3) 了解均匀形核与非均匀形核的成因及在生产中的应用。

(4) 明确影响接触角 $\theta$ 的因素有哪些,选择什么样的异相质点可以大大促进结晶过程。

(5) 认识界面的生长形态与液-固界面的结构及界面前沿液相中的温度梯度的关系。

(6) 能用结晶理论说明生产实际问题,如铸件晶粒细化工艺、单晶体的制取原理及工艺、定向凝固技术、急冷凝固技术等。

## 3.2　知识结构

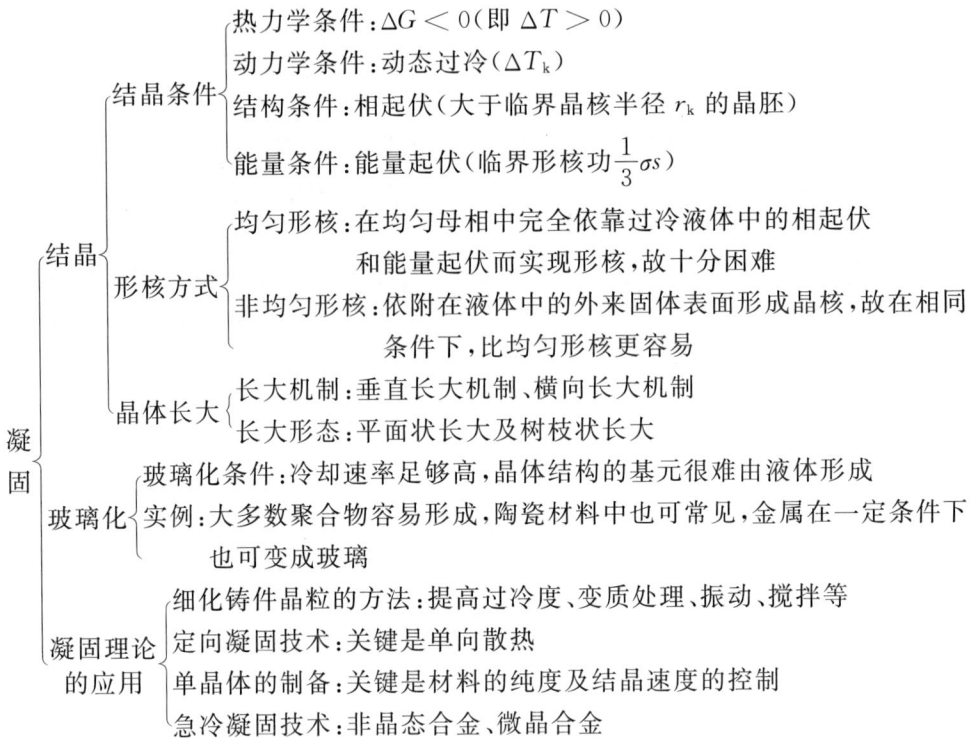

$$
凝固\begin{cases}
结晶\begin{cases}
结晶条件\begin{cases}
热力学条件:\Delta G < 0(即\ \Delta T > 0)\\
动力学条件:动态过冷(\Delta T_k)\\
结构条件:相起伏(大于临界晶核半径\ r_k\ 的晶胚)\\
能量条件:能量起伏(临界形核功\frac{1}{3}\sigma s)
\end{cases}\\
形核方式\begin{cases}
均匀形核:在均匀母相中完全依靠过冷液体中的相起伏\\
\quad\quad 和能量起伏而实现形核,故十分困难\\
非均匀形核:依附在液体中的外来固体表面形成晶核,故在相同\\
\quad\quad 条件下,比均匀形核更容易
\end{cases}\\
晶体长大\begin{cases}
长大机制:垂直长大机制、横向长大机制\\
长大形态:平面状长大及树枝状长大
\end{cases}
\end{cases}\\
玻璃化\begin{cases}
玻璃化条件:冷却速率足够高,晶体结构的基元很难由液体形成\\
实例:大多数聚合物容易形成,陶瓷材料中也可常见,金属在一定条件下\\
\quad\quad 也可变成玻璃
\end{cases}\\
凝固理论\\
的应用\begin{cases}
细化铸件晶粒的方法:提高过冷度、变质处理、振动、搅拌等\\
定向凝固技术:关键是单向散热\\
单晶体的制备:关键是材料的纯度及结晶速度的控制\\
急冷凝固技术:非晶态合金、微晶合金
\end{cases}
\end{cases}
$$

## 3.3　重要公式

(1) 结晶的必要条件是过冷度大于零,即

$$\Delta T = T_m - T_n \qquad (3-1)$$

式中　$T_m$—— 理论结晶热力学温度;

　　　$T_n$—— 实际结晶热力学温度。

(2) 结晶的驱动力是体积自由能的下降

$$\Delta G = G_S - G_L < 0 \qquad (3-2)$$

式中　$G_S$—— 固相的吉布斯自由能;

　　　$G_L$—— 液相的吉布斯自由能。

单位体积吉布斯自由能为

$$\Delta G_V = \frac{L_m \Delta T}{T_m} \qquad (3-3)$$

式中　$L_m$—— 单位体积液相的结构潜热。

(3) 均匀形核。

1) 均匀形核时系统自由能的变化为

$$\Delta G = -\frac{4}{3}\pi r^3 \Delta G_B + 4\pi r^2 \sigma \qquad (3-4)$$

式中　$r$ —— 球形晶胚的半径;

　　　$\Delta G_B$ —— 单位体积自由能的变化值;

　　　$\sigma$ —— 单位面积的表面能(或比表面能)(J/m² 或 N/m)

2) 临界晶核半径 $r_k$ 的计算:

$$r_k = \frac{2\sigma}{\Delta G_B} = \frac{2\sigma T_m}{L_m} \frac{1}{\Delta T} \qquad (3-5)$$

式中　$T_m$ —— 金属的熔点,K;

　　　$L_m$ —— 熔化潜热,数值上等于结晶潜势,J/mol;

　　　$\Delta T$ —— 过冷度,K。

3) 临界晶核形核功为

$$A = \Delta G_{max} = \frac{16\pi\sigma^3 T_m^2}{3(L_m \Delta T)^2} = \frac{1}{3} S_k \sigma \qquad (3-6)$$

式中　$S_k$ —— 半径 $r_k$ 的球形晶核表面积。

4) 均匀形核时的形核率为

$$N = c\exp\left(-\frac{A}{KT}\right)\exp\left(\frac{-Q}{KT}\right) \qquad (3-7)$$

式中　$A$ —— 形核功,J 或 N·m;

　　　$k$ —— 玻耳兹曼常数,J/K;

　　　$Q$ —— 扩散激活能,J/mol;

　　　$T$ —— 绝对温度,K。

(4) 非均匀形核。

1) 临界晶核半径为

$$\gamma_{非} = \frac{2\sigma}{L_m} \frac{T_m}{\Delta T} \qquad (3-8)$$

2) 临界形核功为

$$A_{非} = A_{均}\left(\frac{2 - 3\cos\theta + \cos^3\theta}{4}\right) \qquad (3-9)$$

式中　$\theta$ —— 接触角($0 \leqslant \theta \leqslant \pi$)。

## 3.4　典型范例

**例 3.1**　锡的熔化热是 60.7 J/g,Sn 的相对原子质量为 118.6。

(1) 求在 $1.013 \times 10^5$ Pa(1 大气压)下,1 克分子锡在平衡熔点(232 ℃)熔化时的自由能变化;

(2) 1 克分子锡在上述条件下熔化时的内能变化是多少?

(3) 相应的熵变是多少?

**解**　(1) 由于熔化是在平衡的熔点温度进行,故为可逆过程,自由能的变化 $\Delta G = 0$。

(2) 熔化时的体积变化可以忽略,故 $\delta_w = 0$,所以

$$\Delta u = \Delta Q = 118.6 \times 60.7 = 7\,199\ \text{J}$$

(3) 熵变 　　　$\Delta S = \frac{\Delta Q}{T} = \frac{71\,99}{232 + 273} = 14.25\ \text{J·K}^{-1}$

**讨论**　应明确两点：① 在凝固时，可以证明，单位体积自由能的变化与过冷度 $\Delta T$ 有关，即

$$\Delta G_B = \frac{L_m}{T_m}\Delta T$$

由于熔化是在平衡熔点温度进行，$T = T_m$，故 $\Delta T = 0$，所以 $\Delta G = 0$；② 由焓的定义知 $H = u + pV$，熔化时的体积变化可以忽略，故内能的变化 $\Delta u = \Delta Q$。

**例 3.2**　(1) 已知液态纯镍在 $1.013 \times 10^5$ Pa(1 大气压)，过冷度为 319 K 时发生均匀形核。设临界晶核半径为 1 nm，纯镍的熔点为 1 726 K，熔化热 $\Delta H_m = 18\ 075$ J/mol，摩尔体积 $V_S = 6.6$ cm$^3$/mol，计算纯镍的液-固界面能和临界形核功。

(2) 若要在 1 726 K 发生均匀形核，需将大气压增加到多少？已知凝固时体积变化 $\Delta V = -0.26$ cm$^3$/mol　($1$ J $= 9.8 \times 10^5$ cm$^3 \cdot$ Pa)。

**解**　(1) 因为

$$r = \frac{2\sigma}{\Delta G_B}$$

$$\Delta G_B = \frac{L}{T_m}\Delta T = \frac{\Delta H \Delta T}{T_m}$$

所以

$$\sigma = \frac{r\Delta G_B}{2} = \frac{r\Delta H \Delta T}{2T_m} = \frac{1 \times 10^{-7} \times 18\ 075 \times 319}{2 \times 1\ 726} = 2.53 \times 10^{-5} \text{ J/cm}^2$$

$$A = \Delta G_V = \frac{16\pi\sigma^3}{3\Delta G_B^2} = \frac{16\pi\sigma^3 T_m^2 V}{3\Delta H^2 \Delta T^2} = \frac{16 \times 3.14 \times (2.53 \times 10^{-5})^3 \times 1\ 726^2 \times 6.6}{3 \times 18\ 075^2 \times 319^2} =$$

$$1.60 \times 10^{-19} \text{ J}$$

(2) 要在 1 726 K 发生均匀形核，就必须有 319 K 的过冷度，为此必须增加压力 $p$，使纯镍的凝固温度从 1 726 K 提高到 2 045 K。由克拉佩龙(Clapeyron)方程

$$\frac{\mathrm{d}p}{\mathrm{d}T} = \frac{\Delta H}{T\Delta V}$$

对上式积分，则有

$$\int_{1.013 \times 10^5}^{p} \mathrm{d}p = \int_{1\ 726}^{2\ 045} \frac{\Delta H}{T\Delta V}\mathrm{d}T$$

$$p - 1.013 \times 10^5 = \frac{\Delta H}{\Delta V}\ln\frac{2\ 045}{1\ 726} = \frac{18\ 075}{0.26} \times 9.8 \times 10^5 \ln\frac{2\ 045}{1\ 726} = 115\ 540 \times 10^5 \text{ Pa}$$

即 $p = 115\ 540 \times 10^5 + 1.013 \times 10^5 = 115\ 541 \times 10^5$ Pa 时，才能在 1 726 K 发生均匀形核。

**讨论**　从热力学考虑，可将单元系的相变分为一级相变、二级相变、三级相变等。克拉佩龙(Clapeyron)方程表述了一级相变时相变点的温度和压强之间的关系，则有

$$\frac{\mathrm{d}p}{\mathrm{d}T} = \frac{\Delta H_L}{T(V_i - V_i)} = \frac{S_f - S_i}{V_f - V_i}$$

式中　　$\Delta H_L$——相变潜热；

脚注 f 及 i 分别表示新相及母相。

**例 3.3**　设想液体在凝固时形成的临界晶核是边长为 $a$ 的立方体形状。

(1) 已知液-固界面能 $\sigma_{L/S}$ 和固相、液相之间单位体积自由能差 $\Delta G_B$，推导出均匀形核时临界晶核边长 $a^*$ 和临界形核功 $\Delta G^*$ 的表达式。

(2) 如果为非均匀形核，立方体晶胚的一面与杂质表面接触，设液体与杂质的界面能为

$\sigma_{L/M}$,晶胚与杂质的界面能为 $\sigma_{S/M}$,推导出临界晶核边长 $a^*_{非均匀}$ 和临界形核功 $\Delta G^*_{非均匀}$ 的表达式。

**证明**　(1) 形成边长为 $a$ 的立方体晶核时,体系自由能的变化为

$$\Delta G_{立方} = -a^3 \Delta G_B + 6a^2 \sigma_{L/S}$$

令 $\dfrac{\mathrm{d}\Delta G}{\mathrm{d}a} = 0$,即得晶核的临界边长为

$$a^* = \frac{4\sigma_{L/S}}{\Delta G_B}$$

将 $a = a^*$ 代入原式,得临界形核功为

$$\Delta G_{立方} = \frac{32\sigma^3}{\Delta G_B^2}$$

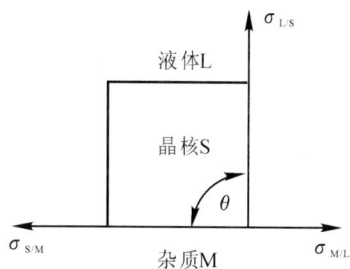

图 3-1　非均匀形核示意图

(2) 当产生非均匀形核时,晶胚的表面能变化为

$$\sigma_{表} = 5a^2 \sigma_{L/S} + a^2 \sigma_{S/M} - a^2 \sigma_{M/L}$$

如图 3-1 所示。

$$\sigma_{L/M} = \sigma_{S/M} + \sigma_{L/S}\cos\theta$$

故　　　　$\sigma_{表} = 5a^2 \sigma_{L/S} + a^2 \sigma_{S/M} - a^2(\sigma_{S/M} + \sigma_{L/S}\cos\theta) = a^2 \sigma_{L/S}(5 - \cos\theta)$

则体系总自由能变化为

$$\Delta G_{非均匀} = -a^3 \Delta G_B + a^2 \sigma_{L/S}(5 - \cos\theta)$$

令　　　　　　　　　　$\dfrac{\partial \Delta G_{非均匀}}{\partial a} = 0$

得　　　　　　　　　　$-3a^3 \Delta G_B + 2a\sigma_{L/S}(5 - \cos\theta) = 0$

晶核的临界边长为　　　$a^*_{非均匀} = \dfrac{2}{3} \dfrac{\sigma_{L/S}}{\Delta G_B}(5 - \cos\theta)$

临界形核功为　　　$A = \Delta G^*_{非均匀} = \dfrac{4}{27} \dfrac{\sigma_{L/S}^3}{\Delta G_B^2}(5 - \cos\theta)^3$

**例 3.4**　纯金属的均匀形核率可以用下式表示:

$$\dot{N} = A\exp\left(-\frac{\Delta G^*}{kT}\right) \exp\left(-\frac{Q}{kT}\right) \qquad (s^{-1} \cdot cm^{-3})$$

式中　$A \approx 35$, $\exp(-Q/kT) \approx 10^{-2}$;

$\Delta G$ —— 临界形核功。

(1) 假设 $\Delta T$ 分别为 293 K 和 473 K,界面能 $\sigma = 2 \times 10^{-5}$ J/cm³,熔化热 $\Delta H_m = 12\ 600$ J/mol,熔点 $T_m = 1\ 000$ K,摩尔体积 $V_S = 6$ cm³/mol,试计算均匀形核率 $\dot{N}$。

(2) 若为非均匀形核,晶核与杂质的接触角 $\theta = 60°$,则 $\dot{N}$ 如何变化?

(3) 导出 $r^*$ 与 $\Delta T$ 的关系式,计算 $r^* = 1$ nm 时的 $\Delta T/T_m$。

**解**　$\dot{N} = A\exp\left(-\dfrac{\Delta G^*}{kT}\right) \exp\left(\dfrac{-Q}{kT}\right) = 35 \times 10^{-2} \exp\left(-\dfrac{16}{3} \dfrac{\pi\sigma^3}{\Delta G_B^2} \dfrac{V_S^2}{kT}\right) =$

$$0.35 \exp\left(-\frac{16}{3} \frac{\pi\sigma^3 T_m^2 V_S^2}{kT \Delta H^2 \Delta T^2}\right)$$

(1) 当 $\Delta T = 293$ K 时,

三导

$$\dot{N} = 0.35 \exp\left[-\frac{16 \times 3.14 \times (2 \times 10^{-5} \times 10^7)^3 \times 1\,000^2 \times 6^2}{3 \times 1.38 \times 10^{-16} \times 707 \times (12\,600 \times 10^7)^2 \times 293^2}\right] =$$

$$0.35 \exp(-36.43) \approx 0$$

当 $\Delta T = 473$ K 时，

$$\dot{N} = 0.35 \exp\left[-\frac{16 \times 3.14 \times (2 \times 10^{-5} \times 10^7)^3 \times 1\,000^2 \times 6^2}{3 \times 1.38 \times 10^{-16} \times 527 \times (12\,600 \times 10^7)^2 \times 473^2}\right] =$$

$$0.35 \exp(-18.73) = 2 \times 10^{-9} \text{ cm}^{-3} \cdot \text{s}^{-1}$$

（2）$\theta = 60°$ 时，有

$$\Delta G_{\text{非}}^* = \Delta G^* \left(\frac{2 - 3\cos 60° + \cos^3 60°}{4}\right) = 0.156 \Delta G^*$$

当 $\Delta T = 293$ K 时，

$$\dot{N} = 0.35 \exp(-0.156 \times 36.43) = 119 \times 10^{-5} \text{ cm}^{-3} \cdot \text{s}^{-1}$$

当 $\Delta T = 473$ K 时，

$$\dot{N} = 0.35 \exp(-0.156 \times 18.73) = 1\,887 \times 10^{-5} \quad \text{cm}^{-3} \cdot \text{s}^{-1}$$

（3）因为

$$r^* = \frac{2\sigma}{\Delta G_B} = \frac{2\sigma T_m}{\Delta H \Delta T}$$

或

$$\frac{\Delta T}{T_m} = \frac{2\sigma}{\Delta H r^*}$$

当 $r = 1$ nm 时，则有

$$\frac{\Delta T}{T_m} = \frac{2 \times 2 \times 10^{-5} \times 10^7}{12\,600 \times 10^7 \times 10^{-7}} = 0.031\,7$$

**讨论**　以上结果表明，纯金属均匀形核是极其困难的，即使在较大过冷度下，实际金属的凝固都是非均匀形核。

**例 3.5**　图 3-2 为碳的相图，试根据该图回答下列问题：

（1）碳在室温及 101.325 kPa 下以什么状态稳定存在？

（2）在某一较高的压力下，2 000 K 时石墨和金刚石哪一个具有较高密度？已知金刚石在 298 K 时，$\Delta H^0 = 1.897$ kJ/mol；$\bar{C}_p = 6.069$ J/(mol·K)。石墨在 298 K 时，$\Delta H^0 = 0$；$\bar{C}_p = 8.644$ J/(mol·K)。

（3）估计在 2 000 K 下把石墨变成金刚石所需要的最低压力。

**解**　（1）碳以石墨状态稳定存在。

（2）由克拉佩龙（Clapeyron）方程

$$\frac{\mathrm{d}p}{\mathrm{d}T} = \frac{\Delta H}{T \Delta V}$$

可知，因为 $\dfrac{\mathrm{d}p}{\mathrm{d}T} > 0$（见图 3-2 中的 $AO$ 线），若 $\Delta H > 0$，则必有 $\Delta V > 0$。由已知条件可得

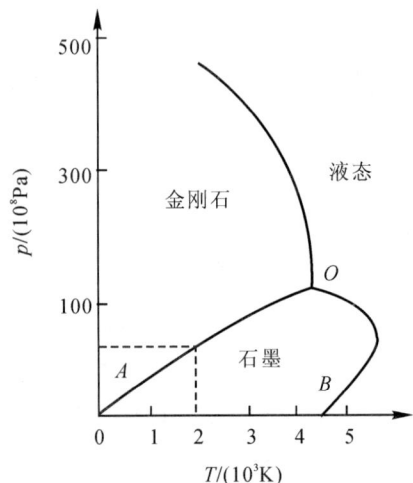

图 3-2　碳的相图

$$\Delta H = (\Delta H^0_{石墨} - \Delta H^0_{金刚石}) + \int_{298}^{2\,000} (\overline{C}_{p石墨} - \overline{C}_{p金刚石}) \mathrm{d}T =$$

$$-1\,897 + \int_{298}^{2\,000} (8.644 - 6.063) \mathrm{d}T =$$

$$-1\,897 + (2.581)(2\,000 - 298) = 2\,496 \ \mathrm{J/mol} > 0$$

即 $V_{石墨} - V_{金刚石} > 0$,也即金刚石的密度大于石墨。

(3) 由图 3-2 查得,约为 $60 \times 10^8 \ \mathrm{Pa}$。

**讨论**　本例中的(2)是利用相图中的相线判断相的密度大小。由于克拉佩龙(Clapeyron)方程表明了转变温度随压强的变化斜率,相线提供了 $\mathrm{d}T/\mathrm{d}p$ 数据,从而也提供了 $T\Delta V/\Delta H$ 的数据,才使问题有可能得到解决。这种方法和思路,在类似问题中亦可借鉴。

**例 3.6**　铜在 20 ℃ 和熔点之间的热容可用 $C_p = 22.6 + 6.27 \times 10^{-3} T \ [\mathrm{J/(mol \cdot K)}]$ 表示,铜的熔化热为 13 290 J/mol,平衡凝固温度为 1 356 K,试求在绝热条件下要有多大过冷度,1 mol 铜才能完全凝固而温度不回升到熔点。

**解**
$$\Delta H = \int C_p \, \mathrm{d}T$$

即
$$13\,290 = \int_T^{1\,356} (22.6 + 6.27 \times 10^{-3} T) \mathrm{d}T =$$

$$(22.6 \times 1\,356 - 22.6T) + \frac{1}{2}(6.27 \times 10^{-3} \times 1\,356^2 - 6.27 \times 10^{-3} T^2) =$$

$$30\,645.6 - 22.6T + 5\,764.4 - 3.135 \times 10^{-3} T^2$$

整理后得
$$3.135 \times 10^{-3} T^2 + 22.6T - 23\,120 = 0$$

解方程后得
$$T \approx 908 \ \mathrm{K}$$

$$\Delta T = 1\,356 - 908 = 448 \ \mathrm{K}$$

**讨论**　这仅是理论计算的结果。在一般情况下,纯金属发生均匀形核的最大过冷度约为 $0.2T_m$(即 $\Delta T \approx 271 \ \mathrm{K}$),故在实际条件下不可能达到上述计算所得的过冷度。

**例 3.7**　当液态金属凝固时,若过冷液体中形成的晶胚是任意形状的,则体系的自由能变化可以表示为

$$\Delta G = n\Delta G_n + \xi n^{2/3} \sigma$$

式中　$n$ —— 晶胚的原子个数;

$\quad \Delta G_n$ —— 液、固相间每个原子的自由能差;

$\quad \xi$ —— 为形状因子(即 $\xi n^{2/3}$ 为晶胚的表面积);

$\quad \sigma$ —— 界面能。

试证明:

$$\Delta G^* = \frac{4}{27} \frac{\xi^3 \sigma^3}{\Delta G_n^2}$$

**证明**　设晶胚的原子个数为 $n$,体系自由能的变化为
$$\Delta G = n\Delta G_n + \xi n^{2/3} \sigma$$

当晶胚能作为长大的晶核时,必有
$$\frac{\partial \Delta G}{\partial n} = 0$$

即
$$\Delta G_n + \frac{2}{3}\xi n^{-1/3}\sigma = 0$$

所以
$$n^* = \left(\frac{-2\xi\sigma}{3\Delta G_n}\right)^3$$

把 $n^*$ 代入后得

$$\Delta G^* = \left(\frac{-2\xi\sigma}{3\Delta G_n}\right)^3 \Delta G_n + \xi\sigma\left[\left(\frac{-2\xi\sigma}{3\Delta G_n}\right)^3\right]^{2/3} = \frac{4}{27}\frac{\xi^3\sigma^3}{\Delta G_n^2}$$

**例 3.8**　决定晶粒大小(晶粒度)号码的方法已(由 ASTM)标准化,$N = 2^{n-1}$。式中,$N$ 为在面积 $0.064\ 5\ mm^2$(在 $\times 100$ 时)内所观察到的晶粒数目;$n$ 值即为晶粒大小号码(晶粒度级别)。试决定图 3-3 中,钼的晶粒大小(ASTM G. S. ♯)。

**解**　因为图 3-3 的放大倍数不是 $\times 100$,我们不能直接计算 $0.064\ 5\ mm^2$ 的试片面积来确定 $N$,然而,可以计算全部面积内晶粒的数目,并修正放大倍数。

ASTM G. S. ♯ 的确定:

在 $(59\ mm/250)^2$ 之面积内共有大约 17 个晶粒,则有

$$\frac{17}{(59\ mm/250)^2} = \frac{N}{0.064\ 5\ mm^2}$$

$$N \approx 20 \approx 2^{n-1}$$

所以　　　　　　　　$n = 5^{\#}$

**讨论**　这是一个实际问题,某块面积内的晶粒数目应包括:① 完全位于此面积内晶粒的晶粒数;② 位于边缘上晶粒的晶粒数取一半(因为这些位于边缘的晶粒应为相邻面积分享);③ 晶粒若有 4 个角落入该计算面积,晶粒数取 $\frac{1}{4}$。

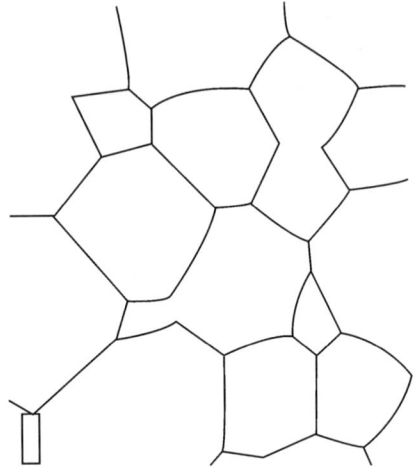

图 3-3　钼的晶粒 $\times 250$

**例 3.9**　已知锡的平衡熔点为 232 ℃,其相对原子质量为 118.7,凝固潜热为 $-7\ 205\ J/mol$,在 232 ℃ 时固相及液相的比体积分别为 0.141 6 及 0.145 49 $cm^3/g$,当压力为 1 000 大气压时,熔点的变化为多少?

**解**　由克拉佩龙(Clapeyron)方程可知,当凝固温度的变化与 $\Delta V$,$\Delta H$ 相比较小时,$T_M$ 可看作常量,这时方程可近似地写成

$$\Delta T = (T_M \Delta V \Delta P)/\Delta H$$

设压力为 1 000 大气压时,Sn 的熔点增量为 $\Delta T$,则

$$\Delta T = \{(232 + 273) \times [(0.145\ 49 - 0.141\ 6) \times 10^{-6} \times 118.7] \times$$
$$(1\ 000 \times 1.013 \times 10^5)\}/7\ 205 = 3.28\ ℃(或\ K)$$

**讨论**　这个计算结果说明,金属在通常条件下凝固时,压力的变化对熔点的影响不大。

**例 3.10**　纯金属凝固后的晶粒个数与凝固时的形核率 $\dot{N}$ 和长大速率 $G$ 有关。若 $N_V$ 为单位体积内的晶粒个数,$K_1$ 为常数,试证明

$$N_V = K_1\sqrt[4]{\frac{\dot{N}^3}{G^3}}$$

**证明**　设以 $\varphi_V = 0.95$ 为已凝固的体积分数,$t_0$ 为凝固完成的时间,则由在一定温度下转

变动力学方程（即 Johnson-Mehl 方程）有

$$0.95 = 1 - \exp\left(-\frac{\pi}{3}\dot{N}G^3 t_0^4\right)$$

所以

$$\ln 0.05 = -3 = -\frac{\pi}{3}\dot{N}G^3 t_0^4$$

$$t_0 = \left(\frac{2.86}{\dot{N}G^3}\right)^{1/4}$$

因为

$$N_V = \int_0^{t_0}(1-\varphi_V)\dot{N}\mathrm{d}t$$

作近似计算得

$$N_V \approx \left(1-\frac{1}{2}\right)\dot{N}\int_0^{t_0}\mathrm{d}t = \frac{1}{2}\dot{N}t_0 = K_1\left(\frac{\dot{N}}{G}\right)^{3/4}$$

$$K_1 = \left(\frac{9}{16\pi}\right)^{1/4}$$

**讨论**　相变动力学是研究相变过程和速率,根据形核率和长大速率,可以计算在一定温度下新相的转变量与时间的关系,这个关系式即为相变动力学方程。在假设新相无规形核,孕育期 $\tau$ 很小,长大速率 $u$ 和形核率 $I$ 不随时间改变等条件下,约翰逊-梅尔(Johnson-Mehl)动力学方程式为

$$\varphi_V = 1 - \exp\left(-\frac{\pi}{3}u^3 I t^4\right)$$

式中　$\varphi_V$——已转变相的体积分数。上述证明中引用了这一关系式。

**例 3.11**　由图 3-4 所示的数据,估计

(1) 非晶形的聚乙烯,在 20 ℃ 的线膨胀系数为多少?

(2) 结晶的聚乙烯在 20 ℃ 时的线膨胀系数为多少?

**解**　图 3-4 中曲线的斜率可提供体积膨胀系数,则有

$$\alpha_V = \frac{\Delta V/V}{\Delta T}$$

因为

$$1 + \frac{\Delta V}{V} = \left(1 + \frac{\Delta L}{L}\right)^3$$

$$\frac{\Delta V}{V} \approx 3\left(1 + \frac{\Delta L}{L}\right)$$

所以线膨胀系数为 $\alpha_L \approx \alpha_V/3$。

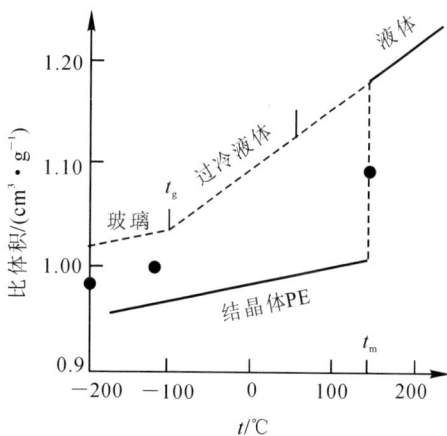

图 3-4　聚乙烯的比体积随着温度的变化

若以 1 g 聚乙烯为基准,则有

(1) 在 $-100$ ℃,1 g 聚乙烯的体积为 1.04 cm³;在 100 ℃ 时,1 g 聚乙烯的体积为 1.16 cm³。

$$\frac{\Delta V/V_0}{\Delta T} = \frac{0.12/1.1}{200 \text{ K}} \approx 540 \times 10^{-6}/\text{K}$$

$$\alpha_L = 180 \times 10^{-6}/\text{K}$$

（2）在 $-100$ ℃，结晶聚乙烯的体积为 $0.97$ cm³/g；在 $100$ ℃ 时，其体积为 $1.005$ cm³/g。则有

$$\frac{\Delta V/V_0}{\Delta T} = \frac{0.035/1.0}{200 \text{ K}} = 175 \times 10^{-6}/\text{K}$$

$$\alpha_L = 60 \times 10^{-6}/\text{K}$$

**讨论**　当低于 $T_g$ 温度时，因为有热振动存在，故非晶形的、结晶的聚乙烯其膨胀系数大致是相同的。当高于 $T_g$ 温度时，由于分子的运动，"自由空间"会随温度的增高而被加入非晶形的聚乙烯中。

## 3.5　效果测试

**1.** 试述结晶相变的热力学条件、动力学条件、能量及结构条件。

**2.** 如果纯镍凝固时的最大过冷度与其熔点（$t_m = 1\,453$ ℃）的比值为 $0.18$，试求其凝固驱动力。（$\Delta H = -18\,075$ J/mol）

**3.** 已知 Cu 的熔点 $t_m = 1\,083$ ℃，熔化潜热 $L_m = 1.88 \times 10^3$ J/cm³，比表面能 $\sigma = 1.44 \times 10^5$ J/cm²。

（1）试计算 Cu 在 $853$ ℃ 均匀形核时的临界晶核半径。

（2）已知 Cu 相对原子质量为 $63.5$，密度为 $8.9$ g/cm³，求临界晶核中的原子数。

**4.** 试推导杰克逊（K. A. Jackson）方程

$$\frac{\Delta G_S}{NkT_m} = \alpha x(1-x) + x\ln x + (1-x)\ln(1-x)$$

**5.** 铸锭组织有何特点？

**6.** 液态金属凝固时都需要过冷，那么固态金属熔化是否会出现过热？为什么？

**7.** 已知完全结晶的聚乙烯（PE）其密度为 $1.01$ g/cm³，低密度聚乙烯（LDPE）为 $0.92$ g/cm³，而高密度聚乙烯（HDPE）为 $0.96$ g/cm³。试计算在 LDPE 及 HDPE 中"自由空间"的大小。

**8.** 欲获得金属玻璃，为什么一般是选用液相线很陡、从而有较低共晶温度的二元系？

**9.** 比较说明过冷、临界过冷、动态过冷等概念的区别。

**10.** 分析纯金属生长形态与温度梯度的关系？

**11.** 什么叫临界晶核？它的物理意义及与过冷度的定量关系如何？

**12.** 简述纯金属晶体长大的机制。

**13.** 试分析单晶体形成的基本条件。

**14.** 指出下列概念的错误之处，并更正。

（1）所谓过冷度，是指结晶时，在冷却曲线上出现平台的温度与熔点之差；而动态过冷度是指结晶过程中，实际液相的温度与熔点之差。

（2）金属结晶时，原子从液相无序排列到固相有序排列，使体系熵值减小，因此是一个自发过程。

（3）在任何温度下，液态金属中出现的最大结构起伏都是晶胚。

（4）在任何温度下，液相中出现的最大结构起伏都是晶核。

（5）所谓临界晶核，就是体系自由能的减少完全补偿表面自由能的增加时的晶胚大小。

（6）在液态金属中，凡是涌现出小于临界晶核半径的晶胚都不能成核，但是只要有足够的能量起伏提供形核功，还是可以成核的。

（7）测定某纯金属铸件结晶时的最大过冷度，其实测值与用公式 $\Delta T = 0.2T_m$ 计算值基本一致。

（8）某些铸件结晶时，由于冷速较快，均匀形核率 $N_1$ 提高，非均匀形核率 $N_2$ 也提高，故总的形核率为 $N = N_1 + N_2$。

（9）若在过冷液体中，外加 10 000 颗形核剂，则结晶后就可以形成 10 000 颗晶粒。

（10）从非均匀形核功的计算公式 $A_{非} = A_{均}\left(\dfrac{2 - 3\cos\theta + \cos^3\theta}{4}\right)$ 中可以看出，当润湿角 $\theta = 0°$ 时，非均匀形核的形核功最大。

（11）为了生产一批厚薄悬殊的砂型铸件，且要求均匀的晶粒度，则只要在工艺上采取加形核剂就可以满足。

（12）非均匀形核总是比均匀形核容易，因为前者是以外加质点为结晶核心，不像后者那样形成界面，而引起自由能的增加。

（13）在研究某金属细化晶粒工艺时，主要寻找那些熔点低，且与该金属晶格常数相近的形核剂，其形核的催化效能最高。

（14）当纯金属生长时，无论液-固界面呈粗糙型或光滑型，其液相原子都是一个一个地沿着固相面的垂直方向连接上去。

（15）无论温度分布如何，常用纯金属生长都是呈树枝状界面。

（16）氯化铵饱和水溶液与纯金属结晶终了时的组织形态一样，前者呈树枝晶，后者也呈树枝晶。

（17）人们是无法观察到极纯金属的树枝状生长过程，所以关于树枝状的生长形态仅仅是一种推理。

（18）液态纯金属中加入形核剂，其生长形态总是呈树枝状。

（19）纯金属结晶时若呈垂直方式生长，其界面时而光滑，时而粗糙，交替生长。

（20）从宏观上观察，若液-固界面是平直的称为光滑界面结构，若是呈金属锯齿形的称为粗糙界面结构。

（21）纯金属结晶以树枝状形态生长，或以平面状形态生长，与该金属的熔化熵无关。

（22）当实际金属结晶时，形核率随着过冷度的增加而增加，超过某一极大值后，出现相反的变化。

（23）当金属结晶时，晶体长大所需的动态过冷度有时还比形核所需的临界过冷度大。

## 3.6 参考答案

**1.** 分析结晶相变时系统自由能的变化可知，结晶的热力学条件为 $\Delta G < 0$；由单位体积自由能的变化 $\Delta G_B = -\dfrac{L_m \Delta T}{T_m}$ 可知，只有 $\Delta T > 0$，才有 $\Delta G_B < 0$。即只有过冷，才能使 $\Delta G < 0$。

动力学条件为液-固界面前沿液体的温度 $T_i < T_m$（熔点），即存在动态过冷。

由临界晶核形成功 $A = \dfrac{1}{3}\sigma S$ 可知，当形成一个临界晶核时，还有 1/3 的表面能必须由液体中的能量起伏来提供。

　　液体中存在的结构起伏,是结晶时产生晶核的基础。因此,结构起伏是结晶过程必须具备的结构条件。

　　**2.** 凝固驱动力 $\Delta G = -3\,253.5\ \text{J/mol}$。

　　**3.** (1) $r_k = 9.03 \times 10^{-10}\ \text{m}$;

　　(2) $n \approx 261$ 个。

　　**4.** 所谓界面的平衡结构,是指在界面能最小的条件下,界面处于最稳定状态。其问题实质是分析当界面粗糙化时,界面自由能的相对变化。为此,作如下假定:

　　(1) 液、固相的平衡处于恒温条件下;

　　(2) 液、固相在界面附近结构相同;

　　(3) 只考虑组态熵,忽略振动熵。

　　设 $N$ 为液、固界面上总原子位置数,固相原子位置数为 $n$,其占据分数为 $x = \dfrac{n}{N}$;界面上空位分数为 $1-x$,空位数为 $N(1-x)$。形成空位引起内能和结构熵的变化,相应引起表面吉布斯自由能的变化为

$$\Delta G_S = \Delta H - T\Delta S = (\Delta u + P\Delta S) - T\Delta S \approx \Delta u - T\Delta S$$

　　形成 $N(1-x)$ 个空位所增加的内能由其所断开的固态键数和一对原子的键能的乘积决定。内能的变化为

$$\Delta u = N\xi L_m x(1-x)$$

式中 $\xi$ 与晶体结构有关,称为晶体学因子。

　　其次,求熵变。由熵变的定义式,则有

$$\Delta S = k\ln w = k\ln \frac{N!}{(Nx)!\,[N-(Nx)]!} = k\ln\frac{N!}{(Nx)!\,[N(1-x)]!}$$

按 striling 近似式展开,当 $N$ 很大时,得

$$\Delta S = -kN[x\ln x + (1-x)\ln(1-x)]$$

　　最后,计算液-固界面上自由能总的变化,即

$$\Delta G_S = \Delta u - T_m\Delta S = N\xi L_m x(1-x) + kT_m N[x\ln x + (1-x)\ln(1-x)]$$

所以

$$\frac{\Delta G_S}{NkT_m} = \frac{\xi L_m}{kT_m}x(1-x) + x\ln x + (1-x)\ln(1-x)$$

令

$$\alpha = \frac{\xi L_m}{kT_m}$$

所以

$$\frac{\Delta G_S}{NkT_m} = \alpha x(1-x) + x\ln x + (1-x)\ln(1-x)$$

　　**5.** 在铸锭组织中,一般有 3 层晶区。

　　(1) 最外层为细晶区。其形成是由于模壁的温度较低,液体的过冷度较大,因而形核率较高所致。

　　(2) 中间为柱状晶区。其形成主要是模壁的温度升高,晶核的成长率大于晶核的形成率,且沿垂直模壁方向的散热较为有利。在细晶区中取向有利的晶粒优先生长为柱状晶。

　　(3) 中心为等轴晶区。其形成是由于模壁温度进一步升高,液体过冷度进一步降低,剩余

液体的散热方向性已不明显,处于均匀冷却状态;同时,未熔杂质、破断枝晶等易集中于剩余液体中,这些都促使了等轴晶的形成。

应该指出,铸锭的组织并不是都具有 3 层晶区。由于凝固条件的不同,也会形成在铸锭中只有某一种晶区,或只有某两种晶区。

**6.** 固态金属熔化时不一定出现过热。 如熔化时,液相若与汽相接触,当有少量液体金属在固相表面形成时,就会很快覆盖在整个表面(因为液体金属总是润湿同一种固体金属),由图 3-5 表面张力平衡可知

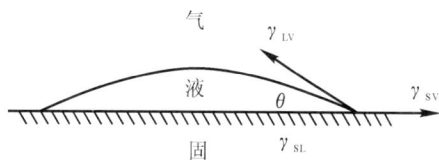

图 3-5　熔化时表面能之间的关系

$$r_{LV}\cos\theta + r_{SL} = r_{SV}$$

而实验指出

$$(r_{LV} + r_{SL}) < r_{SV}$$

说明在熔化时,自由能的变化 $\Delta G$(表面)$< 0$,即不存在表面能障碍,也就不必过热。实际金属多属于这种情况。如果固体金属熔化时液相不与汽相接触,则有可能使固体金属过热。然而,这在实际上是难以做到的。

**7.** LDPE 的自由空间为 $\dfrac{1\ cm^3}{0.92\ g} - \dfrac{1\ cm^3}{1.01\ g} = 0.097\ cm^3/g$

HDPE 的自由空间为 $\dfrac{1\ cm^3}{0.96\ g} - \dfrac{1\ cm^3}{1.01\ g} = 0.052\ cm^3/g$

**8.** 金属玻璃是通过超快速冷却的方法,抑制液-固结晶过程,获得性能异常的非晶态结构。

玻璃是过冷的液体。这种液体的黏度大,原子迁移性小,因而难于结晶,如高分子材料(硅酸盐、塑料等)在一般的冷却条件下,便可获得玻璃态,金属则不然。由于液态金属的黏度低,冷到液相线以下便迅速结晶,因而需要很大的冷却速度(估计 $> 10^{10}$ ℃/s)才能获得玻璃态。为了在较低的冷速下获得金属玻璃,就应增加液态的稳定性,使其能在较宽的温度范围存在。实验证明,当液相线很陡从而有较低共晶温度时,就能增加液态的稳定性,故选用这样的二元系(如 Fe-B,Fe-C,Fe-P,Fe-Si 等)。为了改善性能,可以加入一些其他元素(如 Ni,Mo,Cr,Co 等)。这类金属玻璃可以在 $10^5 \sim 10^6$ ℃/s 的冷速下获得。

**9.** 实际结晶温度与理论结晶温度之间的温度差,称为过冷度($\Delta T = T_m - T_n$)。它是相变热力学条件所要求的,只有 $\Delta T > 0$ 时,才能造成固相的自由能低于液相自由能的条件,液、固相间的自由能差便是结晶的驱动力。

在过冷液体中,能够形成等于临界晶核半径的晶胚时的过冷度,称为临界过冷度($\Delta T^*$)。显然,当实际过冷度 $\Delta T < \Delta T^*$ 时,过冷液体中最大的晶胚尺寸也小于临界晶核半径,故难于成核;只有当 $\Delta T > \Delta T^*$ 时,才能均匀形核,所以,临界过冷度是形核时所要求的。

当晶核长大时,要求液-固界面前沿液体中有一定的过冷,才能满足 $(dN/dt)_F >$ $(dN/dt)_M$,这种过冷称为动态过冷度($\Delta T_k = T_m - T_i$),它是晶体长大的必要条件。

**10.** 纯金属生长形态是指晶体宏观长大时界面的形貌。界面形貌取决于界面前沿液体中的温度分布。

(1)平面状长大:当液体具有正温度梯度时,晶体以平直界面方式推移长大。此时,界面

上任何偶然的、小的凸起伸入液体时,都会使其过冷度减小,长大速率降低或停止长大,而被周围部分赶上,因而能保持平直界面的推移。长大中晶体沿平行温度梯度的方向生长,或沿散热的反方向生长,而其他方向的生长则受到抑制。

(2)树枝状长大:当液体具有负温度梯度时,在界面上若形成偶然的凸起伸入前沿液体时,由于前方液体有更大的过冷度,有利于晶体长大和凝固潜热的散失,从而形成枝晶的一次轴。一个枝晶的形成,其潜热使邻近液体温度升高,过冷度降低,因此,类似的枝晶只在相邻一定间距的界面上形成,相互平行分布。在一次枝晶处的温度比枝晶间温度要高,如图3-6(a)中所示的 bb 断面上 $T_A > T_B$,这种负温度梯度使一次轴上又长出二次轴分枝,如图3-6(b)所示。同样,还会产生多次分枝。枝晶生长的最后阶段,由于凝固潜热放出,使枝晶周围的液体温度升高至熔点以上,液体中出现正温度梯度,此时晶体长大依靠平界面方式推进,直至枝晶间隙全部被填满为止。

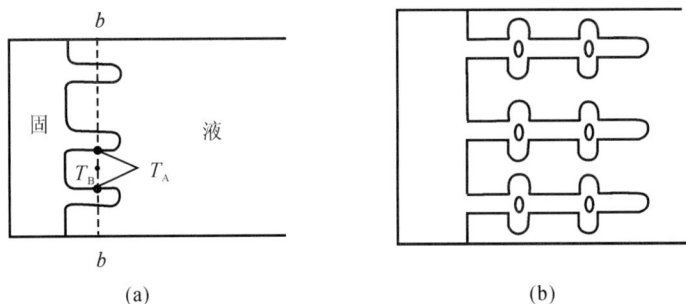

图3-6 晶体的树枝状长大
(a)形成一次轴; (b)形成二次轴

**11.** 根据自由能与晶胚半径的变化关系,可以知道半径 $r < r_k$ 的晶胚不能成核;$r > r_k$ 的晶胚才有可能成核;而 $r = r_k$ 的晶胚既可能消失,也可能稳定长大。因此,半径为 $r_k$ 的晶胚称为临界晶核。其物理意义是,过冷液体中涌现出来的短程有序的原子团,当其尺寸 $r \geq r_k$ 时,这样的原子团便可成为晶核而长大。

临界晶核半径 $r_k$,其大小与过冷度有关,则有

$$r_k = \frac{2\sigma T_m}{L_m} \frac{1}{\Delta T}$$

**12.** 晶体长大机制是指晶体微观长大方式,它与液-固界面结构有关。

具有粗糙界面的物质,因界面上约有50%的原子位置空着,这些空位都可接受原子,故液体原子可以单个进入空位,与晶体相连接,界面沿其法线方向垂直推移,呈连续式长大。

具有光滑界面的晶体长大,不是单个原子的附着,而是以均匀形核的方式,在晶体学小平面界面上形成一个原子层厚的二维晶核与原界面间形成台阶,单个原子可以在台阶上填充,使二维晶核侧向长大,在该层填满后,则在新的界面上形成新的二维晶核,继续填满,如此反复进行。

若晶体的光滑界面存在有螺型位错的露头,则该界面成为螺旋面,并形成永不消失的台阶,原子附着到台阶上使晶体长大。

**13.** 形成单晶体的基本条件是使液体金属结晶时只产生一个核心(或只有一个核心能够长

大）并长大成单晶体。

**14.**（1）…… 在冷却曲线上出现的实际结晶温度与熔点之差 …… 液-固界面前沿液体中的温度与熔点之差。

（2）…… 使体系自由能减小 ……

（3）在过冷液体中，液态金属中出现的 ……

（4）在一定过冷度（$> \Delta T^*$）下 ……

（5）…… 就是体系自由能的减少能够补偿 2/3 表面自由能 ……

（6）…… 不能成核，即便是有足够的能量起伏提供，还是不能成核。

（7）测定某纯金属均匀形核时的有效过冷度 ……

（8）…… 那么总的形核率 $N = N_2$。

（9）…… 则结晶后就可以形成数万颗晶粒。

（10）…… 非均匀形核的形核功最小 。

（11）…… 则只要在工艺上采取对厚处加快冷却（如加冷铁）就可以满足。

（12）…… 因为前者是以外加质点为基底，形核功小 ……

（13）…… 主要寻找那些熔点高 ，且 ……

（14）…… 若液-固界面呈粗糙型，则其液相原子 ……

（15）只有在负温度梯度条件下，常用纯金属 ……

（16）…… 结晶终了时的组织形态不同，前者呈树枝晶（枝间是水），后者呈一个个（块状）晶粒。

（17）…… 生长过程，但可以通过实验方法，如把正在结晶的金属剩余液体倒掉，或者整体淬火等进行观察，所以关于树枝状生长形态不是一种推理。

（18）…… 其生长形态不会发生改变。

（19）…… 其界面是粗糙型的。

（20）…… 平直的称为粗糙界面结构 …… 锯齿形的称为平滑界面结构。

（21）…… 因还与液-固界面的结构有关（$\alpha = \xi \dfrac{\Delta S_m}{k}$），即与该金属的熔化熵有关。

（22）…… 增加，但因金属的过冷能力小，故不会超过某一极大值 ……

（23）…… 动态过冷比形核所需要的临界过冷度小。

# 第4章 相 图

## 4.1 内容精要

相图是用来表示材料中相的状态、温度及成分之间关系的综合图形,其所表示的相的状态是平衡状态,因而是在一定温度、成分条件下热力学最稳定、自由能最低的状态。利用相图不仅可以分析平衡态的组织及推断不平衡态可能的组织变化,制定材料生产和处理的工艺,而且可以用来研制、开发新材料。对材料工作者来说,相图是一种不可缺少的重要工具。

本章的重点是详细地介绍了二元相图中的三种基本类型相图,分析了它们的平衡及不平衡结晶过程、结晶组织形态、组成物的相对量计算、组织对性能的影响规律等。通过对铁碳合金相图的讨论,进一步掌握二元相图的分析方法。

二元相图中的核心内容,首先是固溶体的非平衡结晶与材料中的偏析。固溶体合金在非平衡结晶时,由于冷却较快,结晶过程中形成的固相内熔质原子来不及扩散而造成的最终在一个晶粒内成分不均匀的现象,称为微观偏析(也称为枝晶偏析);若在缓慢顺序结晶条件下,由于液-固界面前沿液相中熔质原子发生重新分布而造成的最终沿合金棒长度方向上熔质浓度不同$[c_s = k_0 c_0 (1-z/L)^{k_0-1}]$的现象,称为宏观偏析。

固溶体的组织形态与成分过冷有关。随着成分过冷倾向的增大,其生长形态从平面状生长向胞状生长演变,进而发展成树枝状生长。

其次是共晶系合金凝固后的组织。共晶系合金(如 Pb - Sn 系)平衡凝固后的显微组织可分为 $\alpha + \beta_{II}$,$\alpha_{初} + \beta_{II} + (\alpha + \beta)_{共}$,$(\alpha + \beta)_{共}$,$\beta_{初} + \alpha_{II} + (\alpha + \beta)_{共}$ 等4类。共晶系合金非平衡凝固后的显微组织中可能形成伪共晶、非平衡共晶、离异共晶等。

本章还介绍了有关三元相图的知识。由于比二元系多了一个组元,故三元相图是由一系列相空间(相区)组成的三维立体图形,其成分用浓度三角形表示。二元相图中的一些规则,如相区接触法则、直线法则(杠杆定律),在三元相图中同样适用。为了便于分析三元相图,常采用某些等温截面和变温截面。

根据三元相图可以确定该三元系中任一成分的合金随温度变化发生的相变及组织转变;同时也可确定在任一给定温度下,该合金处于平衡状态时的相组成和组织组成,并利用直线法则或重心法则在其等温截面图上计算各平衡相的相对量。书中以三元匀晶相图和三元共晶相图为例介绍了三元相图的基本结构特点以及进行上述分析的具体步骤和方法。

随着一些新技术的出现,人们发现经典热力学对同时包含自发反应和非自发反应的体系是不适用的。在这个冲突过程中,诞生了一个"非平衡非耗散热力学"的分支领域,从而使现代热力学形成了一个完整的科学体系。从属于这一新领域的非平衡定态相图已得到实际应用。

基本要求:

(1)弄清相、组织、组织组成物等基本概念。

(2)熟悉匀晶、共晶、共析、包晶等相图,并能应用它们分析相应合金的平衡结晶过程及推断不平衡凝固时可能出现的组织变化。

（3）理解成分过冷的形成及影响成分过冷的因素,成分过冷与组织形态的联系。

（4）熟悉铁碳合金平衡结晶过程及室温下所得到的组织,含碳质量分数的改变怎样影响铁碳合金的组织和性能。

（5）熟悉三元系的相平衡及不同相区的结构特征。

（6）灵活运用三元相图的投影图、等温截面图和变温截面图分析三元合金随温度变化而发生的相平衡转变及形成的组织。

## 4.2 知识结构

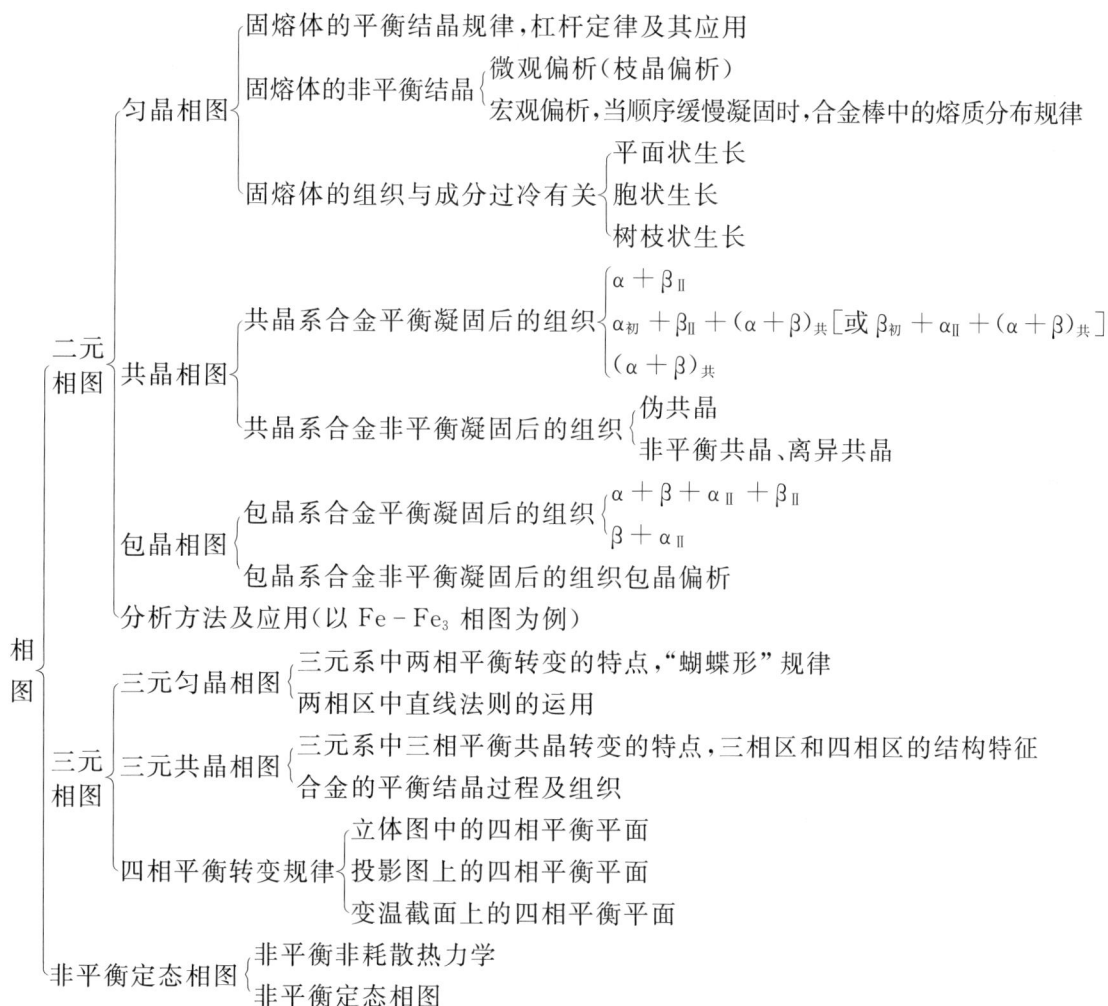

## 4.3 重点原理

1. 相律

相律是表示在平衡条件下,系统的自由度数、组元数和平衡相数之间的关系式。自由度数是指在不改变系统平衡相的数目的条件下,可以独立改变的、不影响合金状态的因数(如温度、压力、平衡相成分)的数目。

相律的表达式为

$$f = c - p + 2 \qquad (4-1)$$

式中　$f$ —— 系统的自由度数;

　　$c$ —— 组元数;

　　$p$ —— 相数。

对于凝聚态的系统,压力的影响极小,一般忽略不计,这时相律可写成

$$f = c - p + 1 \qquad (4-2)$$

2.二元相图的一些几何规律 —— 相区接触法则

(1)单相区和单相区之间只能有一个点接触,而不应有一条边界线,如图4-1所示。

(2)相邻相区的相数差为1(点接触除外)。因此,两个单相区之间必定有一个由这两个相组成的两相区。两个两相区必须以单相区或三相水平线隔开。

(3)一个三相反应的水平线和三个两相区相接,共有6条边界线。

(4)如果两个三相反应中有两个共同的相,则此两个共同的相组成两个三相水平线之间的两相区。

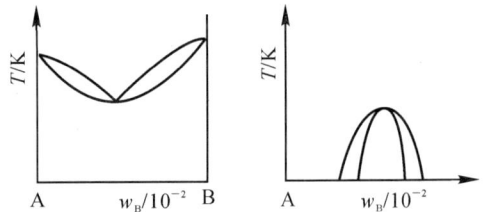

图4-1　单相区的点接触

(5)根据热力学,所有两相区的边界线不应延伸到单相区,而应伸向两相区,如图4-2所示。

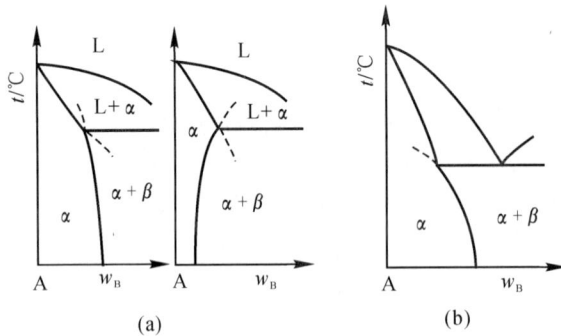

(a)　　　　　　　　　　　　(b)

图4-2　两相区边界延伸线的位置

(a)正确; (b)错误

3.杠杆定律

在二元系的两相区,如分析合金结晶过程时,可以用杠杆定律确定两相共存状态下两个相的相对量。

如图4-3所示:在$t_1$温度下,成分$x$的合金处于$L+\alpha$两相共存状态,设液相质量为$m_L$,固相质量为$m_\alpha$,合金总量为$m_t$,则两相的质量比可表示为

$$\frac{m_\alpha}{m_L} = \frac{aO}{bO} \qquad (4-3)$$

此即杠杆定律。由式(4-3)可算出合金中液相 $L$ 和固相 $\alpha$ 在合金中所占的相对质量(即质量分数 $\omega$)分别为

$$\omega_\alpha = \frac{m_\alpha}{m_t} = \frac{aO}{ab} \qquad (4-4)$$

$$\omega_L = \frac{Q_L}{Q_t} = \frac{Ob}{ab} \qquad (4-5)$$

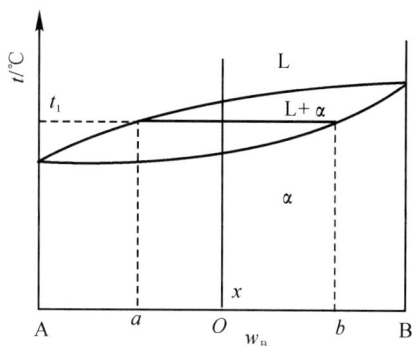

图 4-3　杠杆定律示意图

**4. 固熔体不平衡凝固**

(1) 液相内溶质完全混合、固相中无扩散时,合金圆棒结晶后熔质的分布方程为

$$C_S = K_0 C_0 \left(1 - \frac{2}{L}\right)^{K_0 - 1} \qquad (4-6)$$

式中　$Z$——离圆棒左端的距离;

　　　$L$——合金棒全长;

　　　$C_0$——合金成分;

　　　$K_0$——平衡分配系数。

(2) 液相内熔质原子部分混合、固相中无扩散时,合金棒结晶后熔质分布方程为

$$C_S = K_e C_0 \left(1 - \frac{2}{L}\right)^{k_e - 1} \qquad (4-7)$$

式中　$K_E$——有效分配系数。

(3) 液相内熔质仅通过扩散混合,凝固开始将形成初始过渡区,凝固接近末端时会产生末尾过渡区。在两个过渡区之间为稳态凝固,固相成分与合金成分相同。

**5. 成分过冷的条件**

$$\frac{G}{R} < \frac{mC_0}{D} < \left(\frac{1-K_0}{K_0}\right) \qquad (4-8)$$

式中　$G$——液-固界面前沿液相中的实际温度梯度;

　　　$R$——液-固界面的推进速度(结晶速度);

　　　$m$——相图中液相线的斜率;

　　　$D$——熔质原子在液相中的扩散系数;

$K_0$—— 平衡分配系数。

### 6. 直线法则

三元系的直线法则可表述为:若将成分分别为 α 和 β 的三元合金(也可是相或混合物)混合熔化后形成的新合金(或混合物)R,其成分点必然在 α 和 β 的成分点连线上,如图 4-4 所示。

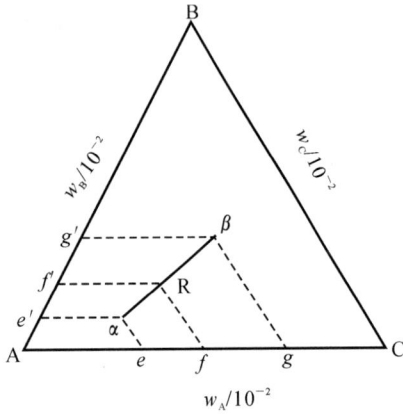

图 4-4  直线法则示意图

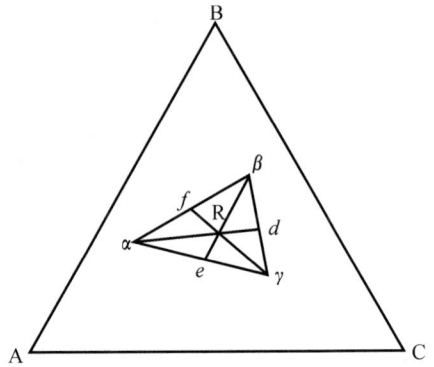

图 4-5  重心法则示意图

显然,合金 R 与 α 和 β 的相对量关系服从杠杆定律,即

$$\frac{m_\alpha}{m_\beta} = \frac{\mathrm{R}\beta}{\alpha\mathrm{R}} \tag{4-9}$$

式中:$m_\alpha$,$m_\beta$ 分别表示 α,β 的质量;Rβ,αR 表示两点间的距离。

### 7. 重心法则

重心法则可表述为:在三元系中,合金 R 分解成 α、β 和 γ 三相(或由此三相组成),且三相质量依次为 $m_\alpha$,$m_\beta$,$m_\gamma$,则合金 R 的成分点必然落在 △αβγ 的重心处(物理重心而不是几何重心),如图 4-5 所示,而且合金 R 的质量 $m_\mathrm{R}$ 与三相的质量有如下关系:

$$\frac{m_\alpha}{m_\mathrm{R}} = \frac{\mathrm{R}d}{\alpha d} \times 100\% \tag{4-10}$$

$$\frac{m_\beta}{m_\mathrm{R}} = \frac{\mathrm{R}e}{\beta e} \times 100\% \tag{4-11}$$

$$\frac{m_\gamma}{m_\mathrm{R}} = \frac{\mathrm{R}f}{\gamma f} \times 100\% \tag{4-12}$$

除了用几何作图法解决三个平衡相的相对量外,还可以用代数法来解决。

设 R 合金的质量为 1,各相的相对量为 $W_\alpha$,$W_\beta$,$W_\gamma$,且 $W_\alpha + W_\beta + W_\gamma = 1$。R 中的组元浓度分别为 $R_\mathrm{A}$,$R_\mathrm{B}$,$R_\mathrm{C}$;α 相中的组元浓度分别为 $\alpha_\mathrm{A}$,$\alpha_\mathrm{B}$,$\alpha_\mathrm{C}$;β 相中的组元浓度分别为 $\beta_\mathrm{A}$,$\beta_\mathrm{B}$,$\beta_\mathrm{C}$;γ 相中的组元浓度分别为 $\gamma_\mathrm{A}$,$\gamma_\mathrm{B}$,$\gamma_\mathrm{C}$。则有

$$\left. \begin{array}{l} \alpha_\mathrm{A} W_\alpha + \beta_\mathrm{A} W_\beta + \gamma_\mathrm{A} W_\gamma = R_\mathrm{A} \\ \alpha_\mathrm{B} W_\alpha + \beta_\mathrm{B} W_\beta + \gamma_\mathrm{B} W_\gamma = R_\mathrm{B} \\ \alpha_\mathrm{C} W_\alpha + \beta_\mathrm{C} W_\beta + \gamma_\mathrm{C} W_\gamma = R_\mathrm{C} \end{array} \right\} \tag{4-13}$$

解联立方程可求出 $W_\alpha$，$W_\beta$，$W_\gamma$。

$$W_\alpha = \frac{\begin{vmatrix} R_A & \beta_A & \gamma_A \\ R_B & \beta_B & \gamma_B \\ R_C & \beta_C & \gamma_C \end{vmatrix}}{\Delta} \quad W_\beta = \frac{\begin{vmatrix} \alpha_A & R_A & \gamma_A \\ \alpha_B & R_B & \gamma_B \\ \alpha_C & R_C & \gamma_C \end{vmatrix}}{\Delta} \quad W_\gamma = \frac{\begin{vmatrix} \alpha_A & \beta_A & R_A \\ \alpha_B & \beta_B & R_B \\ \alpha_C & \beta_C & R_C \end{vmatrix}}{\Delta}$$ (4-14)

式中

$$\Delta = \begin{vmatrix} \alpha_A & \beta_A & \gamma_A \\ \alpha_B & \beta_B & \gamma_B \\ \alpha_C & \beta_C & \gamma_C \end{vmatrix}$$

## 4.4 典型范例

**例 4.1** 图 4-6 为一匀晶相图，试根据相图确定：

（1）$w_B = 0.40$ 的合金开始凝固出来的固相成分为多少；

（2）若开始凝固出来的固体成分 $w_B = 0.60$，合金的成分为多少；

（3）成分 $w_B = 0.70$ 的合金最后凝固时的液体成分为多少；

（4）若合金成分 $w_B = 0.50$，凝固到某温度时液相成分 $w_B = 0.40$，固相成分 $w_B = 0.80$，此时液相和固相的相对量各为多少。

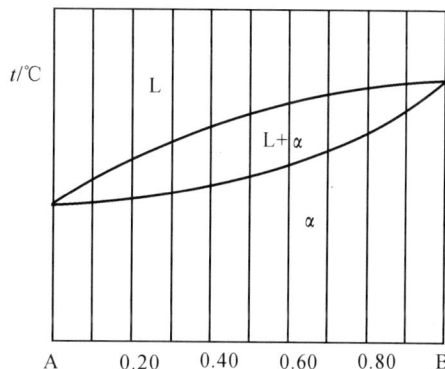

图 4-6 二元匀晶相图

**解** （1）在合金成分线与液相线相交点作水平线，此水平线与固相线的交点处合金的成分即为刚开始凝固出来的固体成分 $w_B = 0.85$。

（2）作 $w_B = 0.60$ 处的垂直线与 $\alpha$ 固相线交点的水平线，此水平线与 L 液相线的交点处的成分即为合金成分 $w_B \approx 0.15$。

（3）原理同上，液体成分 $w_B \approx 0.20$。

（4）利用杠杆定律，液相的相对量为

$$W_L = \frac{80 - 50}{80 - 40} \times 100\% = 75\%$$

固相的相对量为

$$W_\alpha = 1 - 75\% = 25\%$$

**讨论** 发生匀晶转变（表象点进入 $L + \alpha$ 区）时，随温度下降，液相成分沿着液相线变化，固相成分沿固相线变化，这是固熔体合金平衡结晶时的重要规律之一。在某一温度下液、固两相平衡时，平衡相的成分点就是该温度线与液、固相线交点所对应的成分。

**例 4.2** 证明当固熔体合金熔液正常凝固时，液体中熔质完全混合的情况下，固体中熔质浓度随凝固过程变化的分布方程为

$$c_S = c_0 k_0 \left(1 - \frac{Z}{L}\right)^{k_0 - 1}$$

**证明**  先作如下假设：

(1) 有一长度为 $L$，截面积为 $A$ 的水平合金圆棒，自左向右的方向作顺序凝固；

(2) $k_0 < 1$，且为常数；

(3) 固相中无扩散，且在凝固过程中液、固界面保持局部平衡；

(4) 液相、固相密度相等。

在图 4-7 中，$Z$ 为已凝固长度，故 $Z/L$ 为已凝固的体积分数，以 $c$ 表示熔质的体积浓度，那么，在凝固前后的一个体积元 $A\mathrm{d}Z$ 的质量变化如下：

凝固前的熔质量为 $m_{前} = c_L A\mathrm{d}Z$；

凝固后的熔质量为 $m_{后} = c_S A\mathrm{d}Z$。

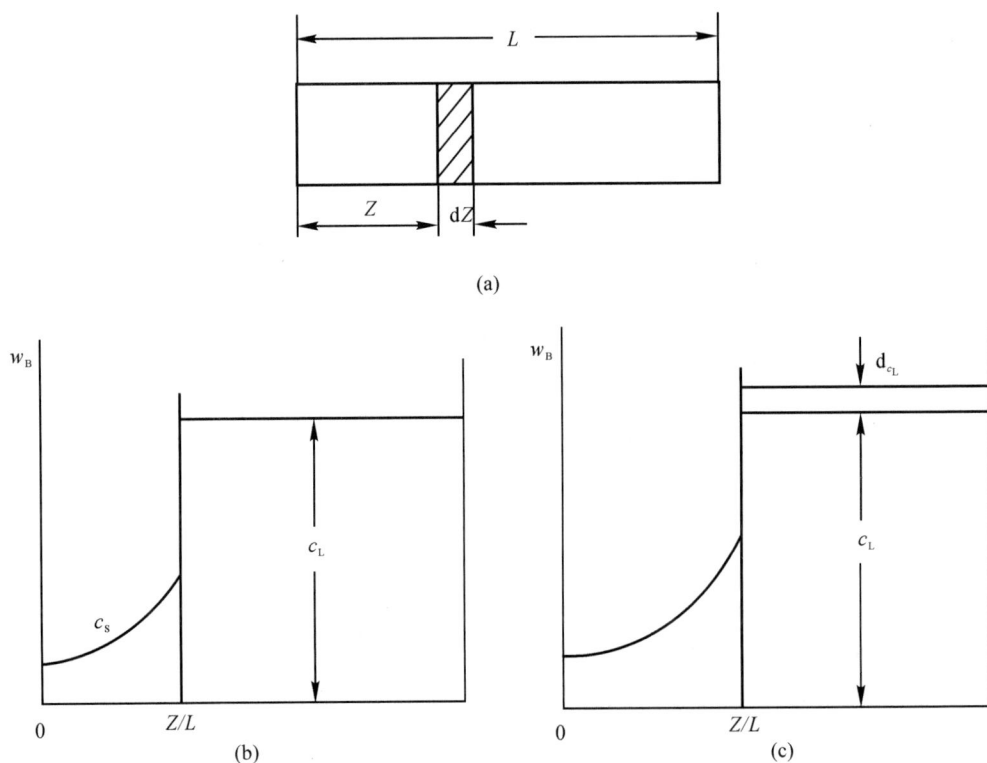

(a)

(b)

(c)

图 4-7  缓慢顺序凝固过程

(a) 正在凝固的合金棒；  (b) 凝固前界面处的浓度分布；  (c) 凝固后界面处的浓度分布

凝固后，体积元内的熔质发生了重新分布。由于 $k_0 < 1$，体积元内的溶质量将减少，它们将被推到液相中，经充分混合，使液相浓度增高了 $\mathrm{d}c_L$，故凝固后被推到液相中的熔质量为

$$m' = \mathrm{d}c_L A(L - Z - \mathrm{d}Z)$$

因为

$$m_{前} = m_{后} + m'$$

所以

$$c_L A\mathrm{d}Z = c_S A\mathrm{d}Z + \mathrm{d}c_L A(L - Z - \mathrm{d}Z)$$

即

$$c_L \mathrm{d}Z = k_0 c_L \mathrm{d}Z + (L - Z)\mathrm{d}c_L - \mathrm{d}c_L \mathrm{d}Z$$

忽略二阶微分 $(\mathrm{d}c_L \mathrm{d}Z)$ 得

$$(1 - k_0)c_L \, dZ = (L - Z)dc_L$$

所以

$$\frac{(1 - k_0)dZ}{L - Z} = \frac{dc_L}{c_L}$$

积分

$$\int_0^Z \frac{(1 - k_0)dZ}{L - Z} = \int_{c_0}^{c_L} \frac{dc_L}{c_L}$$

由 $dZ = -d(L - Z)$ 得

$$-\int_0^Z \frac{(1 - k_0)d(L - Z)}{L - Z} = \int_{c_0}^{c_L} \frac{dc_L}{c_L}$$

所以

$$(k_0 - 1)\left[\ln(L - Z)\right]_0^Z = \left[\ln c_L\right]_{c_0}^{c_L}$$

$$(k_0 - 1)\ln \frac{(L - Z)}{L} = \ln \frac{c_L}{c_0}$$

即

$$\left[\ln\left(\frac{L - Z}{L}\right)\right]^{k_0 - 1} = \ln \frac{c_L}{c_0}$$

$$\left(\frac{L - Z}{L}\right)^{k_0 - 1} = \frac{c_L}{c_0}$$

$$c_L = c_0\left(1 - \frac{Z}{L}\right)^{k_0 - 1} = \frac{c_S}{k_0}$$

所以

$$c_S = c_0 k_0\left(1 - \frac{Z}{L}\right)^{k_0 - 1}$$

**讨论**　固熔体合金顺序缓慢凝固时的熔质分布方程仅适用于固熔体合金的结晶过程,对于有其他三相平衡反应的合金不适用;另外,当凝固到最后,剩余液体很少时方程就不适用了$\left[\text{此时}(1 - \frac{Z}{L}) \to 0,\text{而}(k_0 - 1) < 0,\frac{1}{0^{1 - k_0}} \to \infty\right]$。

**例 4.3**　$w_{Cu} = 0.056\,5$ 的 Al-Cu 合金(见图 4-8)圆棒,置于水平钢模中加热熔化,然后采用一端顺序结晶方式冷却。试求合金圆棒内组织组成物的分布,各组成物所占圆棒的百分数及沿圆棒长度上 Cu 浓度的分布曲线(假设液相内完全混合,固相内无扩散,界面平直移动,液相线与固相线呈直线)。

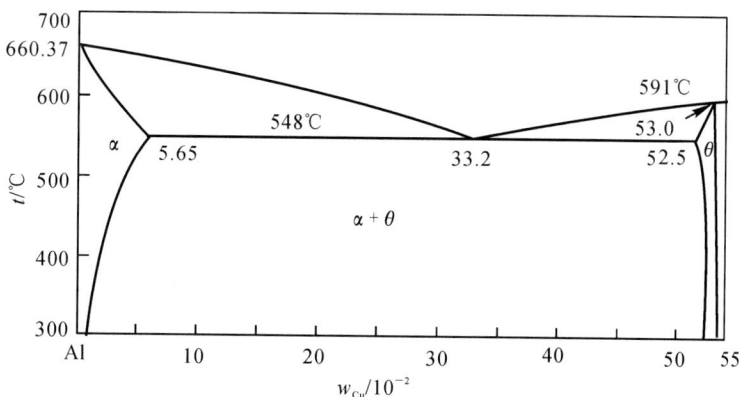

图 4-8　Al-Cu 相图一角

**解**　题意表明，合金是在缓慢条件下结晶，故熔质分配符合方程

$$c_S = k_0 c_0 \left(1 - \frac{Z}{L}\right)^{k_0 - 1}$$

式中，由 Al-Cu 相图可求得

$$k_0 = \frac{c_S}{c_L} = \frac{0.056\ 5}{0.332} = 0.17, \qquad c_0 = 0.056\ 5$$

故沿圆棒长度方向上熔质的质量分数如下：

$$Z = 0, \qquad c_1 = c_0 k_0 = 0.009\ 6$$

$$Z = 0.5, \qquad c_2 = 0.056\ 5 \times 0.17 \times (1 - 0.5)^{0.17 - 1} = 0.017\ 1$$

$$Z = 0.6, \qquad c_3 = 0.056\ 5 \times 0.17 \times (1 - 0.6)^{0.17 - 1} = 0.020\ 5$$

$$Z = 0.8, \qquad c_4 = 0.056\ 5 \times 0.17 \times (1 - 0.8)^{0.17 - 1} = 0.036\ 5$$

$$\cdots \qquad \cdots$$

用以上数据作图，可得沿圆棒长度方向上熔质的分布曲线，如图 4-9(a) 所示。

由相图可知，当结晶出来的 α 浓度为 $w_{Cu} = 0.056\ 5$ 时，液相的浓度将达到 $w_{Cu} = 0.332$。若固-液界面上 α 为 $w_{Cu} = 0.056\ 5$ 时，则固-液界面离合金圆棒左端的距离为 $Z$。

由

$$0.056\ 5 = 0.17 \times 0.056\ 6 \times (1 - Z)^{0.17 - 1}$$

可得

$$(1 - Z)^{-0.83} = \frac{0.056\ 5}{0.17 \times 0.056\ 5} = 5.882$$

所以

$$Z = 0.882 = 88.2\%$$

当液相浓度为 $w_{Cu} = 0.332$ 时，剩余液相将发生共晶反应

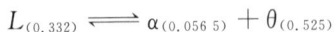

$$L_{(0.332)} \Longrightarrow \alpha_{(0.056\ 5)} + \theta_{(0.525)}$$

生成共晶体 $(\alpha + \theta)_{共}$。共晶体组织在合金圆棒中所占的分数为

$$\varphi_{(\alpha + \theta)_{共}} = 1 - Z = 11.8\%$$

当冷至室温时，合金圆棒内的组织示意图如图 4-10(b) 所示。

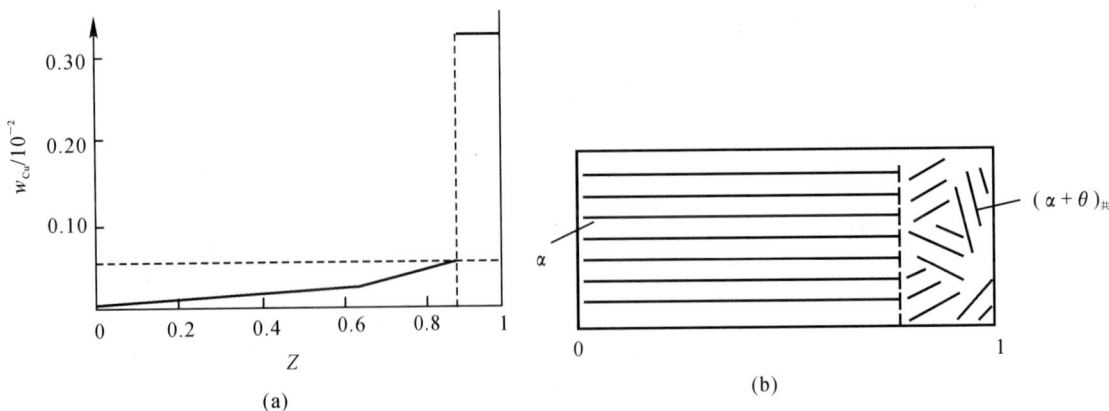

图 4-9　圆棒长度方向上熔质的分布及组织

(a) 合金圆棒中熔质浓度分布曲线；　(b) 显微组织示意图

**讨论**　凝固后的组织 α 中不会有 $\theta_{\text{II}}$ 析出，因为命题中已假设"固相内无扩散"，故随后冷却中不会发生脱熔转变。

**例 4.4**　假设某一成分 $(X_0)$ 的固熔体合金作顺序正常凝固，$k_0 < 1$，用 $g$ 表示固相已凝固分数 $Z/L$。

（1）试证明固相平均成分 $\overline{X}_S$（质量分数）的数学表达式为

$$\overline{X}_S = \frac{X_0}{g}\left[1 - (1-g)^{k_0}\right]$$

（2）证明液相的凝固温度 $T_L$ 与合金已凝固分数间的关系：

$$T_L = T_A - mX_0(1-g)^{k_0-1}$$

（3）假设 $k_0 = 0.5$，液相线的斜率 $m = 20/3$，组元 A 的熔点 $T_A = 900\ ^\circ\text{C}$，$X_0$ 的成分 $w_B = 0.10$。当凝固温度为 $750\ ^\circ\text{C}$ 时，求固相的平均成分 $\overline{X}_S$。

**证明**　假设固相与液相的密度相等，则正常凝固方程可表示为

$$X_S = X_0 k_0 (1-g)^{k_0-1}$$

根据已知条件，熔质的量 $M = gX_S$。

（1）当 $k_0 < 1$ 时，$X_S$ 与 $g$ 间的函数关系如图 4-10 所示，即

$$\mathrm{d}M = \overline{X}_S\,\mathrm{d}g = k_0 X_0 (1-g)^{k_0-1}\,\mathrm{d}g$$

$$M = k_0 X_0 \int_0^g (1-g)^{k_0-1}\,\mathrm{d}g = -k_0 X_0 \left[\frac{(1-g)^{k_0}}{k_0} - \frac{1}{k_0}\right] =$$

$$X_0\left[1 - (1-g)^{k_0}\right] = g\overline{X}_S$$

所以

$$\overline{X}_S = \frac{X_0}{g}\left[1 - (1-g)^{k_0}\right]$$

（2）A，B 组元形成的相图富 A 端示意图如 4-11 所示，若以 $m$ 表示液相线斜率，则有

$$m = \frac{T_A - T_L}{X_L}$$

所以

$$T_L = T_A - mX_L$$

即

$$X_L = \frac{X_S}{k_0} = \frac{k_0 X_0 (1-g)^{k_0-1}}{k_0} = X_0(1-g)^{k_0-1}$$

所以

$$T_L = T_A - mX_0(1-g)^{k_0-1}$$

（3）已知 $k_0 = 0.5$，$m = 20/3$，$T_A = 900\ ^\circ\text{C}$，当凝固温度为 $750\ ^\circ\text{C}$ 时，则有

$$X_L = \frac{(T_A - T_L)}{m} = \frac{(900 - 750)}{20/3} = 22.5$$

$$X_S = k_0 X_L = k_0 X_0 (1-g)^{k_0-1}$$

即

$$0.5 \times 22.5 = 0.5 \times 0.1 \times (1-g)^{0.5-1}$$

解得

$$g = 0.8$$

所以

$$\overline{X}_S = \frac{X_0}{g}\left[1 - (1-g)^{k_0}\right] = \frac{0.10}{0.8} \times \left[1 - (1-0.8)^{0.5}\right] = 0.069$$

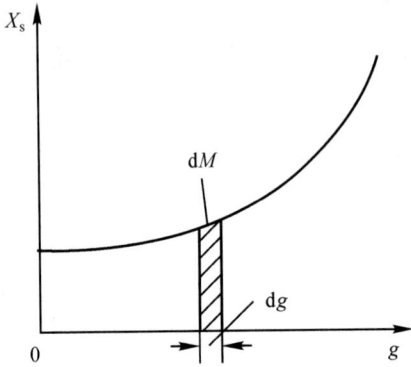

图 4-10 固相成分随凝固分数的变化

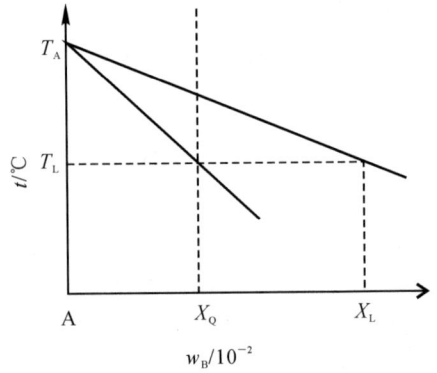

图 4-11 A-B 合金部分相图

**例 4.5** 已知 A(熔点 600 ℃)与 B(熔点 500 ℃)在液态无限互溶,固态时 A 在 B 中的最大固熔度(质量分数)为 $w_A=0.30$,室温时为 $w_A=0.10$;但 B 在固态和室温时均不熔于 A。在 300 ℃ 时发生共晶反应 $L_{(w_B=0.40)} \rightleftharpoons A+\beta_{(w_B=0.70)}$。试绘出 A-B 合金相图;并分析 $w_A=0.20$, $w_A=0.45$,$w_A=0.80$ 的合金在室温下组织组成物和相组成物的相对量。

**解** 按已知条件,A-B 合金相图如图 4-12 所示(各相区均用组织组成物标注)。

Ⅰ 合金(A-0.80B):

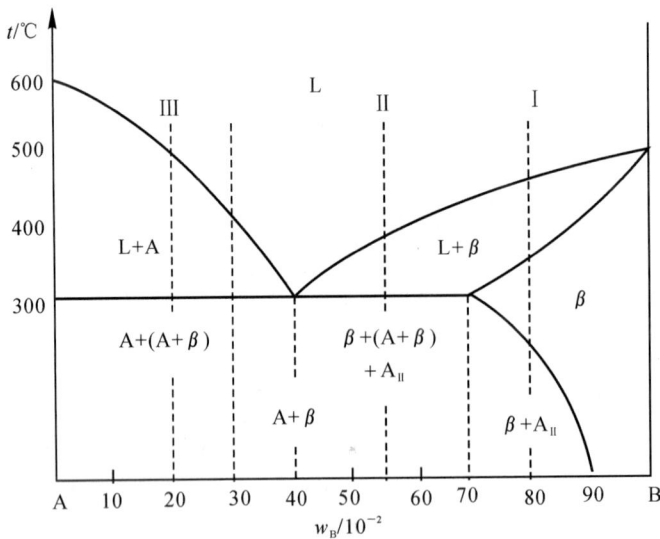

图 4-12 A-B 二元相图

室温下,由 β 与 A 两相组成,其相对量为

$$W_\beta = \frac{0.8-0}{0.9-0} \times 100\% = 89\%$$

$$W_A = 1 - \beta = 11\%$$

室温下的组织为 $\beta + A_{II}$，其组织组成物的相对量与相组成物相同，即

$$W_\beta = 89\%, \qquad W_{A_{II}} = 11\%$$

Ⅱ 合金（A-0.55B）：

室温下，由 A 与 $\beta$ 两相组成，其相对量为

$$W_A = \frac{0.9 - 0.55}{0.9} \times 100\% = 39\%$$

$$W_\beta = 1 - 39\% = 61\%$$

室温下的组织为 $\beta_{初} + (A+\beta)_{共晶} + A_{II}$。

在共晶反应刚完成时，则有

$$W_{\beta_{初}'} = \frac{0.55 - 0.40}{0.70 - 0.40} \times 100\% = 50\%$$

$$W_{(A+\beta)_{共晶}} = 1 - \beta_{初}' = 50\%$$

当冷至室温时，将由 $\beta_{初}'$ 与共晶 $\beta$ 中析出 $A_{II}$，但由于共晶 $\beta$ 中析出的 $A_{II}$ 与共晶 A 连接在一起，不可分辨，故略去不计。

由 $\beta_{初}$ 中析出 $A_{II}$ 的相对量为

$$W_{A_{II}} = \frac{0.90 - 0.70}{0.90} \times 50\% = 11\%$$

所以，室温下 $\beta_{初}$ 的相对量为

$$W_{\beta_{初}} = W_{\beta_{初}'} - W_{A_{II}} = 50\% - 11\% = 39\%$$

该合金室温下组织组成物的相对量为

$$W_{\beta_{初}} = 39\%$$

$$W_{(A+\beta)_{共}} = 50\%$$

$$W_{A_{II}} = 11\%$$

Ⅲ 合金（A-0.20B）：

室温下，相组成为 A 与 $\beta$，其相对量为

$$W_A = \frac{0.90 - 0.20}{0.90} \times 100\% = 78\%$$

$$W_\beta = 1 - A\% = 22\%$$

室温时的组织为 $A_{初} + (A+\beta)_{共晶}$，组织组成物的相对量为

$$W_{A_{初}} = \frac{0.40 - 0.20}{0.40} \times 100\% = 50\%$$

$$W_{(A+\beta)_{共}} = 1 - A_{初} = 50\%$$

**讨论**　根据已知条件绘制二元相图是检查对相图的理解、掌握程度的一类命题，其关键是抓住相图中的三相平衡反应的条件（温度及相的成分点）、固熔度有无变化及固熔度的大小，就可绘出相图。

**例 4.6**　参考图 4-13，试问：

(1) 2 000 ℃ 时 $Al_2O_3$ 在液体中的质量分数及固体 $\beta$ 中的固熔度为多少？ $Al_2O_3$-$ZrO_2$ 陶瓷（$w_{Al_2O_3} = 0.20$）在 1 800 ℃ 时所含相的化学成分为何？

(2) 具有何种成分的 $Al_2O_3$ - $ZrO_2$ 陶瓷,在 1 800 ℃ 时含有 $\frac{3}{4}\alpha$ 及 $\frac{1}{4}\beta$?

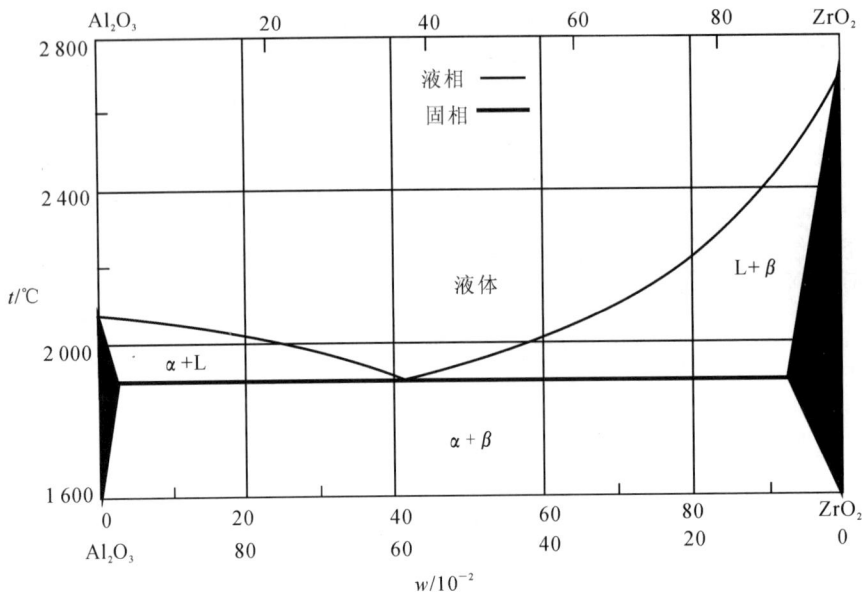

图 4 - 13  $Al_2O_3$ - $ZrO_2$ 相图

**解** (1) 由图 4-13 可直接得出,$Al_2O_3$ 的固熔度在液体中为 $w_{Al_2O_3}=0.78$,在固体 β 中为 $w_{Al_2O_3}=0.06$;当 1 800 ℃ 时,β 相为 $w_{Al_2O_3}=0.035$,$w_{ZrO_2}=0.965$;α 相为 $w_{Al_2O_3}=0.98$,$w_{ZrO_2}=0.02$。

(2) 利用杠杆定律可求得这种陶瓷的成分为 $w_{Al_2O_3}=0.75$,$w_{ZrO_2}=0.25$。

**讨论** 研究陶瓷时也要用到相图,其分析思路和方法与合金相图完全相同。在陶瓷中,主要涉及 5 个系统:$Al_2O_3$ - $ZrO_2$,$Al_2O_3$ - $SiO_2$,Fe - O,FeO - MgO,$BaTiO_3$ - $CaTiO_3$。

**例 4.7** 图 4-14 为 Al-Si 共晶相图,图 4-15 为 3 个 Al-Si 合金显微组织示意图。试分析图 4-15 中的组织系什么成分(亚共晶、过共晶、共晶)。指出细化此合金铸态组织的可能途径。

**解** 在图 4-15 中图(a)为共晶组织;图(b)为过共晶组织;图(c)为亚共晶组织。这是因为过共晶合金的初晶为 Si,由于 Al 在 Si 中的固熔度(质量分

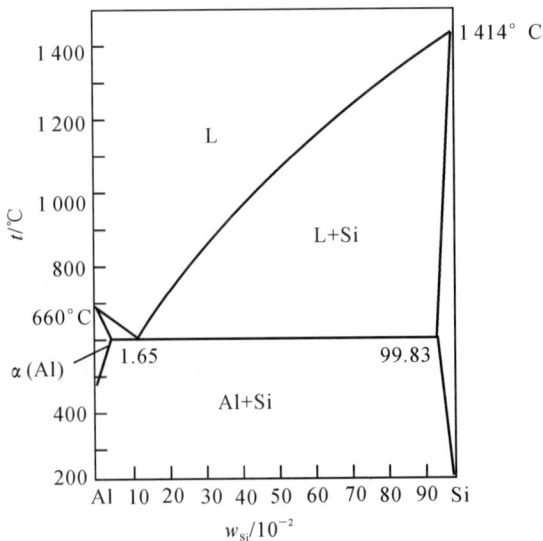

图 4 - 14  Al - Si 共晶相图

数）极小,初始凝固的晶体几乎为纯 Si,因而不显示树枝晶偏析;Si 的 $\Delta S/R$ 较大,无论在正温度梯度或负温度梯度条件下都使晶体在宏观上具有平面状,即有较规则的外观[见图 4-15(b)中的黑块状组织]。

亚共晶合金的初始晶体为 α 固熔体,熔解了一定量的 Si,凝固时固相有浓度变化。当冷速快、扩散不完全时,α 固熔体呈树枝状晶体,在显微磨面上常呈椭圆形或不规则形状,如图 4-15(c)中的大块白色组织。

可采用加入变质剂(钠剂)或增加冷却速率来细化此合金的铸态组织。

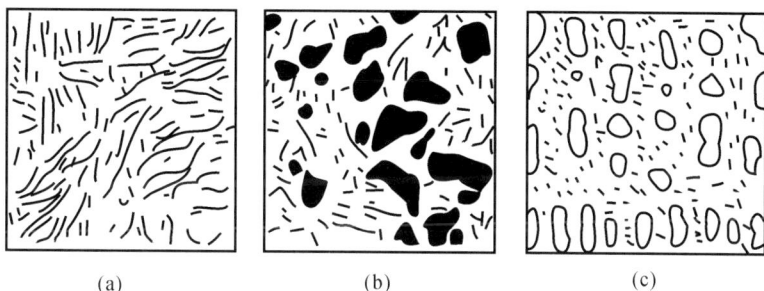

(a)　　　　　　(b)　　　　　　(c)

图 4-15　Al-Si 合金显微组织示意图

**讨论**　对显微组织的识别和辨认是材料科学工作者的基本技能。由于各种组织的形成过程不同,因而呈现出形态上的差异。如凝固时的初生组织,若为固熔体,则一般呈树枝状,由于是从液相中结晶出来的,体积比较大,在显微磨面上常呈椭圆形或不规则形状;若为化合物或纯元素,就不会显示树枝状,而是呈竹片状或块状,在磨面上有较规则的外观。又如共晶组织,尽管有各种形态,但其基本特征是两相交替分布。在脱熔转变中形成的次生相,一般比较细小,界面圆滑,可分布在晶界附近或晶内(由冷却速率而定)等。在知道了这些特点之后,就很容易进行金相分析。

**例 4.8**　根据图 4-16 所示二元共晶相图:

(1)分析合金 Ⅰ,Ⅱ 的结晶过程,并画出冷却曲线;

(2)说明室温下合金 Ⅰ,Ⅱ 的相和组织是什么?并计算出相和组织组成物的相对量;

(3)如果希望得到共晶组织加上 5% 的 $\beta_{初}$ 的合金,求该合金的成分。

(4)合金 Ⅰ,Ⅱ 在快冷不平衡状态下结晶,组织有何不同?

**解**　(1),(2):Ⅰ 合金的冷却曲线如图 4-17 所示,其结晶过程如下:

1 以上,合金处于液相;

1～2 时,L→α,L 和 α 的成分分别沿液相线和固相线变化,到达 2 时,全部凝固完毕。

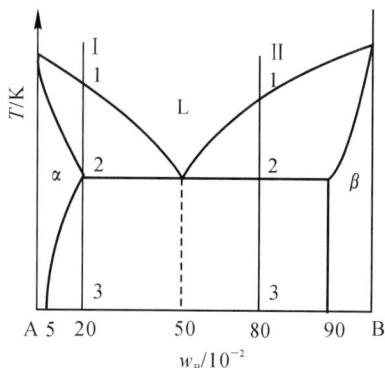

图 4-16　二元共晶相图

2 时,为单相 α;

2 ~ 3 时, α → β_Ⅱ。

室温下,Ⅰ 合金由两个相组成,即 α 和 β 相,其相对量为

$$W_\alpha = \frac{0.90 - 0.20}{0.90 - 0.05} \times 100\% = 82\%$$

$$W_\beta = 1 - W_\alpha = 18\%$$

Ⅰ 合金的组织为 α + β_Ⅱ,其相对量与相组成物相同。

Ⅱ 合金的冷却曲线如图 4-18 所示,其结晶过程如下:

1 以上,处于均匀的液相 L;

1 ~ 2 时,进行匀晶转变 L → β_初;

2 时,两相平衡共存,$L_{0.50} \rightleftharpoons \beta_{0.90}$;

2 ~ 2′ 时,剩余液相发生共晶反应:

$$L_{0.50} \rightleftharpoons \alpha_{0.20} + \beta_{0.90}$$

2 ~ 3 时,发生脱熔转变,α → β_Ⅱ。

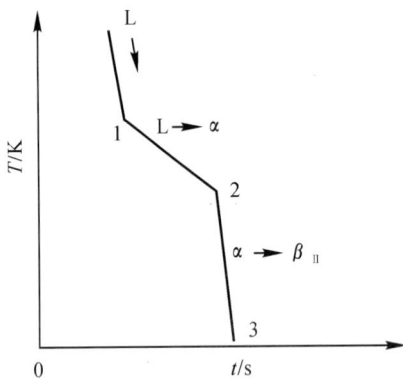

图 4-17　Ⅰ 合金的冷却曲线

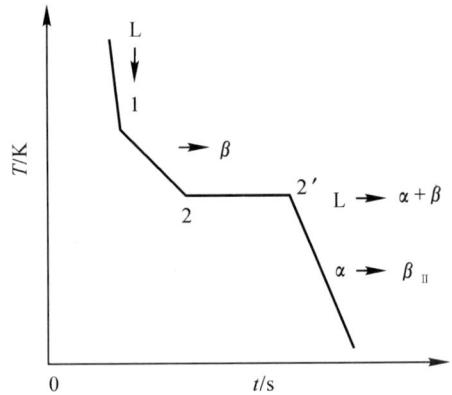

图 4-18　Ⅱ 合金的冷却曲线

室温下,Ⅱ 合金由两个相组成,即 α 与 β 相,其相对量为

$$W_\alpha = \frac{0.90 - 0.80}{0.90 - 0.05} \times 100\% = 12\%$$

$$W_\beta = 1 - W_\alpha = 88\%$$

Ⅱ 合金的组织为 β_初 + (α+β)_共晶;组织组成物的相对量为

$$W_{\beta_初} = \frac{0.80 - 0.50}{0.90 - 0.50} \times 100\% = 75\%$$

$$W_{(\alpha+\beta)_共晶} = 1 - W_{\beta_初} = 25\%$$

(3) 设合金的成分为 $w_B = x$,由题意知

$$W_{\beta_初} = \frac{x - 0.50}{0.90 - 0.50} \times 100\% = 5\%$$

所以　　　　　　　　　　　　　$x = 0.52$

即该合金成分为 $w_B = 0.52$。

(4) 在快冷不平衡状态下结晶,Ⅰ 合金的组织中将不出现 β_Ⅱ,而会出现少量非平衡共晶

（即离异共晶）；Ⅱ 合金的组织中 $\beta_{初}$ 将减少，且呈树枝状，而 $(\alpha + \beta)_{共晶}$ 组织变细，相对量将增加。

**讨论**　在实际生产中，往往冷却速度较快，凝固时的原子扩散过程不能充分进行，致使其凝固过程和显微组织与平衡状态发生某些偏离。不了解这些情况，对于指导生产是很不利的，因为在金相分析时，往往容易将枝晶间的共晶体误认为次生相，或将端部固熔体合金误认为亚共晶合金等。

**例 4.9**　由 Al-Cu 合金相图（见图 4-8），试分析：

（1）什么成分的合金适于压力加工？什么成分的合金适于铸造？

（2）用什么方法可提高合金的强度？

**解**　（1）当压力加工时，要求合金有良好的塑性变形能力，组织中不允许有过多的脆性第二相，因此，要求铝合金中合金元素含量较低，一般不超过极限固熔度的成分。对 Al-Cu 合金，常选用 $w_{Cu} = 0.04$ 的合金。该成分合金加热后可处于完全单相 $\alpha$ 状态，塑性好，适于压力加工。

铸造合金要求其流动性好。合金的结晶温度范围愈宽，其流动性愈差。从相图上看，共晶成分的流动性最好，因此，一般来说共晶成分的合金具有优良的铸造性能，适于铸造。但考虑到其他多方面因素，一般选用 $w_{Cu} = 0.10$ 的 Al-Cu 合金用于铸造。

（2）要提高合金的强度，可采用以下方法。

1）固熔 + 时效处理。将 Al-Cu 合金（$w_{Cu} < 0.056$）加热到单相 $\alpha$ 状态，然后快速冷却，获得过饱和的 $\alpha$ 固熔体，然后重新加热到一定温度保温，便会析出细小的金属间化合物（$CuAl_2$）作为第二相质点，从而提高合金的强度。

2）冷塑性变形。通过冷变形，产生加工硬化效应，从而提高合金的强度。

**讨论**　从合金相图上不仅可以大致推断某合金的工艺性能、机械性能，还可以判断该合金进行热处理的可能性。例如对于有固熔度变化的固熔体合金，且能析出强度高的第二相，则可进行"固熔 + 时效处理"；对于具有共析转变的合金，一般可进行"淬火处理"等。

**例 4.10**　参见图 4-19 所示的 Cu-Sn 合金相图。

（1）叙述 Cu-Sn 合金（$w_{Sn} = 0.10$）的不平衡冷却过程并指出室温时的金相组织；

（2）将该成分的合金液体置于内腔为长棒形的模子内，采用顺序结晶方式，并假设液相内完全混合，固-液界面为平直状，且固相中无扩散，液相线与固相线为直线。试分析计算从液相中直接结晶的 $\alpha$ 相与 $\gamma$ 相的区域占试棒全长的百分数。

**解**　（1）在不平衡凝固条件下，首先将形成树枝状的 $\alpha$ 晶体；随着凝固的进行，当液体中溶质富集处达到包晶成分时，将产生包晶转变：$L + \alpha \rightarrow \beta$，若包晶转变不能完全进行，则剩余液相直接结晶为 $\beta$，即 $L \rightarrow \beta$。从而在枝晶间形成 $\beta$ 相；继续冷却至 586 ℃ 时发生共析反应：$\beta \rightarrow \alpha + \gamma$；冷却至 520 ℃ 时再次发生共析反应：$\gamma \rightarrow \alpha + \delta$。因此，铸件的最后组织将是：在 $\alpha$ 相的枝晶间分布着块状 $\beta$ 或 $(\alpha + \delta)$ 共析组织。

（2）由相图知

$$k_{10} = \frac{0.135}{0.255} = 0.53$$

试棒中固相浓度 $c_S < 0.135$ Sn 的部分，即为从液相直接凝固的 $\alpha$ 相。按正常凝固方程，则

$$0.135 = 0.53 \times 0.10 \times \left(1 - \frac{Z}{L}\right)^{0.53-1}$$

$$\ln\left(1 - \frac{Z}{L}\right) = -1.989$$

所以

$$\frac{Z}{L} = 0.864$$

即试棒全长的 86.4% 是从液相直接凝固的 α 相。

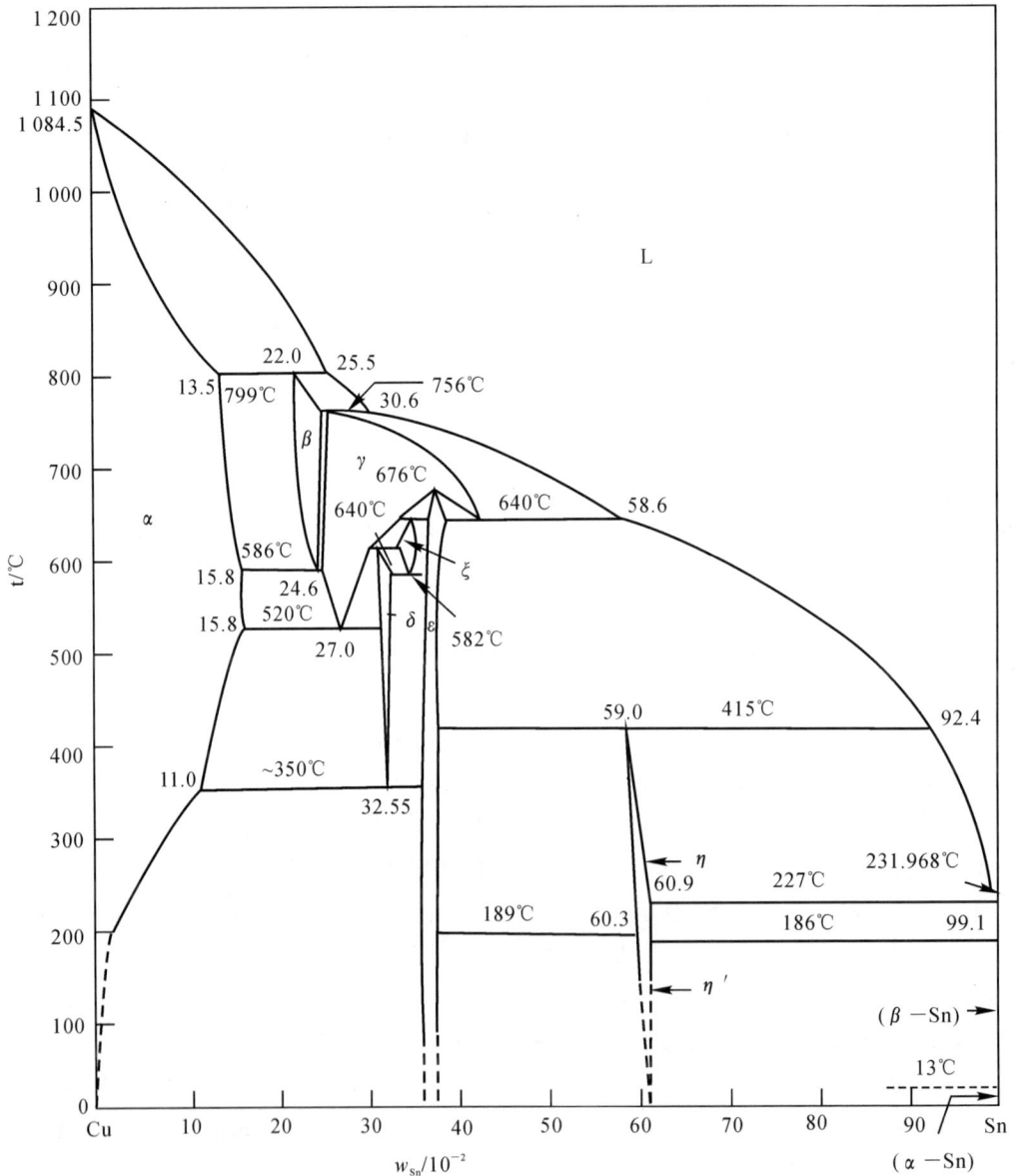

图 4-19  Cu-Sn 合金相图

液相中直接结晶出 γ 相的起点,正是液相中直接结晶出 β 相的终点,即固相 β 的成分达到 $w_{Sn} = 0.25$ 之点,这一位置可按正常凝固方程求得

$$k_{20} = \frac{0.25}{0.306} \approx 0.82$$

$$0.25 = 0.82 \times 0.255 \times \left(1 - \frac{Z}{L}\right)^{0.82-1}$$

所以
$$\frac{Z}{L} = 0.63$$

应该注意,这个位置是以 $\frac{Z}{L} = 0.864$ 处为 $0$(即起点)来计算的,故在合金圆棒中的实际位置是

$$0.864 + (1 - 0.864) \times 0.63 = 0.949$$

若试棒的末端以直接析出 $\gamma$ 相而告终,则从液体中直接凝固为 $\gamma$ 相的区域占试棒全长的百分数为 $N_r$,即

$$N_r = 100\% - 94.9\% = 5.1\%$$

**讨论** 应注意(2)中的解题思路。由相图可知,当固-液界面上 $\alpha$ 相的成分达到 $w_{Sn} = 0.135$ 时,液相成分为 $w_{Sn} = 0.25$。此时界面上应发生包晶反应,使固相成分突变为 $w_{Sn} = 0.22$,成为 $\beta$ 相。包晶反应要能继续进行,则 Sn 原子从液相中必须通过 $\beta$ 相进行扩散至 $\alpha$ 相,而 $\alpha$ 中的 Cu 原子则有相反的扩散过程。由于固相中的扩散难以进行,故包晶反应仅在 $\alpha$ 相的表层发生,生成物极少,其数量可以忽略不计。随后继续结晶时,应把 $w_{Sn} = 0.25$ 看作起始成分 $C_0$,这时将从液相中直接结晶出 $\beta$ 相。

**例 4.11** 同样形状和大小的两块铁碳合金,其中一块是低碳钢,一块是白口铸铁。试问用什么简便方法可迅速将它们区分开来?

**解** 由于它们含碳质量分数不同,使它们具有不同的特性。最显著的是硬度不同,前者硬度低、韧性好,后者硬度高、脆性大。若从这方面考虑,可以有多种方法,例如:① 用钢锉试锉,硬者为铸铁,易锉者应为低碳钢;② 用榔头敲砸,易破断者为铸铁,砸不断者为低碳钢,等等。

**讨论** 这是属于"实验鉴别"类型题。回答这类问题时除要求对相关知识点了解外,还应对相应的机械性能实验、金相技术等有所了解。在"鉴别"时采用的方法应考虑尽量简单、可行。

**例 4.12** 试比较 45,T8,T12 钢的硬度、强度和塑性有何不同?

**解** 由含碳质量分数对碳钢性能的影响可知,随着钢中碳含量的增加,钢中的渗碳体增多,硬度也随之升高,基本上呈直线上升。在 $w_C = 0.008$ 以前,强度也是呈直线上升的。在 $w_C = 0.008$ 时,组织全为珠光体,强度最高;但在 $w_C > 0.008$ 以后,随碳量的继续增加,组织中将会出现网状渗碳体,致使强度很快下降;在 $w_C \geqslant 0.0211$ 后,组织中出现共晶莱氏体,强度将很低。而塑性是随碳量增加而单调下降的,在出现莱氏体后,塑性将几乎降为零。

综上所述,T12 的硬度最高,45 钢的硬度最低;T12 的塑性最差,45 钢塑性最好;T8 钢硬度和塑性均居中,而 T8 钢的强度最高。

**讨论** 铁碳合金应用广,应熟练掌握铁碳合金"成分-组织-性能"之间的关系。在铁碳合金中,重点是钢,因此应对钢的组织和性能及变化规律十分清楚。

**例 4.13** 试述二组元固熔体相的吉布斯(Gibbs)自由能-成分曲线的特点。

**解** 可以证明二组元固熔体相的吉布斯自由能由三项组成。

$$G_S = G_0 + \Delta H_m - T\Delta S_m = x_A G_A + x_B G_B + RT(x_A \ln x_A + x_B \ln x_B) + \Omega x_A x_B$$

显然,固熔体相的吉布斯自由能与温度和成分有关,在一定温度下,可以作出 $G$-成分曲线。对三种类型不同的固熔体,其吉布斯自由能-成分曲线也不同。

(1) 无序固熔体。$\Delta H_m = 0$,故其吉布斯自由能与成分关系为

$$G_S = x_A G_A + x_B G_B + RT(x_A \ln x_A + x_B \ln x_B)$$

式中,第二项为负值。当温度升高时,$G_A$,$G_B$ 将降低,式中第二项将增大。吉布斯自由能与成分的关系如图4-20所示。图中显示曲线具有下凹形状,随温度升高,曲线下降。

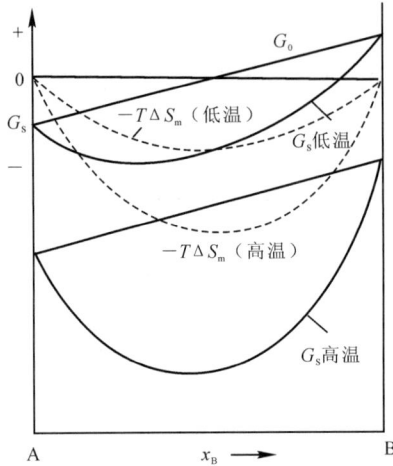

图 4-20　无序固熔体的吉布斯自由能-成分曲线

(2) 有序固熔体。$\Omega < 0$,$\Delta H_m < 0$,其吉布斯自由能与成分关系为

$$G_S = x_A G_A + x_B G_B + RT(x_A \ln x_A + x_B \ln x_B) + \Omega x_A x_B$$

式中,第二、三项均为负值,在低温[见图4-21(a)]和高温[见图4-21(b)]两种温度下的吉布斯自由能-成分曲线如图4-21所示。曲线具有下凹形状,随温度升高,曲线下降,形状不变。

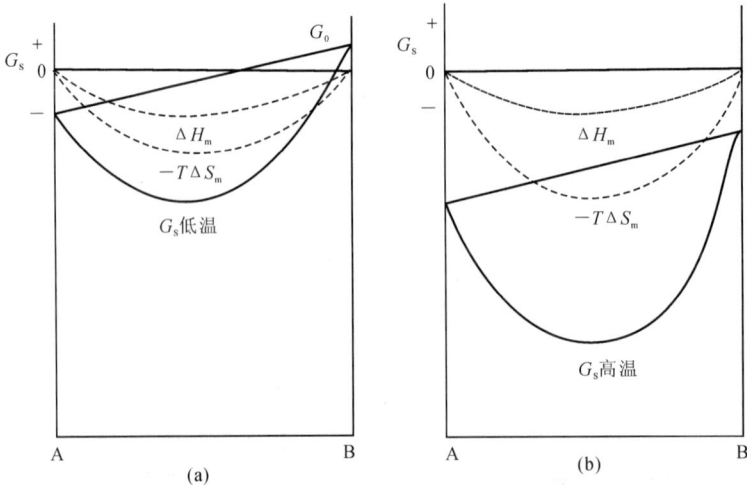

图 4-21　有序固熔体的吉布斯自由能-成分曲线

(a) 在低温时;　(b) 在高温时

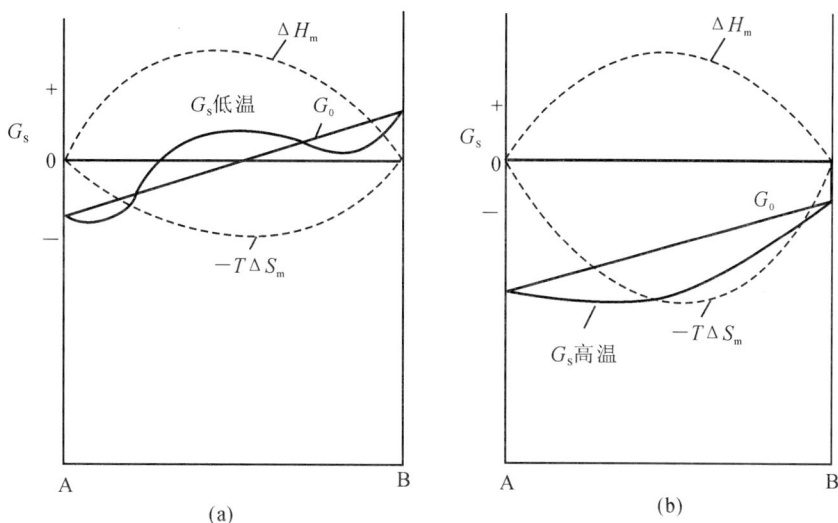

图 4 - 22　不均匀固熔体的吉布斯自由能-成分曲线

(a) 在低温时； (b) 在高温时

（3）偏聚固熔体。$\Omega > 0, \Delta H_m > 0$，其自由能变化与（2）相同，只是式中第二项为负值，第三项为正值。偏聚固熔体吉布斯自由能与成分关系曲线如图4-22所示。曲线形状取决于温度，温度变化，曲线由下凹[见图 4-22(b)]向上凸[见图 4-22(a)]变化。

**讨论**　综上所述，在绝大多数情况下，固熔体相的 $G$-$x_B$ 曲线形状取决于温度，且随着温度升高，曲线降低。但偏聚固熔体在一定温度下，具有两个最低点的上凸形状，当温度升高，也变为下凹的抛物线形。

**例 4.14**　在温度 $T$ 时有二相平衡系，其自由能-成分曲线如图4-23所示。试表示成分 $x$ 的合金在该温度时的自由能、二平衡相的成分及相对量。

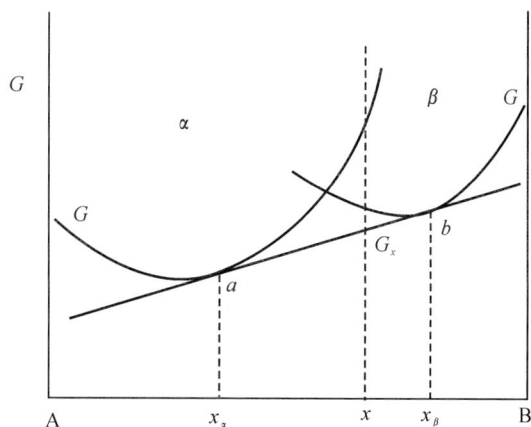

图 4 - 23　某温度下平衡两相的自由能-成分曲线

**解**　根据公切线法则，作相的自由能曲线的公切线 $ab$，其切点分别为点 $a$ 和 $b$，其对应的

成分为 $x_\alpha$ 和 $x_\beta$。成分 $x$ 的合金在温度 $T$ 时的自由能为 $G_x$。两平衡相为 $\alpha \Longleftrightarrow \beta$,其对应的成分分别为 $x_\alpha$ 和 $x_\beta$;两相的相对量为

$$W_\alpha = \frac{x_\beta - x}{x_\beta - x_\alpha} \times 100\%$$

$$W_\beta = 1 - \alpha \%$$

**讨论** 相平衡的热力学条件可以证明:当两相平衡时,其自由能曲线在平衡成分处的斜率应相等,即有公切线。对两相的自由能曲线作公切线求取两相平衡的成分范围和平衡两相成分点的方法,称为公切线法则。因此,如果知道在某温度下平衡系中各相的自由能-成分曲线,按公切线法则即可求出各平衡相的成分。

**例 4.15** 图 4-24 是 Pb-Sn-Zn 液相面投影图。

(1) 在图上标出合金 X,$w_{Pb}^X$ 为 0.75,$w_{Zn}^X$ 为 0.15,$w_{Zn}^X$ 为 0.10;合金 Y,$w_{Pb}^Y$ 为 0.50,$w_{Sn}^Y$ 为 0.30,$w_{Zn}^Y$ 为 0.20,合金 Z,$w_{Pb}^Z$ 为 0.10,$w_{Sn}^Z$ 为 0.10,$w_{Zn}^Z$ 为 0.80 的成分点;

(2) 合金 Q 由 2 kg X,4 kg Y,6 kg Z 混熔制成,指出合金 Q 的成分点;

(3) 若有 3 kg X,需要多少何种成分的合金 R 才可混熔成 6 kg 的合金 Y?

**解** (1) 合金 X,Y,Z 的成分点如图 4-25 所示。

(2) 令 $m_Q$, $m_X$, $m_Y$, $m_Z$ 分别为合金 Q,X,Y,Z 的质量,($Q_{Pb}$, $Q_{Sn}$, $Q_{Zn}$),($X_{Pb}$, $X_{Sn}$, $X_{Zn}$),($Y_{Pb}$, $Y_{Sn}$, $Y_{Zn}$),($Z_{Pb}$, $Z_{Sn}$, $Z_{Zn}$) 分别为合金 Q,X,Y,Z 的成分。根据题意,则有

$$m_Q = m_X + m_Y + m_Z$$

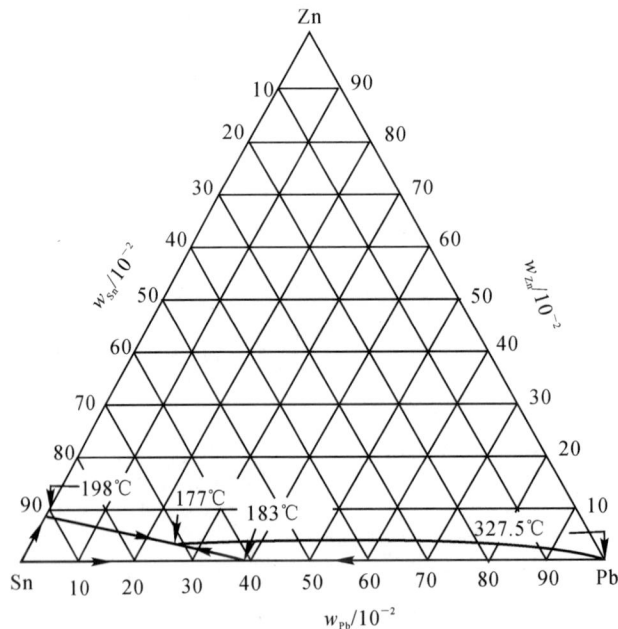

图 4-24 Pb-Sn-Zn 液相面投影图

根据质量守恒定律,有

$$Q_{Pb} m_Q = X_{Pb} m_X + Y_{Pb} m_Y + Z_{Pb} m_Z$$

$$Q_{Sn} m_Q = X_{Sn} m_X + Y_{Sn} m_Y + Z_{Sn} m_Z$$

$$Q_{Zn}m_Q = X_{Zn}m_X + Y_{Zn}m_Y + Z_{Zn}m_Z$$

将本题数据代入上述方程组即可求出合金 Q 的成分,即

$$Q_{Pb} = 34.2\%, \qquad Q_{Sn} = 17.5\%, \qquad Q_{Zn} = 48.3\%$$

合金 Q 的成分点如图 4 - 25 所示。

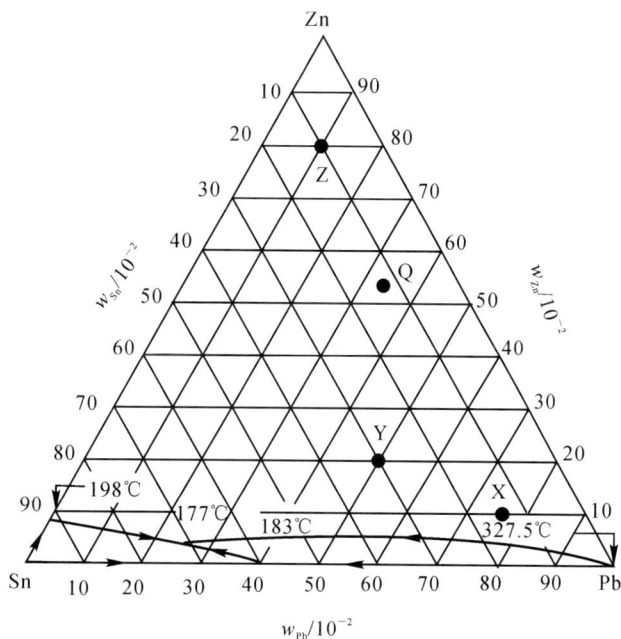

图 4 - 25　几种合金成分点的位置

(3) 令所需合金 R 的质量为 $m_R$,其成分为($R_{Pb}$,$R_{Sn}$,$R_{Zn}$)。根据题意,则有

$$m_R = m_Y - m_Z = 6 - 3 = 3 \text{ kg}$$

根据质量守恒定律

$$R_{Pb} = \frac{Y_{Pb}m_Y - X_{Pb}m_X}{m_R} = \frac{50\% \times 6 + 75\% \times 3}{3} = 25\%$$

$$R_{Sn} = \frac{Y_{Sn}m_Y - X_{Sn}m_X}{m_R} = \frac{30\% \times 6 - 15\% \times 3}{3} = 45\%$$

$$R_{Zn} = 1 - R_{Pb} - P_{Sb} = 30\%$$

合金 Q 和合金 R 的成分点也可用直线法则求得。

**讨论**　杠杆定律与重心法则的基础都是质量守恒定律。杠杆定律和重心法则分别是三元系发生两相平衡转变或三相(包括四相)平衡转变时,质量守恒定律的具体体现,两者具有等价关系。

因为质量守恒定律要求反应相一定处于平衡关系,而相图是合金体系相平衡关系的图解,三元相图的等温截面图反映了特定温度下的相平衡关系,所以在确定了相平衡转变时各平衡相成分点后即可在等温截面图上利用杠杆定律或重心法则计算参加反应的各相相对量。

熔配合金是生产中常遇到的问题,也要用重心法则解决。

**例 4.16**　若合金 R 由 $\alpha$,$\beta$,$\gamma$ 三相组成,它们的组元 A,B,C 含量依次为($w_A^R$,$w_B^R$,$w_C^R$),

$(w_A^\alpha, w_B^\alpha, w_C^\alpha)$，$(w_A^\beta, w_B^\beta, w_C^\beta)$，$(w_A^\gamma, w_B^\gamma, w_C^\gamma)$，试用代数方法求 $\alpha, \beta, \gamma$ 相的相对量 $W_\alpha, W_\beta, W_\gamma$。

**解** 根据质量守恒定律,有

$$w_A^R = w_A^\alpha m_\alpha + w_A^\beta m_\beta + w_A^\gamma m_\gamma$$

$$w_B^R = w_B^\alpha m_\alpha + w_B^\beta m_\beta + w_B^\gamma m_\gamma$$

$$w_C^R = w_C^\alpha m_\alpha + w_C^\beta m_\beta + w_C^\gamma m_\gamma$$

令

$$\Delta = \begin{vmatrix} w_A^\alpha & w_A^\beta & w_A^\gamma \\ w_B^\alpha & w_B^\beta & w_B^\gamma \\ w_C^\alpha & w_C^\beta & w_C^\gamma \end{vmatrix}, \qquad \Delta_\alpha = \begin{vmatrix} w_A^R & w_A^\beta & w_A^\gamma \\ w_B^R & w_B^\beta & w_B^\gamma \\ w_C^R & w_C^\beta & w_C^\gamma \end{vmatrix},$$

$$\Delta_\beta = \begin{vmatrix} w_A^\alpha & w_A^R & w_A^\gamma \\ w_B^\alpha & w_B^R & w_B^\gamma \\ w_C^\alpha & w_C^R & w_C^\gamma \end{vmatrix}, \qquad \Delta_\gamma = \begin{vmatrix} w_A^\alpha & w_A^\beta & w_A^R \\ w_B^\alpha & w_B^\beta & w_B^R \\ w_C^\alpha & w_C^\beta & w_C^R \end{vmatrix}$$

根据克拉默法则,则有

$$W_\alpha = \frac{\Delta_\alpha}{\Delta}, \quad W_\beta = \frac{\Delta_\beta}{\Delta}, \quad W_\gamma = \frac{\Delta_\gamma}{\Delta}$$

以上为重心法则的代数表示法。

**例 4.17** 分析图 4－26 中 Ⅰ, Ⅱ, Ⅲ, Ⅳ, Ⅴ 区合金的结晶过程及室温下的组织组成物。

**解** Ⅰ 区:当液相冷却至液相面温度 $T_L$ 以下,开始结晶出固溶体 $\alpha$ 相:$L \rightarrow \alpha$。当冷却至固相面温度 $T_S$,结晶完毕。室温组织为单相 $\alpha$ 固溶体。

Ⅱ 区:在 $T_S < T < T_L$ 的温度范围内,$L \rightarrow \alpha$,直至结晶完毕,当温度降至单析熔解度曲面 $a_0'' a_0 a a'$ 以下,发生单析反应,$\alpha$ 相中将析出二次 $\beta$ 相($\beta$ 为以 B 为基体的固溶体),室温组织为 $\alpha + \beta_{\text{Ⅱ}}$。

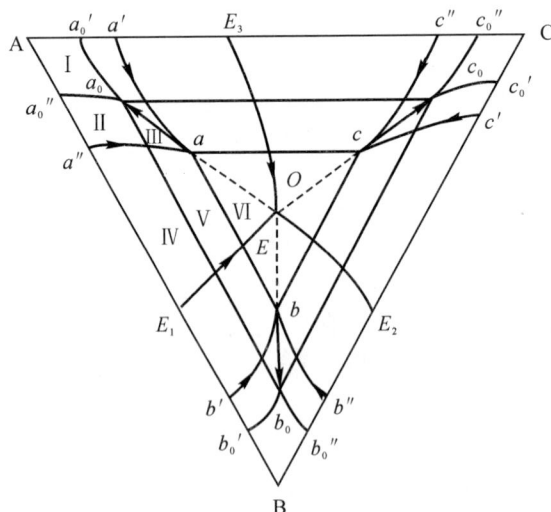

图 4－26 三元共晶相图投影图

Ⅲ区:当 $T_s < T < T_L$ 时,发生结晶 L→α;当 $T < T_s$,结晶完毕。当 $T$ 降至双析熔解及曲面温度 $a_0abb_0$ 以下,发生双析反应,α 相中同时析出 $β_{Ⅱ}$ 和 $γ_{Ⅱ}$($γ$ 为以 C 为基体的固溶体)。室温组织为 $α + β_{Ⅱ} + γ_{Ⅱ}$。

Ⅳ区:当 $T < T_L$ 时,析出初晶 α;L→$α_初$。继续冷却至初晶 α 结晶终了面 $a''aEE_1$ 以下,剩余 L 相发生两相共晶转变:L→$(α + β)_共$。当温度降至固相面温度 $T_s$,结晶完毕。继续冷却,α,β 相中分别析出 $β_{Ⅱ} + γ_{Ⅱ}$ 和 $α_{Ⅱ} + β_{Ⅱ}$。室温组织为 $α_初 + (α + β)_共 + α_{Ⅱ} + β_{Ⅱ} + γ_{Ⅱ}$。

Ⅴ区:至发生两相共晶转变时,结晶过程与 Ⅵ 区的合金相同,冷却至三相共晶转变点 $T_E$ 时,剩余液相发生三相共晶转变 L→$(α + β + γ)_共$,直至结晶完毕,继续冷却发生双析反应,室温组织为 $α_初 + (α + β)_共 + (α + β + γ)_共 + α_{Ⅱ} + β_{Ⅱ} + γ_{Ⅱ}$。

**讨论** 要研究某三元合金的组织就必须研究其结晶过程,因为合金室温组织与其凝固过程有关。在这一点上,与二元合金相似,所以有相同的分析方法和思路。

要正确分析三元合金的组织,关键是要理解相图中各种曲面(特别是固熔度曲面)、平面的物理意义,才能做出正确判断。

**例 4.18** 根据图 4-27 确定一种成分为 $w_{SiO_2} = 0.57$,$w_{CaO} = 0.38$,$w_{Al_2O_3} = 0.05$ 的 $SiO_2 - CaO - Al_2O_3$ 陶瓷,其凝固顺序和最终各相的量。(S——$SiO_2$,C——CaO,A——$Al_2O_3$)

**解** (1)该陶瓷成分在图 4-27(a)的点 X 处。其凝固顺序:

1)在约 1 450 ℃ 结晶开始 L→$CS_初$（CS——CaO・$SiO_2$）。

2)随温度下降,$CS_初$ 量增加,液相成分沿 AB 线移动,直至到达单变量线上点 B 处。

3)液相成分到达点 B 处,开始发生两相共晶转变:

$$L → \{S(鳞石英) + CS\}_共$$

同时液相成分随温度下降沿单变量线向点 C 处移动。

4)到了点 C,剩余液相发生三相共晶转变:

$$L → (S + CS + CA2S)_共$$

直至液相消失(CS2A——CaO・$Al_2O_3$・$2SiO_2$)。继续冷却到室温不再有组织变化。

(2)室温组织: $CS_初 + (S + CS)_共 + (S + CS + CA2S)_共$

(3)用相关元素的原子量可计算出 $SiO_2$,CaO,$Al_2O_3$ 的摩尔质量依次为 60.09,58.08,101.96。据此可得陶瓷 X 及其组成物成分如下:

| | S | CS | CA2S | X |
|---|---|---|---|---|
| $w_S$ | 1 | 0.508 | 0.432 | 0.57 |
| $w_C$ | 0 | 0.492 | 0.202 | 0.38 |
| $w_A$ | 0 | 0 | 0.366 | 0.05 |

根据例 4.16 所列方法,有

$$\Delta = 0.180\ 1,\quad \Delta_S = 0.026\ 47,\quad \Delta_{CS} = 0.129\ 2,\quad \Delta_{CA2S} = 0.024\ 58$$

$$w_S = \frac{\Delta_S}{\Delta} = 0.147$$

$$w_{CS} = \frac{\Delta_{CS}}{\Delta} = 0.717$$

$$w_{CA2S} = \frac{\Delta_{CA2S}}{\Delta} = 0.136$$

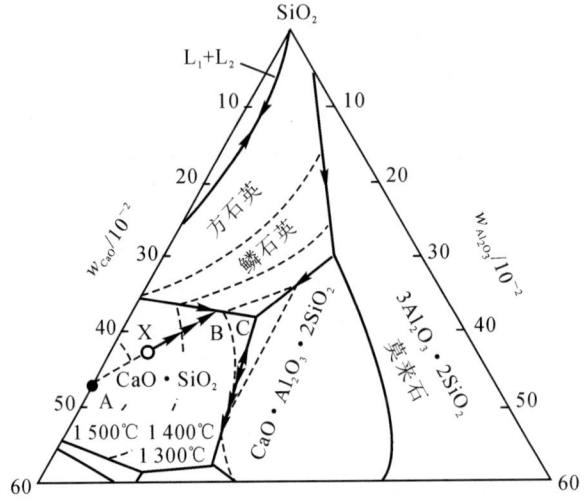

(a)

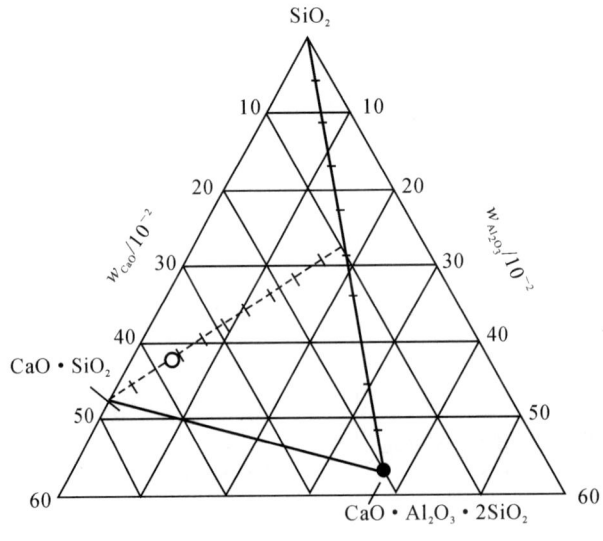

(b)

图 4-27  陶瓷的相图及相的相对量计算

(a) $SiO_2$-$CaO$-$Al_2O_3$ 相图投影图;  (b) 作图法计算相的相对量

**讨论**  此题也可借助图 4-27(b),将三个组成相 $CaO \cdot SiO_2$,$SiO_2$,$CaO \cdot Al_2O_3 \cdot 2SiO_2$ 的成分点标于浓度三角形中,直接量取长度(数格子),用重心定律求出三个相的质量分数:

$$w_{CS} = 7.2 \text{ 格} /10 \text{ 格} = 0.72$$

$$w_S = (1-0.72) \times 5.2 \text{ 格} /10 \text{ 格} = 0.146$$

$$w_{CA2S} = (1-0.72) \times 4.8 \text{ 格} /10 \text{ 格} = 0.134$$

**例 4.19**  利用图 4-28 分析 2Cr13($w_C = 0.002$, $w_{Cr} = 0.13$)不锈钢的凝固过程及组织组成物。说明它们的组织特点。

**解**　记 $w_C = 0.002$ 处的垂线与相图中各线的交点由上到下依次为 $t_1$，$\cdots$，$t_7$。

$t_2 < t < t_1$　　析出初晶　　　　　　　$L \rightarrow \alpha_初$

$t_3 < t < t_2$　　包晶转变　　　　　　　$L + \alpha \rightarrow \gamma$

$t_4 < t < t_3$　　固态相变　　　　　　　$\alpha \rightarrow \gamma$

$t_5 < t < t_4$　　保持单相奥氏体

$t_6 < t < t_5$　　析出先共析铁素体　　$\gamma \rightarrow \alpha$

$t_7 < t < t_6$　　共析转变形成珠光体　$\gamma \rightarrow (\alpha + C_3)_共$

$t < t_7$　　　　析出三次 $C_3$　　　　$\alpha \rightarrow C_{3Ⅲ}$

$C_{3Ⅲ}$ 是在共析产物珠光体中析出且量少，可以忽略。室温组织组成物为 $\alpha + (\alpha + \beta)_共 + C_{3Ⅲ}$。

组织特征：先共析铁素体 + 珠光体，以先共析铁素体为主。

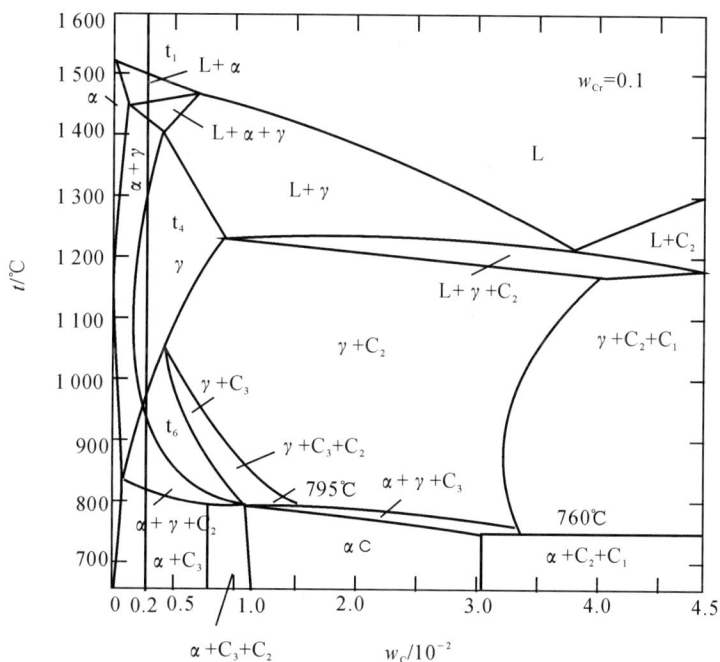

图 4 - 28　Fe - C - Cr 相图垂直截面图

**讨论**　由变温截面图可分析所含合金在加热（冷却）过程发生的相变，确定相变的临界点，并可推测出不同温度下合金的组织。须指出的是，变温截面图的相区中的转变类型在很多情况下不能从相区衔接关系判断，例如图 4 - 28 中的 $\gamma + C_2$，$\alpha + C_3$，$\alpha + C_2$ 两相区，由经验可知，钢在冷却过程中碳化物不可能熔入 $\gamma + \alpha$ 中，而只能由 $\gamma$ 和 $\alpha$ 中析出。由此可判断这三个相区中冷却时发生从 $\alpha$ 或 $\gamma$ 中析出碳化物的过程。又如 $\alpha + \gamma + C_2$ 三相区，由于该相区无三角形形状，所以可用相区衔接关系来分析。它上邻 $\gamma + C_3$ 区，下邻 $\alpha + C_3$ 区，可以判断合金冷却时 $\gamma$ 消失，故为反应相；$\alpha$ 生成，是生成相。$C_3$ 无法由相区衔接关系判断是析出相还是熔入相，但由经验知碳在 $\gamma$ 中的固溶度比在 $\alpha$ 中的大，故可以判断在 $\gamma \rightarrow \alpha$ 时伴有碳化物析出。综上所述，在 $\alpha + \gamma + C_2$ 三相区发生的是共析转变 $\gamma \rightarrow \alpha + C_2$。

## 4.5 效果测试

**1.** 在 Al-Mg 合金中，$x_{Mg}=0.05$，计算该合金中 Mg 的质量分数 $(w_{Mg})$（已知 Mg 的相对原子质量为 24.31，Al 为 26.98）。

**2.** 已知 Al-Cu 相图中，$K=0.16$，$m=3.2$。若铸件的凝固速率 $R=3\times10^{-4}$ cm/s，温度梯度 $G=30$ ℃/cm，扩散系数 $D=3\times10^{-5}$ cm²/s，求能保持平面状界面生长的合金中 $w_{Cu}$ 的极值。

**3.** 证明当固熔体合金凝固时，因成分过冷而产生的最大过冷度为

$$\Delta T_{max}=\frac{mw_{Cu}^{C_0}(1-K)}{K}-\frac{GD}{R}\left[1+\ln\frac{mw_{Cu}^{C_0}(1-K)R}{GK}\right]$$

最大过冷度离液-固界面的距离为

$$x=\frac{D}{R}\ln\left[\frac{mw_{Cu}^{C_0}(1-K)R}{GDK}\right]$$

式中　　$m$ —— 液相线斜率；

$w_{Cu}^{C_0}$ —— 合金成分；

$K$ —— 平衡分配系数；

$G$ —— 温度梯度；

$D$ —— 扩散系数；

$R$ —— 凝固速率。

说明：液体中熔质分布曲线可表示为

$$C_L=w_{Cu}^{C_0}\left[1+\frac{1-K}{K}\exp\left(-\frac{R}{D}x\right)\right]$$

**4.** Mg-Ni 系的一个共晶反应为

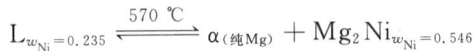

$$L_{w_{Ni}=0.235}\xrightarrow{\quad570\ ℃\quad}\alpha_{(纯Mg)}+Mg_2Ni_{w_{Ni}=0.546}$$

设 $w_{Ni}^1=C_1$ 为亚共晶合金，$w_{Ni}^2=C_2$ 为过共晶合金，这两种合金中的先共晶相的质量分数相等，但 $C_1$ 合金中的 $\alpha$ 总量为 $C_2$ 合金中 $\alpha$ 总量的 2.5 倍，试计算 $C_1$ 和 $C_2$ 的成分。

**5.** 在图 4-29 所示相图中，请指出：

（1）水平线上反应的性质；

（2）各区域的组织组成物；

（3）分析合金 Ⅰ，Ⅱ 的冷却过程；

（4）合金 Ⅰ，Ⅱ 室温时组织组成物的相对量表达式。

**6.** 根据下列条件画出一个二元系相图，A 和 B 的熔点分别是 1 000 ℃ 和 700 ℃，含 $w_B=0.25$ 的合金正好在 500 ℃ 完全凝固，它的平衡组织由 73.3% 的先共晶 $\alpha$ 和 26.7% 的 $(\alpha+\beta)_{共晶}$ 组成。而 $w_B=0.50$ 的合金在 500 ℃ 时的组织由 40% 的先共晶 $\alpha$ 和 60% 的 $(\alpha+\beta)_{共晶}$ 组成，并且此合金的 $\alpha$ 总量为 50%。

**7.** 图 4-30 为 Pb-Sb 相图。若用铅锑合金制成的轴瓦，要求其组织为在共晶体基体上分布有相对量为 5% 的 $\beta(Sb)$ 作为硬质点，试求该合金的成分及硬度［已知 $\alpha(Pb)$ 的硬度为 3HB，$\beta(Sb)$ 的硬度为 30 HB］。

**8.** 参见图 4-31 Cu-Zn 相图，图中有多少三相平衡，写出它们的反应式。分析含

$w_{Zn} = 0.40$ 的 Cu - Zn 合金平衡结晶过程中主要转变反应式及室温下相组成物与组织组成物。

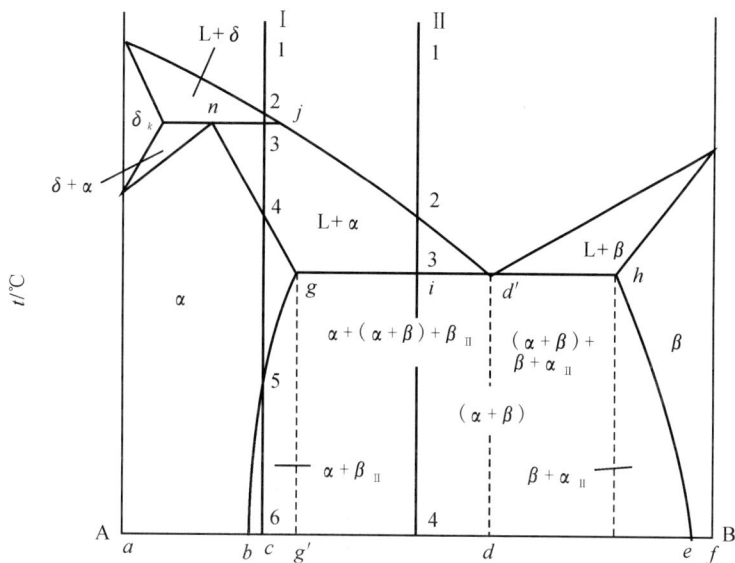

图 4 - 29　A - B 二元相图

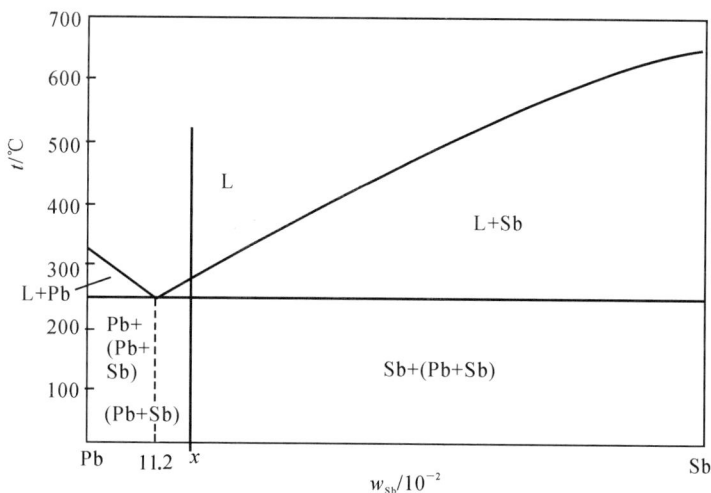

图 4 - 30　Pb - Sb 相图

**9.** 计算含碳 $w_C = 0.04$ 的铁碳合金按亚稳态冷却到室温后,组织中的珠光体、二次渗碳体和莱氏体的相对量;并计算组织组成物珠光体中渗碳体和铁素体、莱氏体中二次渗碳体、共晶渗碳体与共析渗碳体的相对量。

**10.** 根据显微组织分析,一灰口铁内石墨的体积占 12%,铁素体的体积占 88%,试求 $w_C$ 为多少(已知石墨的密度 $\rho_G = 2.2$ g/cm³,铁素体的密度 $\rho_\alpha = 7.8$ g/cm³)。

**11.** 汽车挡泥板应选用高碳钢还是低碳钢来制造?

**12.** 当 800 ℃ 时：

（1）Fe－0.002 C 的钢内存在哪些相？

（2）写出这些相的成分；

（3）各相所占的分率是多少？

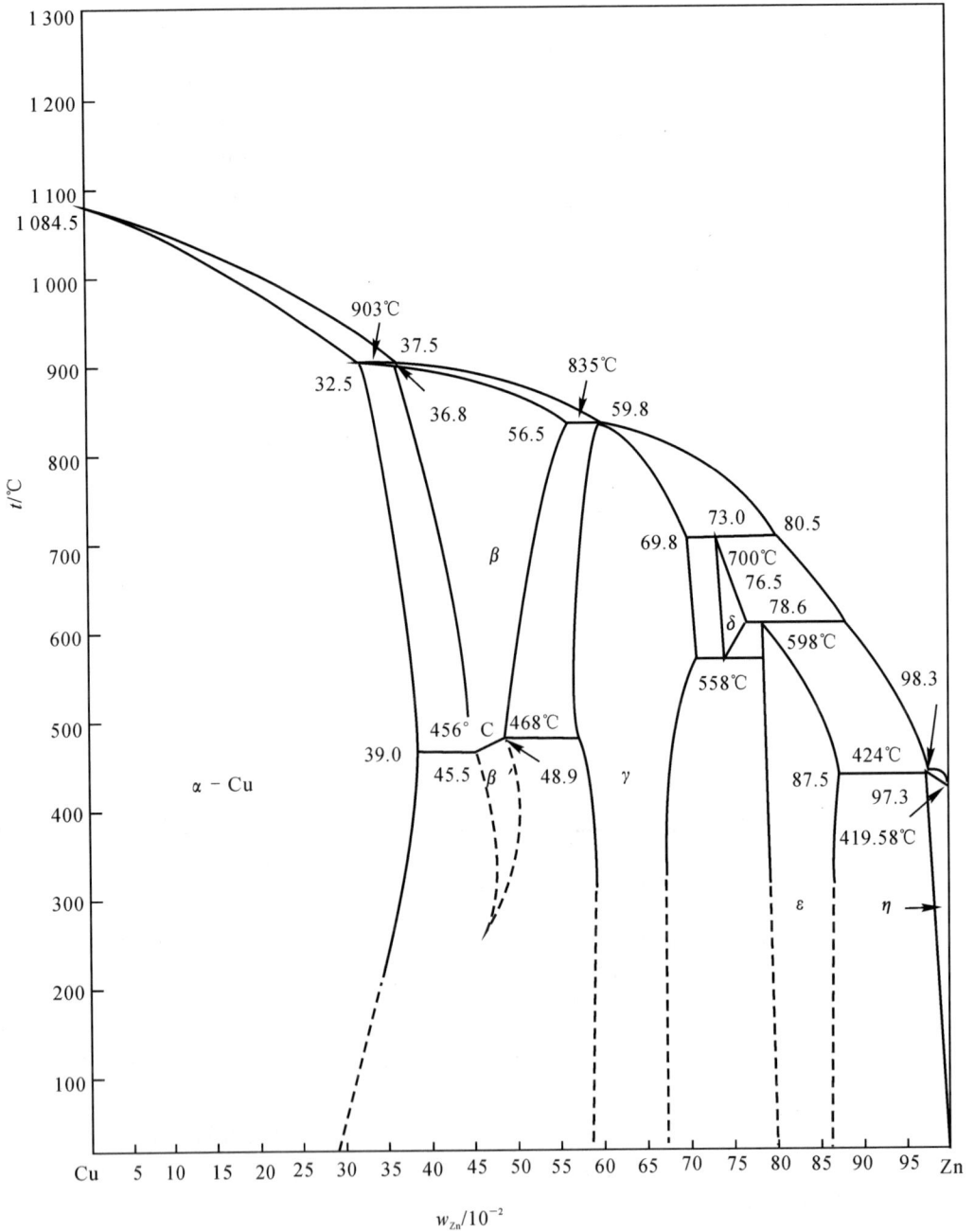

图 4－31 Cu－Zn 合金相图

**13.** 根据 Fe-Fe$_3$C 相图(见图 4-32):

(1) 比较 $w_C = 0.004$ 的合金在铸态和平衡状态下结晶过程和室温组织有何不同;

(2) 比较 $w_C = 0.019$ 的合金在慢冷和铸态下结晶过程和室温组织的不同;

(3) 说明不同成分区域铁碳合金的工艺性。

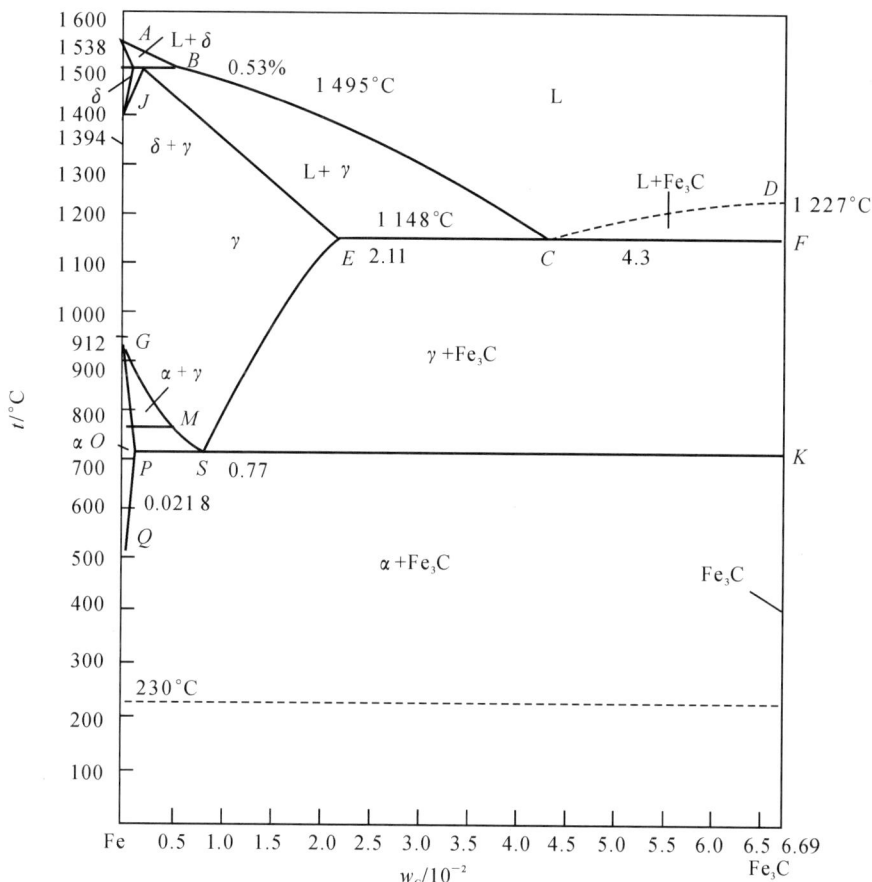

图 4-32　Fe-Fe$_3$C 相图

**14.** 550 ℃ 时有一铝铜合金的固熔体,其成分为 $x_{Cu} = 0.02$。此合金先被淬火,然后重新加热到 100 ℃ 以便析出 θ。此 θ(CuAl$_2$) 相发展成许多很小的颗粒弥散分布于合金中,致使平均颗粒间距仅为 5.0 nm。

(1) 请问 1 mm$^3$ 合金内大约形成多少个颗粒?

(2) 如果我们假设 100 ℃ 时 α 中的含 Cu 量可认为是零,试推算每个 θ 颗粒内有多少个铜原子(已知 Al 的原子半径为 0.143 nm)。

**15.** 如果有某 Cu-Ag 合金($w_{Cu} = 0.075$, $w_{Ag} = 0.925$)1 000 g,请提出一种方案,可从该合金内提炼出 100 g 的 Ag,且其中的含 Cu 量 $w_{Cu} < 0.02$(假设液相线和固相线均为直线)。

**16.** 已知和渗碳体相平衡的 α-Fe,其固熔度方程为

$$w_C^\alpha = 2.55 \exp \frac{-11.3 \times 10^3}{RT}$$

假设碳在奥氏体中的固熔度方程也类似于此方程,试根据 Fe-Fe$_3$C 相图写出该方程。

三导

**17.** 一碳钢在平衡冷却条件下,所得显微组织中,含有 50% 的珠光体和 50% 的铁素体,问:

(1) 此合金中含碳质量分数为多少?

(2) 若该合金加热到 730 ℃,在平衡条件下将获得什么组织?

(3) 若加热到 850 ℃,又将得到什么组织?

**18.** 利用相律判断图 4 - 33 所示相图中错误之处。

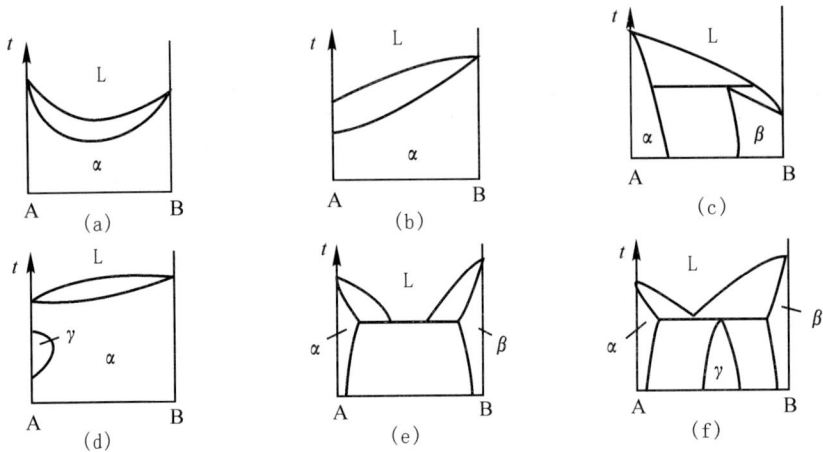

图 4 - 33　错误二元相图举例

**19.** 指出下列概念中错误之处,并更正。

(1) 固熔体晶粒内存在枝晶偏析,主轴与枝间成分不同,所以整个晶粒不是一个相。

(2) 尽管固熔体合金的结晶速度很快,但是在凝固的某一个瞬间,A,B 组元在液相与固相内的化学位都是相等的。

(3) 固熔体合金无论平衡或非平衡结晶过程中,液-固界面上液相成分沿着液相平均成分线变化;固相成分沿着固相平均成分线变化。

(4) 在共晶线上利用杠杆定律可以计算出共晶体的相对量。而共晶线属于三相区,所以杠杆定律不仅适用于两相区,也适用于三相区。

(5) 固熔体合金棒顺序结晶过程中,液-固界面推进速度越快,则棒中宏观偏析越严重。

(6) 将固熔体合金棒反复多次"熔化 — 凝固",并采用定向快速凝固的方法,可以有效地提纯金属。

(7) 从产生成分过冷的条件 $\dfrac{G}{R} < \dfrac{mc_0}{D}\dfrac{1-K_0}{K_0}$ 可知,合金中熔质浓度越高,成分过冷区域小,越易形成胞状组织。

(8) 厚薄不均匀的 Ni - Cu 合金铸件,结晶后薄处易形成树枝状组织,而厚处易形成胞状组织。

(9) 不平衡结晶条件下,靠近共晶线端点内侧的合金比外侧的合金易于形成离异共晶组织。

(10) 具有包晶转变的合金,室温时的相组成物为 α + β,其中 β 相均是包晶转变产物。

(11) 用循环水冷却金属模,有利于获得柱状晶区,以提高铸件的致密性。

(12) 铁素体与奥氏体的根本区别在于固熔度不同,前者小而后者大。

(13) 727 ℃ 是铁素体与奥氏体的同素异构转变温度。

(14) 在 $Fe-Fe_3C$ 系合金中,只有过共析钢的平衡结晶组织中才有二次渗碳体存在。

(15) 凡是碳钢的平衡结晶过程都具有共析转变,而没有共晶转变;相反,对于铸铁则只有共晶转变而没有共析转变。

(16) 无论何种成分的碳钢,随着碳含量的增加,组织中铁素体相对量减少,而珠光体相对量增加。

(17) 含碳 $w_C = 0.043$ 的共晶白口铁的显微组织中,白色基体为 $Fe_3C$,其中包括 $Fe_3C_I$,$Fe_3C_{II}$,$Fe_3C_{III}$,$Fe_3C_{共析}$,$Fe_3C_{共晶}$ 等。

(18) 观察共析钢的显微组织,发现图中显示渗碳体片层密集程度不同。凡是片层密集处碳含量偏多,而稀疏处则碳含量偏少。

(19) 厚薄不均匀的铸件,往往厚处易白口化。因此,对于这种铸件必须多加碳、少加硅。

(20) 用 $Ni-Cu$ 合金焊条焊接某合金板料时,发现焊条慢速移动时,焊缝易出现胞状组织,而快速移动时则易于出现树枝状组织。

**20.** 读出图 4 - 34 浓度三角形中,C,D,E,F,G,H 各合金点的成分。它们在浓度三角形中所处的位置有什么特点?

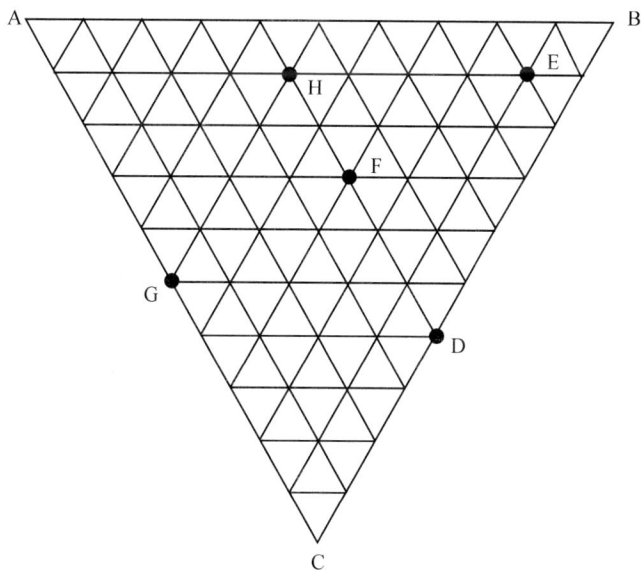

图 4 - 34 浓度三角形

**21.** 在图 4 - 35 的浓度三角形中:

(1) 写出点 P,R,S 的成分;

(2) 设有 2 kg P,4 kg R,2 kg S,求它们混熔后的液体成分点 X;

(3) 定出含 $w_C = 0.80$,A,B 组元浓度之比与 S 相同的合金成分点 Y;

(4) 若有 2 kg P,问需要多少何种成分的合金 Z 才可混熔成 6 kg 成分为 R 的合金。

**22.** 成分为 $w_{Cr}=0.18$，$w_C=0.01$ 的不锈钢，其成分点在 Fe-C-Cr 相图 1 150 ℃ 截面上的点 P 处（见图 4-36），该合金在此温度下各平衡相相对量为多少？

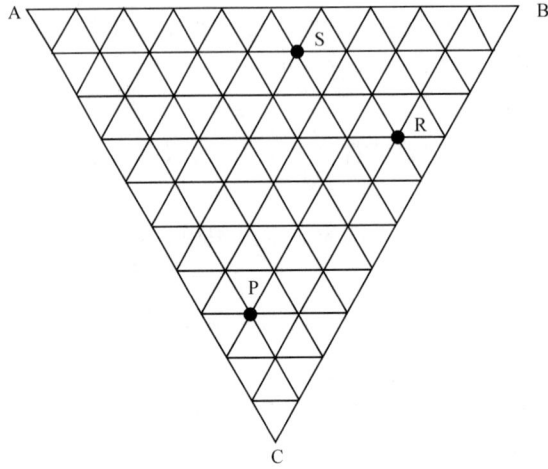

图 4-35 浓度三角形

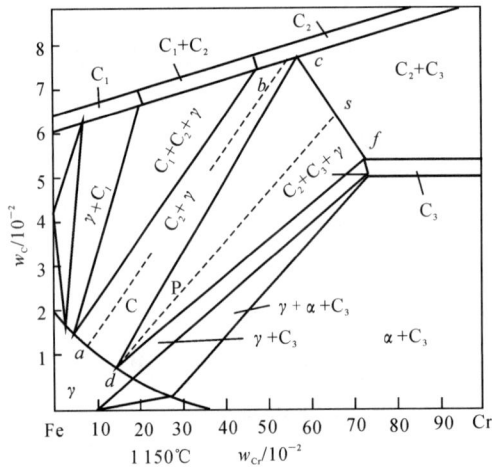

图 4-36 Fe-Cr-C 相图 1 150 ℃ 等温截面

**23.** 三元相图的垂直截面与二元相图有何不同？为什么二元相图中可应用杠杆定律而三元相图的垂直截面中却不能？

**24.** 已知图 4-37 为 A-B-C 三元匀晶相图的等温线投影图，其中实线和虚线分别表示终了点的大致温度，请指出液、固两相成分变化轨迹。

**25.** 已知 A-B-C 三元系富 A 角液相面与固相面投影，如图 4-38 所示。

（1）写出点 $E_T$ 相变的三条单变量线所处三相区存在的反应；

（2）写出合金 Ⅰ 和合金 Ⅱ 平衡凝固后的组织组成；

（3）图中什么成分的合金平衡凝固后由等变量的 $\alpha_{初晶}$ 与三相共晶体 $(\alpha+A_mB_n+A_pC_q)_{共}$

组成?

（4）什么成分的合金平衡凝固后是由等变量的二相共晶体$(\alpha + A_mB_n)_{共}$，$(\alpha + A_qC_q)_{共}$ 和三相共晶体$(\alpha + A_mB_n + A_pC_q)_{共}$ 组成?

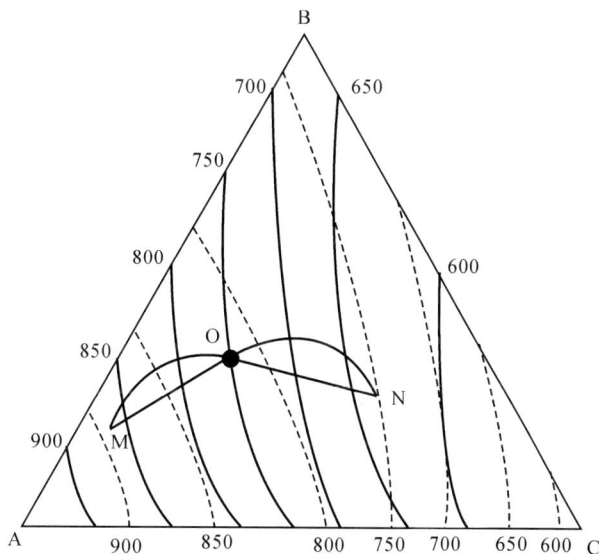

图 4-37 A-B-C 三元匀晶相图等温线投影图

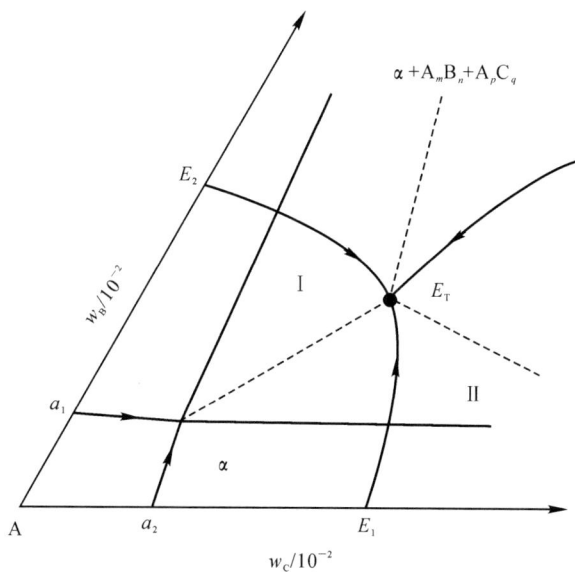

图 4-38 A-B-C 三元系富 A 角投影图

**26.** 利用图 4-28 分析 4Cr13 不锈钢（$w_C = 0.0004$，$w_{Cr} = 0.13$）和 Cr13 型模具钢（$w_C = 0.02$，$w_{Cr} = 0.13$）的凝固过程及组织组成物，并说明其组织特点。

**27.** 图 4-39 为 Pb-Bi-Sn 相图的投影图。

(1) 写出点 P,E 的反应式和反应类型；

(2) 写出合金 Q($w_{Bi}=0.70$，$w_{Sn}=0.20$)的凝固过程及室温组织；

(3) 计算合金室温下组织的相对量。

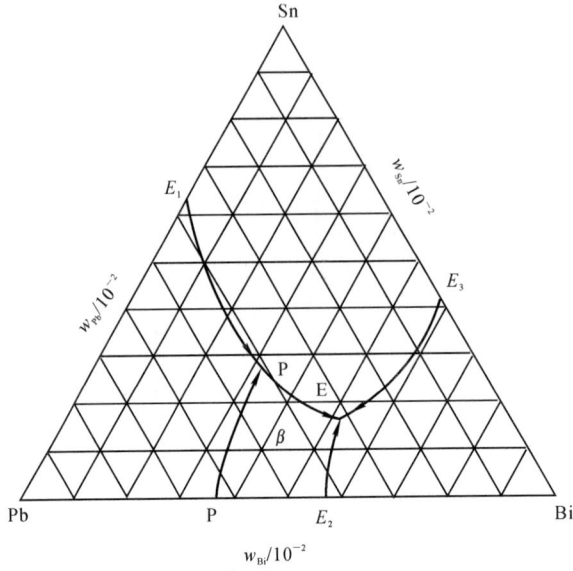

图 4-39  Pb-Bi-Sn 相图投影图

**28.** 如图 4-40 所示,是 Fe-C-N 系在 565 ℃ 下的等温截面图。

(1) 请填充相区；

(2) 写出 45 号钢氮化时的渗层组织。

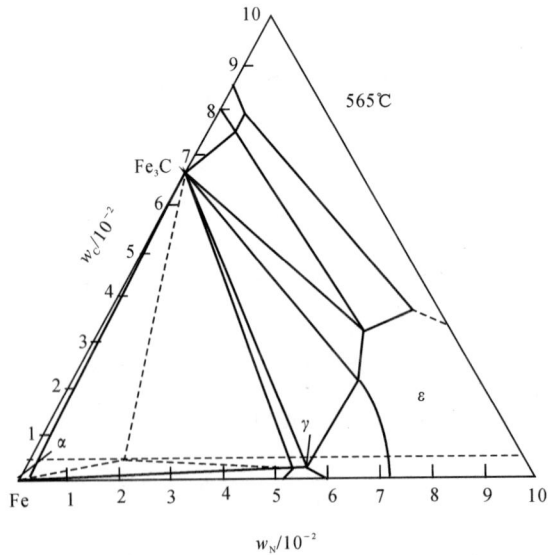

图 4-40  Fe-C-N 系相图在 565 ℃ 下的等温截面图

## 4.6 参考答案

**1.** $w_{Mg} = 0.045\ 3$。

**2.** $w_{Cu}^{Co} = \dfrac{GD}{Rm} \dfrac{K}{1-K} = 0.174\ 4$。

**3.** 设纯熔剂组元 A 的熔点为 $T_A$,液相线与固相线近似为直线,则离界面距离 $x$ 处液相线温度 $T_L$ 为

$$T_L = T_A - mC_L = T_A - mw_{Cu}^{C_0}\left[1 + \frac{1+K}{K}\exp\left(-\frac{R}{D}x\right)\right] \tag{1}$$

但在 $x$ 处液相的实际温度 $T$ 如图 4-41 所示,应为

$$T = T_A - m\frac{w_{Cu}^{C_0}}{K} + Gx \tag{2}$$

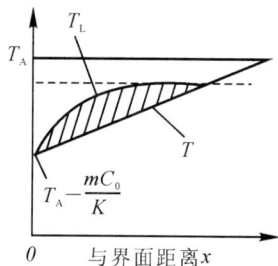

图 4-41 界面前沿液体中的过冷

因熔质分布而产生的成分过冷为

$$\Delta T = T_L - T = -mw_{Cu}^{C_0}\left[1 + \frac{1-K}{K}\exp\left(-\frac{R}{D}x\right)\right] + m\frac{w_{Cu}^{C_0}}{K} - Gx \tag{3}$$

令 $\dfrac{\partial \Delta T}{\partial x} = 0$,即

$$(-mw_{Cu}^{C_0})\frac{1-K}{K}\left(-\frac{R}{D}\right)\exp\left(-\frac{R}{D}x\right) - G = 0$$

得

$$x = \frac{D}{R}\ln\left[\frac{mw_{Cu}^{C_0}(1-K)R}{GDR}\right] \tag{4}$$

把式(4)代入式(3)得

$$\Delta T_{max} = \frac{mw_{Cu}^{C_0}(1-K)}{K} - \frac{GD}{R}\left[1 + \ln\frac{mw_{Cu}^{C_0}(1-K)R}{GDK}\right]$$

**4.** $C_1$ 合金成分为 $w_{Mg} = 0.873$,$w_{Ni} = 0.127$;

$C_2$ 合金成分为 $w_{Mg} = 0.66$,$w_{Ni} = 0.368$。

**5.** (1) 高温区水平线为包晶线,包晶反应:$L_j + \delta_k \rightarrow \alpha_n$。

中温区水平线为共晶线,共晶反应:$L_{d'} \rightarrow \alpha_g + \beta_h$。

(2) 各区域组织组成物如图 4-29 中所示。

(3) Ⅰ 合金的冷却曲线和结晶过程如图 4-42 所示。

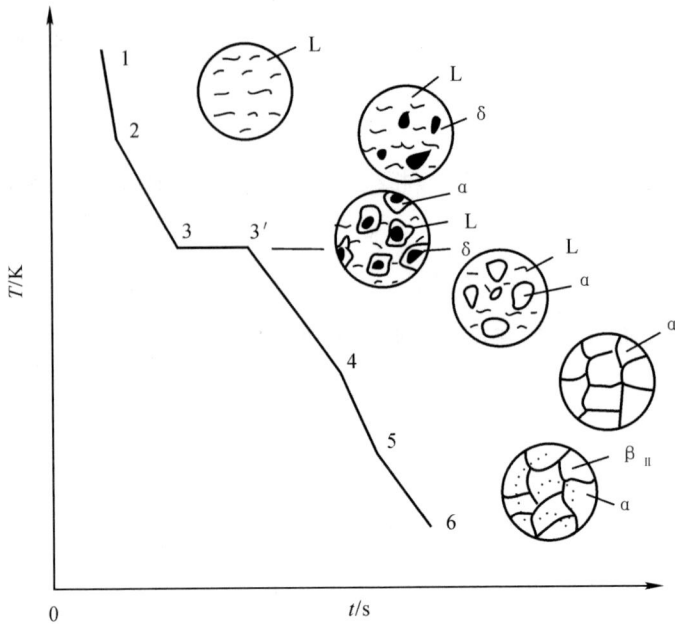

图 4-42 Ⅰ合金的冷却曲线

1～2,均匀的液相 L。

2～3,匀晶转变,L→δ,不断结晶出 δ 相。

3～3′,发生包晶反应 L＋δ→α。

3′～4,剩余液相继续结晶为 α。

4,凝固完成,全部为 α。

4～5,为单一 α 相,无变化。

5～6,发生脱溶转变,α→$\beta_{II}$。室温下的组织为 α＋$\beta_{II}$。

Ⅱ合金的冷却曲线和结晶过程如图 4-43 所示。

1～2,均匀的液相 L。

2～3,结晶出 $\alpha_{初}$,随温度下降,α 相不断析出,液相不断减少。

3～3′,剩余液相发生共晶转变 L→α＋β。

3′～4,α→$\beta_{II}$,β→$\alpha_{II}$,室温下的组织为 $\alpha_{初}$＋(α＋β)$_{共}$＋$\beta_{II}$。

(4)室温时,合金 Ⅰ,Ⅱ组织组成物的相对量可由杠杆定律求得。

合金 Ⅰ：

$$W_\alpha = \frac{\overline{ec}}{\overline{eb}} \times 100\%$$

$$W_{\beta_{II}} = \frac{\overline{cb}}{\overline{eb}} \times 100\%$$

合金 Ⅱ：

$$W_\alpha = \frac{d'i}{d'g} \times 100\% - \beta_{II}$$

$$W_{(\alpha+\beta)_{共}} = \frac{ig}{d'g} \times 100\%$$

$$W_{\beta_{\mathrm{II}}} = \frac{bg'}{be} \times \frac{d'i}{d'g} \times 100\%$$

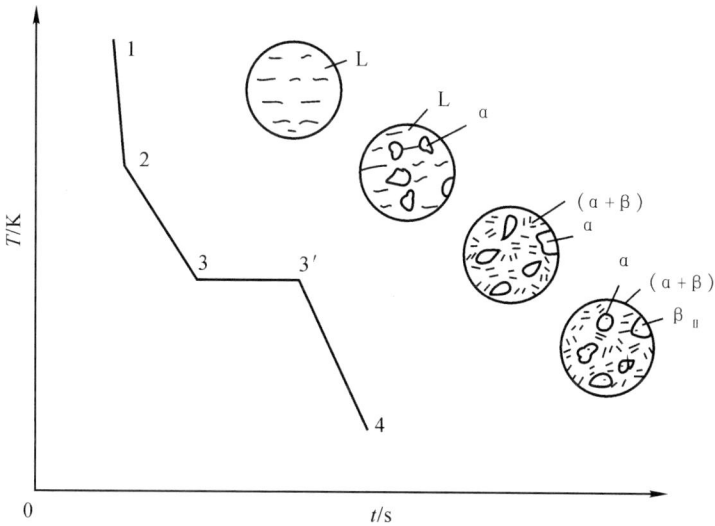

图 4 - 43  Ⅱ 合金的冷却曲线

**6.** 设共晶线上两端点成分分别为 $w_B = x$，$w_B = y$，共晶点的成分为 $w_B = z$，则根据已知条件，有

$$x = 0.05\ \mathrm{B}, \qquad y = 0.95\ \mathrm{B}, \qquad z = 0.80\ \mathrm{B}$$

绘出的相图如图 4 - 44 所示。

**7.** 该合金硬度为 7(HB)，成分为 $w_{Sb} = 0.156$。

**8.** 图 4 - 31 中的三相平衡如下：

（1）包晶反应　$\alpha + L \rightarrow \beta$；

（2）包晶反应　$\beta + L \rightarrow \gamma$；

（3）包晶反应　$\gamma + L \rightarrow \delta$；

（4）包晶反应　$\delta + L \rightarrow \varepsilon$；

（5）包晶反应　$\varepsilon + L \rightarrow \eta$；

（6）共析反应　$\delta \rightarrow r + \varepsilon$。

$w_{Zn} = 0.40$ 的 Cu - Zn 合金：

（1）匀晶转变　$L \rightarrow \beta$；

（2）脱熔转变　$\beta \rightarrow \alpha_{\mathrm{II}}$；

（3）无序 $\rightleftharpoons$ 有序转变　$\beta \rightarrow \beta'$。

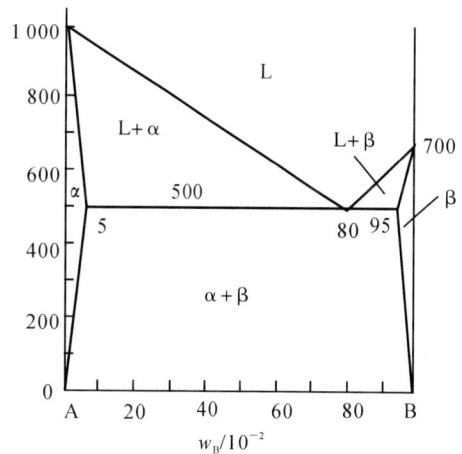

图 4 - 44  A - B 二元相图

室温下相组成物，$\alpha$、$\beta'$；组织组成物 $\beta' + \alpha_{\mathrm{II}}$。

**9.** 组织中，P 相对量为 10.6%，$Fe_3C_{\mathrm{II}}$ 相对量为 3.10%，$L_d'$ 相对量为 86.3%。

珠光体中，F 相对量为 9.38%，$Fe_3C_{共析}$ 相对量为 1.22%。

莱氏体中，$Fe_3C_{\mathrm{II}}$ 相对量为 10.15%，$Fe_3C_{共晶}$ 相对量为 41.21%，$Fe_3C_{共析}$ 相对量为 3.9%。

**10.** $w_C = 0.037$。

**11.** 高碳钢。因为高碳钢强度高,能承受较大的冲击力而不致变形。相反地,低碳钢就较软而易受力变形。

**12.**(1) $\alpha$ 相,$\gamma$ 相。

(2) $\alpha$:$w_C = 0.000\ 1$,$w_{Fe} = 0.999\ 9$;$\gamma$:$w_C = 0.004\ 6$,$w_{Fe} = 0.995\ 4$。

(3) $n_\alpha = 0.58$,$n_\gamma = 0.42$。

**13.**(1) 与平衡态比较,高温时包晶反应不完全,将有 $\delta$ 相保留下来;共析转变时,片层厚度减小,组织细化;室温下的组织中,$P$ 略有增多,$F$ 相对量略有减少。

(2) 不同点:铸态下结晶时 ① 有共晶(或离异共晶)组织出现;② $Fe_3C_{II}$ 减少,甚至不能析出;③ $P$ 组织变细。

(3) 由相图与性能的关系可知,以固熔体为基的合金,塑性较好,强度、硬度较低,适于冷变形成型。故 $w_C < 0.002\ 5$ 的铁碳合金,适于冷变形;$0.002 < w_C < 0.017$ 的铁碳合金适于热变形。

铸造合金要求合金液态时的流动性好,流动性与相图中结晶温度范围有关,窄的结晶温度范围,有好的流动性。故从 $Fe$-$Fe_3C$ 相图上看,共晶点成分和点 B 以左成分的合金流动性较好,即铸铁的含碳质量分数一般都在共晶点附近,而铸钢的含碳质量分数 $w_C < 0.005\ 5$。

**14.**(1) 合金内大约形成 $8 \times 10^{24}$ 个 /$m^3$ 颗粒;

(2) $Cu$ 原子数 /$\theta$ 颗粒 $\approx 150$ 个 $Cu$ 原子 /$\theta$ 颗粒。

**15.** 依据 $Cu$-$Ag$ 相图可知:

(1) 将 1 000 g 这种合金加热至 900 ℃ 以上时熔化,缓慢冷却至 850 ℃,倒去液态部分,剩下的固体 $\alpha_1$ 为 780 g,含 $w_{Cu} \approx 0.055$。

(2) 再加热(1)中的固体($\alpha_1$)至熔化,缓慢冷却至 900 ℃,倒去液体后剩固体 $\alpha_2$,其重量为 390 g,含 $w_{Cu} \approx 0.03$。

(3) 再加热 $\alpha_2$ 至熔化,缓慢冷至 920 ℃,倒掉液体,仅剩 $\alpha_3$,其质量为 260 g,含 $w_{Cu} \approx 0.02$。

(4) 再加热 $\alpha_3$ 至熔化,缓慢冷却至 935 ℃,倒掉液体,仅剩 $\alpha_4$,其质量有 180 g,其含 $w_{Cu} \approx 0.013$。

**16.** 设 C 在 $\gamma$ 中的固熔度方程为

$$w_C^\gamma = A \exp\left(-\frac{Q}{RT}\right)$$

两边取对数,得 $$\ln w_C^\gamma = \ln A - \frac{Q}{RT}$$

由 $Fe$-$Fe_3C$ 相图,得 $$\ln 0.77 = \ln A - \frac{Q}{R \times 1\ 000}$$

$$\ln 2.11 = \ln A - \frac{Q}{R \times 1\ 421}$$

联立上述二式,可得 $Q = 28\ kJ$,$A = 22.3$,故得

$$w_C^\gamma = 22.3 \exp\left(-\frac{2.8 \times 10^3}{RT}\right)$$

**17.**(1) $x = w_C = 0.385$;

（2）其显微组织为 F＋A；

（3）全部奥氏体（A）组织。

**18.** 在图 4-33（a）匀晶相图中某一温度下，只能是确定成分的液相与确定成分的固相相平衡。不可能在某一温度下，有两种不同成分的液相（或固相）平衡。

图 4-33（b）纯组元 A 在某 1 个温度范围内结晶，这是违反相律的。

图 4-33（c）包晶水平线以下，α 固熔线走势错误，即违反了"相线相交时的曲率原则"。

图 4-33（d）γ 与 α 相区间应有两相区，即相图中违反了"邻区原则"。

图 4-33（e）二元系中三相平衡时，3 个相都必须有确定的成分。图中液相 L 的成分散布在某 1 个范围，这是错误的。

图 4-33（f）二元系中不可能有四相平衡，即违反了"相律"。

**19.**（1）…… 所以整个晶粒是一个相。

（2）…… 在相界上，A，B 组元在液相与固相内的化学位都是相等的。

（3）…… 液-固界面上液相成分沿着液相线变化；固相成分沿着固相线变化。

（4）…… 但是杠杆定律仅适用于两相区，所以共晶体的相对量实际上是在两相区中计算出来的。

（5）…… 则棒中宏观偏析越小。

（6）…… 反复多次进行区域熔炼，并采用定向缓慢凝固的方法 ……

（7）…… 成分过冷倾向越大，越易形成树枝状组织。

（8）…… 结晶后薄处易形成胞状组织，而厚处易形成树枝状组织。

（9）…… 靠近共晶线端点外侧的合金比内侧的合金 ……

（10）…… 其中 β 相应包括包晶反应的产物、匀晶转变形成的及次生的 β 相。

（11）…… 不利于获得柱状晶区 ……

（12）…… 根本区别在于晶体结构不同，前者为 bcc，而后者为 fcc。

（13）GS 线所处的温度是铁素体与奥氏体的 ……

（14）…… 只有当含碳质量分数 $0.0077 < w_C < 0.043$ 的铁碳合金平衡结晶 ……

（15）…… 相反，对于铸铁则既有共晶转变，也有共析转变。

（16）对于亚共析成分的碳钢，……

（17）…… 其中包括 $Fe_3C_{II}$ 及 $Fe_3C_{共晶}$。

（18）…… 但是片层密集处的平均含碳质量分数与稀疏处的平均含碳质量分数相同。

（19）…… 往往薄处易白口化。…… 必须多加碳，多加硅。

（20）…… 焊缝易出现树枝状组织 …… 易于出现胞状。

**20.**（1）各点成分：

| | C | D | E | F | G | H |
|---|---|---|---|---|---|---|
| $w_A$ | | | 0.10 | 0.30 | 0.50 | 0.50 |
| $w_B$ | | 0.40 | 0.80 | 0.40 | | 0.40 |
| $w_C$ | 1.00 | 0.60 | 0.10 | 0.30 | 0.50 | 0.10 |

（2）点 E，F，G 的 $w_A : w_C = 1 : 1$（三点位于过 B 的一条直线上）

三导

点 E,H 中,$w_C = 0.10$(位于平行 AB 的直线上)

点 H,F 中,$w_B = 0.40$(位于平行 AC 的直线上)

点 G,H 中,$w_A = 0.50$(位于平行 BC 的直线上)

**21.** (1)

|  | P | R | S | X | Y | Z |
|---|---|---|---|---|---|---|
| $w_A$ | 0.20 | 0.10 | 0.40 | 0.20 | 0.10 | 0.05 |
| $w_B$ | 0.10 | 0.60 | 0.50 | 0.45 | 0.10 | 0.85 |
| $w_C$ | 0.70 | 0.30 | 0.10 | 0.35 | 0.80 | 0.10 |

(2),(3),(4) 中的 X,Y,Z 成分如(1)所示,位置如图 4-45 所示。

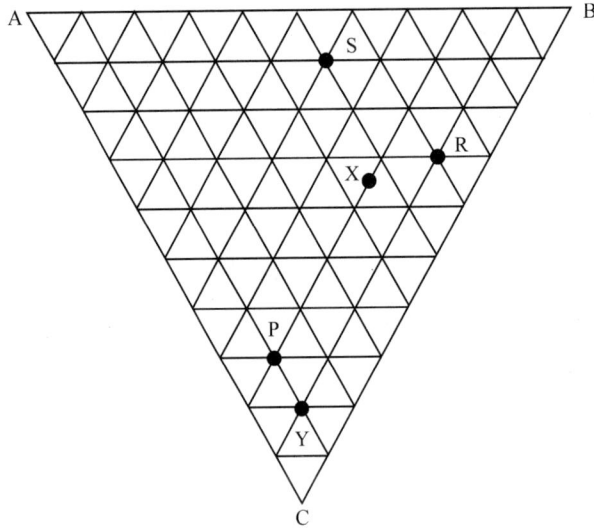

图 4-45　在浓度三角形中表示合金的成分

**22.** $w_\gamma = 0.939$,$w_{C_2} = 0.0252$,$w_{C_3} = 0.0309$。

**23.** 两者最本质的区别是,二元相图是二元系相平衡的图解,它直接反应二元系的相平衡关系;而三元相图的垂直截面只是特定截面与三元相图的交截图,它一般不反映三元系的相平衡关系。因此前者中可用杠杆定律计算二元系相平衡反应的各相相对量,后者则不能。但如果垂直截面正好通过纯组元-稳定化合物或稳定化合物-稳定化合物成分点的连线(如 $SiO_2$-$Al_2O_3$ 相图是 Si-Al-O 相图的一个垂直截面),在这种垂直截面图上,稳定化合物相当于一个组元存在,垂直截面图反映三元系中的相平衡关系。在图上可以用杠杆定律计算相平衡转变时的各相相对量。

**24.** OMO 为液相成分变化轨迹,ONO 为固相成分变化轨迹。

**25.** (1) $E_1 E_T : L \rightarrow (\alpha + A_p C_q)_{共}$;　$E_2 E_T : L \rightarrow (\alpha + A_m B_n)_{共}$;　$E_3 E_T : L \rightarrow (A_m B_n + A_p C_q)_{共}$。

(2) 若二次析出相不计,

合金 Ⅰ:$\alpha_{初晶} + (\alpha + A_m B_n)_{共} + (\alpha + A_m B_n + A_p C_q)_{共}$。

合金 Ⅱ:$\alpha_{初晶} + (A_m B_n + A_p C_q)_{共} + (\alpha + A_m B_n + A_p C_q)_{共}$。

（3）根据杠杆定律，平衡凝固后生成等量 $\alpha_{初晶}$ 与三相共晶体（$\alpha + A_m B_n + A_p C_q$）$_{共}$ 的合金在三相共晶点 $E_T$ 处应有等量 $\alpha_{初晶}$ 与剩余 L 相，因此，此合金成分在图 4-39 中 $a$ 与 $E_T$ 连线的中点处；同理，平衡凝固后具有等量（$\alpha + A_m B_n$）$_E$ 和（$\alpha + A_p C_q$）$_E$ 的合金成分点应在 $E_2$ 与 $E_T$ 连线的中点处。

**26.**（1）4Cr13 与例 4-19 中的 2Cr13 有相同的凝固顺序和室温组织组成物，只是珠光体含量高得多。

（2）Cr12 模具钢：

1 400 ～ 1 240 ℃，$L \rightarrow \gamma_{初晶}$。

1 240 ～ 1 220 ℃，剩余液相发生共晶反应直至液相消失，$L \rightarrow (\gamma + C_2)_E =$ Ld（莱氏体）。

790 ～ 780 ℃，发生共析反应，$\gamma \rightarrow (\alpha + C_2)_E = P$（珠光体）；$Ld \rightarrow Ld' = (P + C_2)_E$。室温组织组成物 $Ld' + P$。

**27.**（1）P：包共晶反应 $L + Pb \rightarrow Sn + \beta$；　E：共晶反应 $L \rightarrow Pb + Sn + \beta$。

（2）如图 4-46 所示：

1）至液相面温度以下析出初晶 Bi：$L \rightarrow Bi_{初晶}$。

2）随温度降低，$Bi_{初晶}$ 不断增多，L 相成分沿 Bi-Q 的延长线向 $E_3 E$ 方向移动。

3）L 相成分到达 $E_3 E$ 线上后开始发生两相共晶反应：$L \rightarrow (Sn + Bi)_E$，同时液相成分沿单变量线 $E_3 E$ 向点 E 移动。

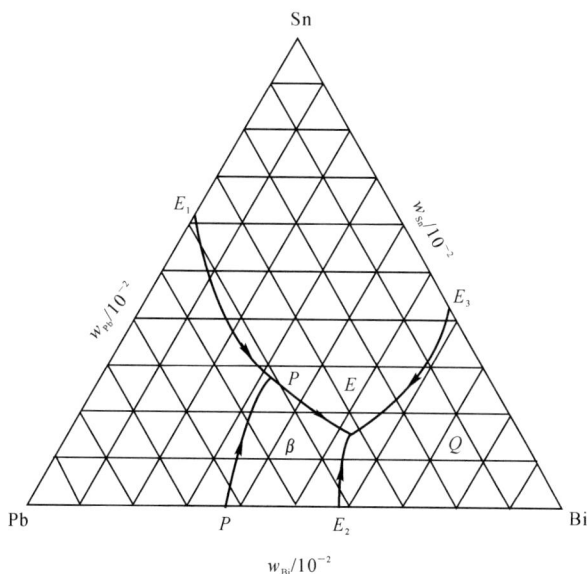

图 4-46　$Q$ 合金的凝固过程

4）当液相成分到达点 E，剩余全部液相发生三相共晶反应：$L \rightarrow (Bi + Sn + \beta)_E$，继续冷却不再发生变化。

室温组织组成物：$Bi_{初晶} + (Bi + Sn)_E + (Bi + Sn + \beta)_E$。

（3）$w_{Bi初晶} = 0.288$，$w_{(Bi+Sn)_E} = 0.407$，$w_{(Bi+Sn+Pb_2Bi)_E} = 0.305$。

**28.**（1）图解如图 4-47 所示。

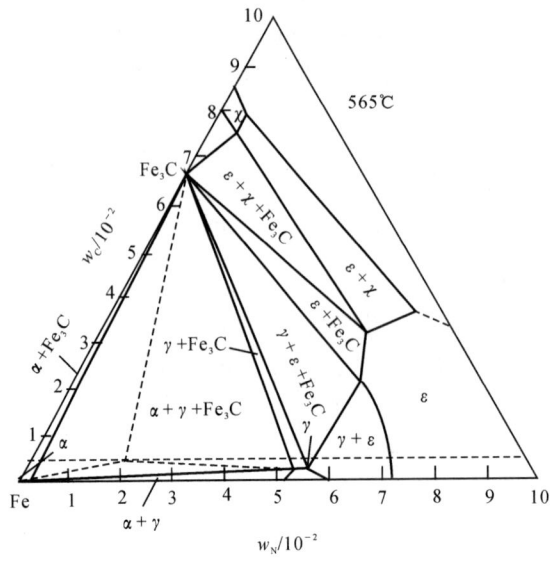

图 4-47  565 ℃ 时各相区中的相

（2）由表向里依次为

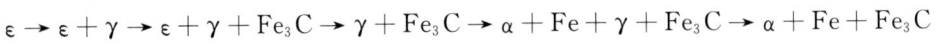

$\epsilon \rightarrow \epsilon + \gamma \rightarrow \epsilon + \gamma + Fe_3C \rightarrow \gamma + Fe_3C \rightarrow \alpha + Fe + \gamma + Fe_3C \rightarrow \alpha + Fe + Fe_3C$

# 第5章 材料中的扩散

## 5.1 内容精要

扩散是物质内部由于热运动而导致原子或分子迁移的过程。在固体中,原子或分子的迁移,只能靠扩散来进行。扩散的分类有多种方法。若按组元的浓度分布,可分为自扩散和互扩散。前者是在纯金属或均匀合金中的扩散,它不改变浓度分布;后者是在成分不均匀的合金中的扩散,它使浓度分布趋于均匀。若按扩散区的晶体结构,可分为单相扩散和多相扩散。前者是在晶体结构相同的区域(如单相固熔体)中的扩散;后者是在晶体结构不同的区域(多相区)中的扩散。由于新相是在扩散过程中通过冶金反应(相变)而形成的,故又称反应扩散。若按组元扩散方向与浓度梯度方向的关系,可分为顺扩散和逆扩散。前者的扩散方向与浓度梯度方向相反,即所论组元由高浓度区向低浓度区扩散;后者的扩散方向与浓度梯度方向相同,即所论组元由低浓度区向高浓度区扩散,故又称上坡扩散。其动力不是浓度差而是扩散物质的势力学势梯度,可由浓度、温度、化学位、应力应变、电位等在空间上的差异造成。

对固体中扩散的认识主要基于两方面知识:一是扩散的宏观规律,二是扩散的微观机理。由浓度差引起的扩散可以用菲克(Fick)定律描述。菲克定律的基础是扩散速率与浓度梯度成正比,且扩散方向与浓度梯度方向相反这一基本规律(菲克第一定律),它适用于稳态扩散过程;在引入质量守恒定律后,菲克第一定律被推广应用于非稳态过程(菲克第二定律)。实际中的非稳态扩散问题,可以根据菲克第二定律(方程)的特解来解决。

扩散是扩散物质质点(原子、分子等)由于热运动引起迁移造成的,而每一次迁移的方向是随机的,扩散具有热激活性质。为了解释扩散现象,人们已经提出了多种扩散机制,其中最主要的是间隙扩散与空位扩散两种机制。

间隙机制是指晶体中存在的间隙原子通过晶格间隙之间的跃迁实现的扩散。间隙固熔体中间隙原子(H,C,N,O等)的扩散就是这种机制。为了实现这种扩散,扩散原子必须具有越过能垒的自由能。

空位机制是指晶体中扩散原子离开自己的点阵位置去填充空位,而原先的点阵位置形成了新的空位,如此反复,实现原子的扩散。置换式固熔体(或纯金属)中原子的扩散即为空位扩散。在空位扩散中,扩散原子除具有越过能垒的自由能外,还必须具有空位形成能。

扩散系数 $D$ 是描述物质扩散能力的重要参数,它是扩散系统的特性,而不仅仅取决于某一种组元的特性。它可以用微观物理量、宏观物理量来表示。

反应扩散,也称为相变扩散,它是通过扩散而形成新相的现象。反应扩散包括两个过程:一是扩散过程,二是界面上达到一定浓度而发生相变的反应过程。其特点为:在二元系的扩散区中不存在双相区,即每一层都为单相区;在三元系中扩散层的各部分不存在三相平衡共存,但可以有两相区。反应扩散在钢的化学热处理中非常有用。

基本要求:

(1)正确理解菲克定律及其物理实质,并能用菲克定律解决一些扩散问题。

（2）理解扩散系数 $D$ 的表达式及影响扩散的因素。

（3）认识反应扩散及其应用。

## 5.2　知识结构

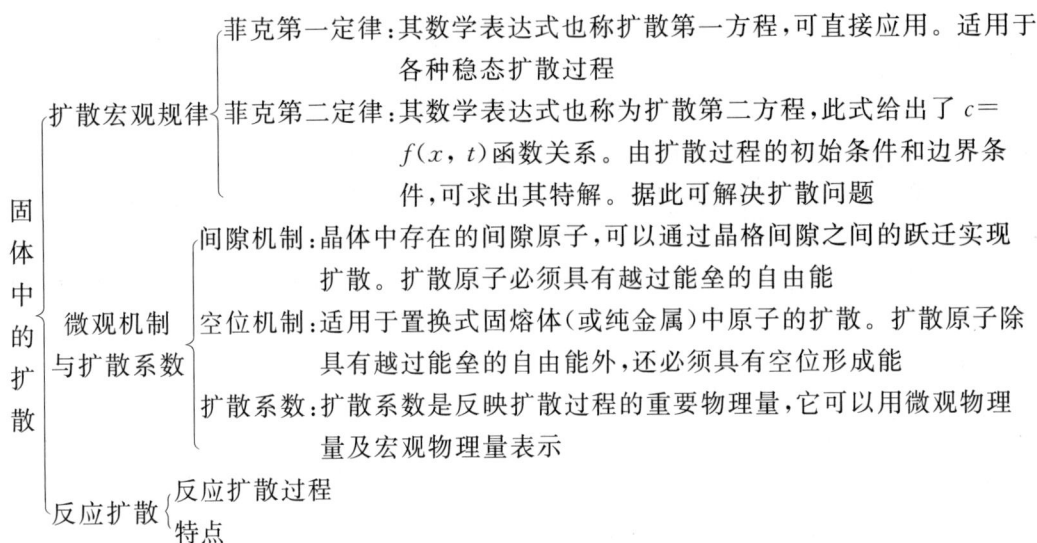

## 5.3　重要公式

（1）菲克第一定律的表达式为

$$J = -D\frac{\partial c}{\partial x} \qquad (5-1)$$

式中　$J$ —— 扩散通量，单位为 $kg/(m^2 \cdot s)$；

　　　$D$ —— 比例系数，称为扩散系数，单位为 $m^2/s$；

$\dfrac{\partial c}{\partial x}$ —— 扩散物质沿 $x$ 轴方向的浓度变化，其中 $c$ 为体积浓度，单位为 $mol/m^3$。

（2）菲克第二定律的表达式为

$$\frac{\partial c}{\partial t} = \frac{\partial}{\partial x}\left(D\frac{\partial c}{\partial x}\right) \qquad (5-2)$$

若 $D$ 看作常数，上式可写为

$$\frac{\partial c}{\partial t} = D\frac{\partial^2 c}{\partial x^2} \qquad (5-3)$$

（3）扩散第二方程在钢的渗碳过程中的应用，则有

$$\frac{C_s - C_x}{C_s - C_0} = \mathrm{erf}\left(\frac{x}{2\sqrt{Dt}}\right) \qquad (5-4)$$

也可写为

$$C_x = C_0 + (C_s - C_0)\left[1 - \mathrm{erf}\left(\frac{x}{2\sqrt{Dt}}\right)\right] \qquad (5-5)$$

式中　$C_s$ —— 渗碳气氛的碳势；

$C_0$ —— 渗碳钢的原始碳浓度；

$C_x$ —— 距试样表面 $x$ 处的碳浓度。

（4）扩散系数的微观表达式为

$$D = \frac{1}{6}\nu z p d^2 \tag{5-6}$$

式中　$\nu$ —— 熔质原子的振动频率；

　　　$z$ —— 相邻晶面能接收扩散原子的位置概率；

　　　$p$ —— 熔质原子获得足够超额能量进行扩散的概率；

　　　$d$ —— 晶体中相邻晶面的面间距。

（5）扩散系数公式为

$$D = D_0 e^{-Q/RT} \tag{5-7}$$

式中　$D_0$ —— 扩散常数；

　　　$Q$ —— 扩散激活能，单位 J/mol；

　　　$R$ —— 摩尔气体常数；

　　　$T$ —— 绝对温度，K。

## 5.4　典型范例

**例 5.1**　设有一条内径为 30 mm 的厚壁管道，被厚度为 0.1 mm 的铁膜隔开。通过管子的一端向管内输入氮气，以保持膜片一侧氮气浓度为 1 200 mol/m³，而另一侧的氮气浓度为 100 mol/m³。如在 700 ℃ 下测得通过管道的氮气流量为 $2.8 \times 10^{-4}$ mol/s，求此时氮气在铁中的扩散系数。

**解**　此时通过管子中铁膜的氮气通量为

$$J = \frac{2.8 \times 10^{-4}}{\frac{\pi}{4} \times (0.03)^2} = 4.4 \times 10^{-4} \text{ mol/(m}^2 \cdot \text{s)}$$

膜片两侧的氮浓度梯度为

$$-\frac{\Delta c}{\Delta x} = \frac{1\,200 - 100}{0.000\,1} = 1.1 \times 10^7 \text{ mol/m}^4$$

根据菲克第一定律，则有

$$J = -D\frac{\partial c}{\partial x}$$

$$D = -\frac{J}{\Delta c/\Delta x} = 4 \times 10^{-11} \text{ m}^2/\text{s}$$

**讨论**　菲克第一定律可直接用于处理稳态扩散问题。稳态扩散是指浓度 $\left(\frac{\mathrm{d}c}{\mathrm{d}x}\right)$ 不随时间变化的扩散过程，题中通过管子的一端向管内输入氮气，以保持膜片一侧氮气浓度为 1 200 mol/m³，故可认为是稳态扩散。实际中的扩散多属于与时间有关的非稳态扩散，这点应特别注意。

**例 5.2**　假定合金铸件的枝晶偏析可近似用正弦函数曲线描述（见图 5-1），则有

$$c = \bar{c} + c_\mathrm{m}^0 \sin\frac{\pi x}{l} \tag{1}$$

试利用变量分离法证明,此时菲克第二定律的解为

$$c = \bar{c} + c_m^0 \sin \frac{\pi x}{l} \exp\left(-\frac{\pi^2 Dt}{l^2}\right) \qquad (2)$$

并说明:

(1) 均匀化退火过程中熔质浓度起伏幅度 $c_m$ 的衰减规律。

(2) 如定义 $c_m / c_m^0 = 0.01$ 为均匀化判据,试分析均匀化所需时间及主要影响因素。

(3) 如果熔质浓度分布不服从正弦函数曲线规律,会有什么影响?

**解** 根据变量分离法应有

$$c(x, t) = X(x) T(t) \qquad (3)$$

代入菲克定律并整理后可得

$$-\frac{1}{T(t)}\frac{dT(t)}{dt} = \frac{D}{X(x)}\frac{dX(x)}{dx} \qquad (4)$$

式(4)左端为 $t$ 的函数,右端为 $x$ 的函数,则必存在常数 $\lambda$ 使得下式成立:

$$-\frac{1}{T(t)}\frac{dT(t)}{dt} = -D\lambda^2 \qquad (5)$$

$$\frac{1}{X(x)}\frac{dX(x)}{dx} = \lambda \qquad (6)$$

上述常微分方程的解为

$$T(t) = \exp(-\lambda^2 Dt) \qquad (7)$$

$$X(x) = (A \sin\lambda x + B\cos\lambda x) \qquad (8)$$

即

$$c = (A\sin\lambda x + B\cos\lambda x)\exp(-\lambda^2 Dt) \qquad (9)$$

对于 $\lambda = 0$,方程式(5),(6)的特解为

$$c = c_0 + c_1 x \qquad (10)$$

因此,菲克第二定律的一个解为

$$c = c_0 + c_1 x + (A\sin\lambda x + B\cos\lambda x)\exp(-\lambda^2 Dt) \qquad (11)$$

根据初始条件有

$$c_0 = \bar{c}, \quad c_1 = 0, \quad A = c_m^0, \quad B = 0, \quad \lambda = \pi/l$$

$$c = \bar{c} + c_m^0 \sin \frac{\pi x}{l} \exp\left(-\frac{t}{\tau}\right) \qquad (12)$$

式中 $\tau = \dfrac{l^2}{\pi^2 D}$,为弛豫时间。

(1) 定义退火 $t$ 时间后熔质浓度起伏幅度为 $c_m$,则

$$c_m = c_m^0 \exp\left(-\frac{t}{\tau}\right) \qquad (13)$$

因子 $\exp\left(-\dfrac{t}{\tau}\right)$ 表示 $c_m$ 的衰减程度。当 $t = \tau$,$c_m / c_m^0 = 1/e = 0.368$。

(2) 根据均匀化判据,则有

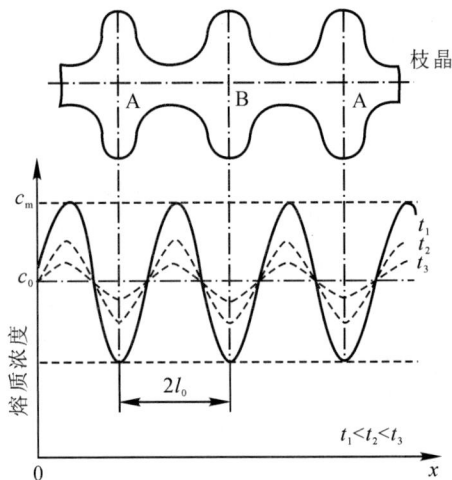

图 5-1 铸件中的偏析示意图

$$\frac{c_m}{c_m^0} = 0.01 \tag{14}$$

由式(13)可得均匀化时间 $t_h$ 为

$$t_h = 4.61 \tau = 0.467 \frac{l^2}{D} \tag{15}$$

可见，$t_h$ 取决于枝晶间距 $2l$ 和扩散系数 $D$，因此，采用变质处理，减小枝晶间距，或利用塑性变形破碎枝晶都可有效地减小 $l$，从而缩短均匀化时间。由于 $D = D_0 \exp\left(-\dfrac{Q}{RT}\right)$，提高退火温度可大大提高扩散系数，同样大大有利于缩短均匀化时间。

（3）如果熔质浓度分布不是正弦曲线规律，则将熔质浓度分布曲线展成傅里叶级数后再用本题同样方法解得

$$c = \bar{c} + c_m^0 \sum_{n=1}^{\infty} (A_n \sin\lambda_n x + B_n \cos\lambda_n x) \exp(-\lambda_n^2 D t) \tag{16}$$

根据傅里叶级数的知识，$\lambda_{n+1} > \lambda_n$，$|A_{n+1}| < |A_n|$，$|B_{n+1}| < |B_n|$。显然，式(16)中高阶项 $(n > 1)$ 的波动周期和幅度均小于 $n = 1$ 对应的第 1 项，随均匀化过程进行，其作用很快衰减消失。因此均匀化时间主要取决于熔质浓度最大峰-谷之间的距离 $l$。

**讨论**　菲克第二定律是以 $x$，$t$ 为自变量的偏微分方程，不能直接应用。在处理实际非稳态扩散问题时，如铸件扩散退火、钢的渗碳等，都是结合具体的初始条件和边界条件，求出积分解，以便应用。本例就是用变量分离法求得菲克第二方程在均匀化扩散退火过程中的特解，然后进行应用。

**例 5.3**　在 773 K 所做的扩散实验指出，在 $10^{10}$ 个原子中有一个原子具有足够的激活能跳出其点阵位置而进入间隙位置，在 873 K 此比例会增加到 $10^{-9}$。

（1）求此跳跃所需要的激活能；

（2）973 K 具有足够能量的原子所占的比例是多少？

**解**　（1）

$$\begin{cases} \ln 10^{-10} = -23 = \ln M - \dfrac{E}{13.8 \times 10^{-24} \times 773} \\[2mm] \ln 10^{-9} = -20.7 = \ln M - \dfrac{E}{13.8 \times 10^{-24} \times 873} \end{cases}$$

解之得

$$\ln M = -2.92$$

$$E = 0.214 \times 10^{-18} \text{ J/ 个原子}$$

若以摩尔为单位，则

$$E = 129\,000 \text{ J/mol}$$

（2）

$$\ln \frac{n}{N} = -2.92 - \frac{0.214 \times 10^{-18}}{(13.8 \times 10^{-24}) \times 973}$$

$$\frac{n}{N} \approx 6 \times 10^{-9}$$

**讨论**　玻耳兹曼曾以统计学的方法，解决了能量超过 $E$ 值的原子所占比例为温度的指数函数，即 $\dfrac{n}{N} = m e^{-\frac{E}{kT}}$。题中有两个数据对，可写出两个方程，有两个未知数 $E$ 和 $M$，解上述方程组就可求得激活能 $E$。利用 $E$ 和 $\ln M$ 就可计算在 973 K 时的 $\dfrac{n}{N}$ 值。

**例5.4**　在钢棒表面上,铁的每20个单位晶胞中有一个碳原子,在表面下1 mm处,每30个单位晶胞中才有一个碳原子。在1 000 ℃时,其扩散系数为$3 \times 10^{-11}$ m²/s;结构为面方立方($a = 0.365$ nm)。问每分钟有多少个碳原子扩散经过一个单位晶胞?

**解**　计算钢棒表面及表面下1 mm处的碳浓度

$$c_1 = \frac{1}{20 \times (0.365 \times 10^{-9} \text{ m})^3} = 1.03 \times 10^{27} \text{ /m}^3$$

$$c_2 = \frac{1}{30 \times (0.365 \times 10^{-9} \text{ m})^3} = 0.68 \times 10^{27} \text{ /m}^3$$

那么

$$J = -D \frac{\mathrm{d}c}{\mathrm{d}x} = -(3 \times 10^{-11} \text{ m}^2/\text{s}) \times \left[ \frac{(0.68 - 1.03) \times 10^{27} /\text{m}^3}{10^{-3} \text{ m}} \right] =$$
$$1.05 \times 10^{19} /(\text{m}^2 \cdot \text{s})$$

每一个单位晶胞的面积为$(0.365 \times 10^{-9} \text{ m})^2$。

所以

$$J_u = [1.05 \times 10^{19}/(\text{m}^2 \cdot \text{s})] \times (0.365 \times 10^{-9} \text{ m})^2 \times (60 \text{ s/min}) =$$
$$84 \text{ 个原子/min}$$

**讨论**　此题主要是决定在钢棒表面及表面以下1 mm处每单位体积中的碳原子数,以便获得这两处的浓度梯度,然后用$(0.365 \times 10^{-9} \text{ m})^2$来计算扩散通量。

**例5.5**　对$w_C$为0.001的钢进行渗碳,渗碳时钢件表面碳浓度保持为0.012,要求在其表面以下2 mm处的$w_C$为0.004 5,若$D = 2 \times 10^{-11}$ m²/s:

(1) 试求渗碳所需时间;

(2) 若想将渗碳厚度增加1倍,需多少渗碳时间?

**解**　(1) 根据题意已知$c_S = 1.2\%$, $c_0 = 0.1\%$, $c_x = 0.45\%$, $x = 0.02$ m,根据恒定平面源问题菲克第二定律的解,有

$$\frac{c_S - c_x}{c_S - c_0} = 0.68 = \text{erf} \left( \frac{x}{2\sqrt{Dt}} \right) = \text{erf} \left( \frac{224}{\sqrt{t}} \right) \tag{1}$$

根据误差函数表可得

$$\frac{224}{\sqrt{t}} = 0.71$$

$$t = 99\ 536 \text{ s} = 27.6 \text{ h}$$

(2) 因$c_x$, $c_S$, $c_0$不变,根据式(1)有

$$\frac{x'}{\sqrt{D't'}} = \frac{x}{\sqrt{Dt}} = \text{const}$$

因温度不变,$D' = D$。由$x' = 2x$,可得$t' = 4t$。渗碳时间要延长到原来的4倍。

**讨论**　菲克第二方程的特解在钢的渗碳过程中经常用到。如果渗碳件的原始成分不为零,即是$c_0$,则碳钢渗碳方程可表示为

$$c_x = c_0 + (c_S - c_0) \left[ 1 - \text{erf} \left( \frac{x}{2\sqrt{Dt}} \right) \right]$$

由(2)可知,"规定浓度的渗层深度",$x = k\sqrt{Dt}$,即$x \propto \sqrt{t}$或$t \propto x^2$。这是一个重要的结果,它说明了扩散层深度和扩散时间的关系。

**例 5.6**　柯肯达尔扩散实验中测得 200 h 后 A－B 互扩散偶的标志面移动了 $1.44 \times 10^{-5}$ m，互扩散系数 $\overline{D} = 10^{-11}$ m²/s，浓度分布曲线在标志面处的斜率 $\frac{\partial x_A}{\partial L} = 0.02$ m⁻¹，A 组元的摩尔分数 $x_A = 0.40$，求 A，B 组元的偏扩散系数 $D_A$ 和 $D_B$。

**解**　设标准面的移动速度 $v_m$ 为

$$v_m = \frac{\Delta l}{t} = 2 \times 10^{-11} \text{ m/s}$$

又

$$x_B = 1 - x_A = 0.6$$

根据

$$v_m = (D_A - D_B)\frac{\partial x_A}{\partial L} \tag{1}$$

$$\overline{D} = D_A x_B + D_B x_A \tag{2}$$

建立方程组

$$\begin{cases} 2 \times 10^{-11} = 0.02(D_A - D_B) \\ 10^{-11} = 0.6 D_A + 0.4 D_B \end{cases} \tag{3}$$

解之得

$$D_A = 41 \times 10^{-11} \text{ m}^2/\text{s}$$

$$D_B = -59 \times 10^{-11} \text{ m}^2/\text{s}$$

**讨论**　在置换固熔体或纯金属中，各组元原子直径比间隙大得多，很难进行间隙扩散。置换扩散的机制是人们十分关心的问题。柯肯达尔的实验结果帮助人们认识了这一问题。

**5.7**　钢模（$w_C = 0.008\ 5$）在空气炉中加热至 900 ℃，并保温 1 h，其间发生脱碳，在脱碳过程中模具表面的碳浓度为零，技术条件要求模具表面最低含碳质量分数为 0.008，试计算模具的切削余量。已知 $D_C = 0.21\exp\left(\frac{-33\ 800}{1.987 \times 1\ 173}\right)$ （cm²/s）。

**解**　由题所给条件可知

$$c_0 = 0.85,\ c(x, t) = 0.8,\ t = 3\ 600 \text{ s},\ D_C = 0.21\exp\left(\frac{-33\ 800}{1.987 \times 1\ 173}\right)$$

由脱碳方程

$$c(x, t) = c_0 \text{erf}\left(\frac{x}{2\sqrt{Dt}}\right)$$

可知

$$\text{erf}\left(\frac{x}{2\sqrt{Dt}}\right) = \frac{c}{c_0} = 0.941\ 1$$

$$\frac{x}{2\sqrt{Dt}} = 1.33$$

所以

$$x = 1.33 \times 2\sqrt{Dt} = 0.051\ 8 \text{ cm}$$

**讨论**　此题属于热处理时脱碳层深度的计算问题。应找出扩散第二方程在此情况下的特解公式，根据边界条件 $t = 0$，$x = 0$，$c = c_0$；$t > 0$，$x = 0$，$c = 0$。脱碳问题的解为

$$c(x, t) = c_0 \text{erf}\left(\frac{x}{2\sqrt{Dt}}\right)$$

**例 5.8**　根据无规则行走模型证明：对于一维扩散，$D = \frac{a^2 \Gamma}{2}$。

**解**　根据无规则行走问题的假设：

（1）原子每次迁移方向是随机的。

（2）各方向每次迁移距离均等于 $a$。

一维扩散的质点随机行走模型如图 5-2 所示，设某原子由一点出发在 $t$ 时间内迁移了 $n$ 次，质点正、反向行走的概率均为 1/2，无论用何种走法，质点从点 0 出发到达点 $m$ 必须正向走 $n+m$ 步，反向走 $n-m/2$ 步（因 $n$ 值很大，可取 $n$，$m$ 同时为奇数或偶数）。所得经 $n$ 步到达点 $m$ 的走法数目 N 为

$$N = \frac{n!}{\left[\frac{1}{2}(n+m)\right]! \left[\frac{1}{2}(n-m)\right]!} \tag{1}$$

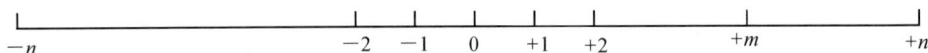

图 5-2 一维扩散的质点行走模型

设质点经 $n$ 步走到点 $m$ 的概率为 $\omega(n, m)$，根据假设（1）有

$$\omega(n, m) = \frac{n!}{\left[\frac{1}{2}(n+m)\right]! \left[\frac{1}{2}(n-m)\right]!} \left(\frac{1}{2}\right)^n \tag{2}$$

因 $n$ 值很大，取 Stirling 近似，加以变换有

$$\omega(n, m) = \left(\frac{2}{\pi n}\right)^{1/2} \exp\left(-\frac{m}{2n}\right) \tag{3}$$

令点 $m$ 到点 0 距离为 $x$，则 $x = ma$。考虑区间 $\Delta x > a$，质点经 $n$ 步行走后落在 $[x, x+\Delta x]$ 区间内的概率为

$$\omega(x, n)\Delta x = \omega(n, m)\frac{\Delta x}{2a} \tag{4}$$

因为 $m$ 只能是奇数或偶数，由式（3）、式（4）得

$$\omega(x, t) = \frac{1}{2\sqrt{\pi a^2 \Gamma t}} \exp\left(-\frac{x^2}{4a^2 \Gamma t}\right) \tag{5}$$

经时间 $t$ 后在 $[x, x+\Delta x]$ 区间内发现质点的概率为

$$\omega(x, t)\Delta x = \frac{1}{2\sqrt{\pi a^2 \Gamma t}} \exp\left(-\frac{x^2}{4a^2 \Gamma t}\right)\Delta x \tag{6}$$

若所有质点均从点 0 出发，即相当于瞬间平面扩散问题，其菲克第二定律的解为

$$c(x, t) = \frac{1}{2\sqrt{\pi D t}} \exp\left(-\frac{x^2}{4Dt}\right) \quad (M=1) \tag{7}$$

比较式（6），式（7）得

$$D = a^2 \Gamma / 2 \tag{8}$$

显然对于三维空间的随机行走有

$$D = a^2 \Gamma / 6 \tag{9}$$

**例 5.9** 试利用 Fe-O 相图（见图 5-3）分析纯铁在 1 000 ℃ 氧化时氧化层内的组织与氧浓度分布规律，画出示意图。

**解** 根据 Fe-O 相图，1 000 ℃ 下当表面氧含量达到 0.31 时，则由表面向内依次出现

$Fe_2O_3$，$Fe_3O_4$，$FeO$ 氧化层，最内侧是 $\gamma - Fe$，如图 $5-4$ 所示。随扩散进行，氧化层逐渐增厚并向内部推进。

**讨论**　题中主要涉及反应扩散。反应扩散包括两个过程：一是扩散过程；二是界面上达到一定浓度时的反应过程。其特点：在二元系的扩散区中不存在双相区，每一层都为单相区，如图 $5-4$ 所示。

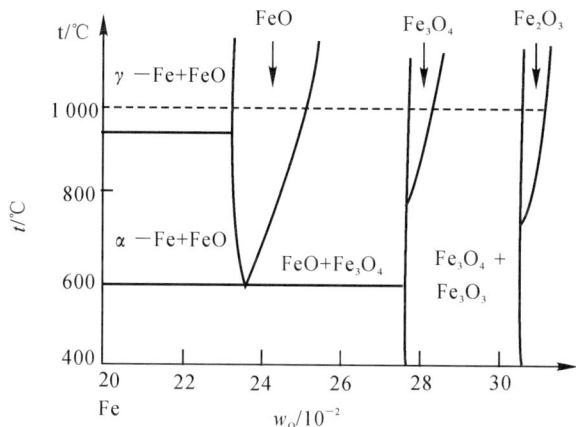

图 $5-3$　Fe-O 相图

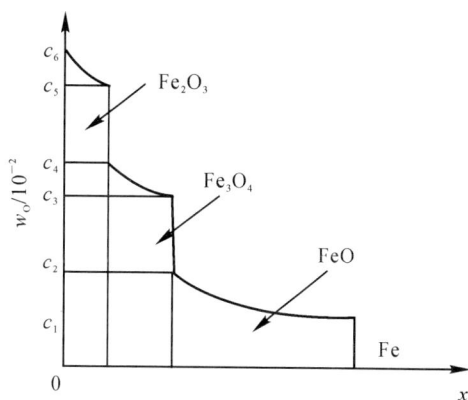

图 $5-4$　氧化层成分变化

**例 5.10**　$500\ ℃$ 时，铝在铜中的扩散系数为 $2.6 \times 10^{-17}\ m^2/s$，而 $1\ 000\ ℃$ 时则为 $1.6 \times 10^{-12}\ m^2/s$。

（1）试决定此扩散偶的 $D_0$，$E$ 值；

（2）求在 $750\ ℃$ 时的扩散系数 $D$。

**解**　由式

$$\ln D = \ln D_0 - \frac{E}{kT}$$

其中 $k$ 为玻耳兹曼常数，$13.8 \times 10^{-24}\ J/K$。

（1）
$$\ln(2.6 \times 10^{-17}) = \ln D_0 - \frac{E}{13.8 \times 10^{-24} \times 773}$$

$$\ln(1.6 \times 10^{-12}) = \ln D_0 - \frac{E}{13.8 \times 10^{-24} \times 1\ 273}$$

解联立方程组，得

$$D_0 = 4 \times 10^{-3}\ m^2/s$$

$$E = 0.3 \times 10^{-18}\ J/个原子$$

（2）由（1）中的数据得

$$\ln D = \ln 4 \times 10^{-3} - \frac{0.3 \times 10^{-18}\ J/个原子}{13.8 \times 10^{-24}\ J/K \times (1\ 023\ K)}$$

所以
$$D = 2.5 \times 10^{-14}\ m^2/s$$

**讨论**　对（2）中的扩散系数也可用图解法求。由式 $\ln D = \ln D_0 - \dfrac{E}{k}\dfrac{1}{T}$ 可知，$\ln D$ 与 $\dfrac{1}{T}$ 之

间保持线性关系。若用题中的数据,在 $\ln D - \dfrac{1}{T}$ 的半对数坐标中可画出这一直线。在两个点之间,使用内插法于 $\dfrac{1}{1\,023\ \text{K}}$,即可求得 750 ℃ 时的扩散系数。

## 5.5 效果测试

**1.** 能否说扩散定律实际上只有一个,而不是两个?

**2.** 要想在 800 ℃ 下使通过 $\alpha-\text{Fe}$ 箔的氢气通量为 $2 \times 10^{-8}\ \text{mol/(m}^2 \cdot \text{s)}$,铁箔两侧氢浓度分别为 $3 \times 10^{-6}\ \text{mol/m}^3$ 和 $8 \times 10^{-8}\ \text{mol/m}^3$,若 $D = 2.2 \times 10^{-6}\ \text{m}^2/\text{s}$,试确定:

(1) 所需浓度梯度;

(2) 所需铁箔厚度。

**3.** 在硅晶体表面沉积一层硼膜,再在 1 200 ℃ 下保温使硼向硅晶体中扩散,已知其浓度分布曲线为

$$c(x\,,\,t) = \frac{M}{2\sqrt{\pi D t}} \exp\left(-\frac{x^2}{4Dt}\right)$$

若 $M = 5 \times 10^{10}\ \text{mol/m}^2$,$D = 4 \times 10^{-9}\ \text{m}^2/\text{s}$;求距表面 8 μm 处硼浓度达到 $1.7 \times 10^{10}\ \text{mol/m}^3$ 所需要的时间。

**4.** 若将钢在 870 ℃ 下渗碳,欲获得与 927 ℃ 渗碳 10 h 相同的渗层厚度需多少时间(忽略 927 ℃ 和 870 ℃ 下碳的溶解度差异)? 若两个温度下都渗 10 h,渗碳层厚度相差多少?

**5.** Cu-Al 组成的互扩散偶发生扩散时,标志面会向哪个方向移动?

**6.** 设 A,B 元素原子可形成简单立方点阵固溶体,点阵常数 $a = 0.3\ \text{nm}$,若 A,B 原子的跳动频率分别为 $10^{-10}\ \text{s}^{-1}$ 和 $10^{-9}\ \text{s}^{-1}$,浓度梯度为 $10^{32}$ 原子 $/\text{m}^4$,计算 A,B 原子通过标志界面的通量和标志面移动速度。

**7.** 根据无规则行走模型证明:扩散距离正比于 $\sqrt{Dt}$。

**8.** 将一根高碳钢长棒与纯铁长棒对焊起来组成扩散偶,试分析其浓度分布曲线随时间的变化规律。

**9.** 以空位机制进行扩散时,原子每次跳动一次相当于空位反向跳动一次,并未形成新的空位,而扩散激活能中却包含着空位形成能。此说法正确否? 请给出正确解释。

**10.** 间隙扩散计算公式为 $D = \alpha^2 P \Gamma$,$\alpha$ 为相邻平行晶面的距离,$P$ 为给定方向的跳动几率,$\Gamma$ 为原子跳动频率。

(1) 计算间隙原子在面心立方晶体和体心立方晶体的八面体间隙之间跳动的晶面间距与跳动概率;

(2) 给出扩散系数计算公式(用晶格常数表示);

(3) 固熔的碳原子在 925 ℃ 下 $\Gamma = 1.7 \times 10^{28}\ \text{s}^{-1}$,20 ℃ 下 $\Gamma = 2.1 \times 10^9\ \text{s}^{-1}$,讨论温度对扩散系数的影响。

**11.** 为什么钢铁零件渗碳温度一般要选择在 $\gamma$ 相区中进行? 若不在 $\gamma$ 相区进行会有什么结果?

**12.** 钢铁渗氮温度一般选择在接近但略低于 Fe-N 系共析温度(590 ℃),为什么?

**13.** 对掺有少量 $Cd^{2+}$ 的 NaCl 晶体,在高温下与肖脱基缺陷有关的 $Na^+$ 空位数远远大于与

$Cd^{2+}$ 有关的空位数,所以本征扩散占优势;低温下由于存在 $Cd^{2+}$ 离子而造成的空位可使 $Na^+$ 离子的扩散加速。试分析一下若减少 $Cd^{2+}$ 浓度,会使图 5-5 转折点温度将向何方移动?

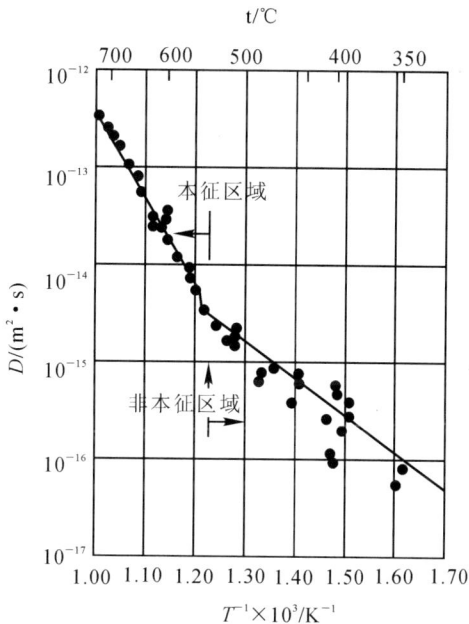

图 5-5　NaCl 晶体中 $Na^+$ 的扩散系数与温度的关系

**14.** 三元系发生扩散时,扩散层内能否出现两相共存区、三相共存区? 为什么?

**15.** 指出以下概念中的错误。

(1) 如果固体中不存在扩散流,则说明原子没有扩散。

(2) 因固体原子每次跳动方向是随机的,所以在任何情况下扩散通量为零。

(3) 晶界上原子排列混乱,不存在空位,因此以空位机制扩散的原子在晶界处无法扩散。

(4) 间隙固溶体中溶质浓度越高,则溶质所占据的间隙越多,供扩散的空余间隙越少,即 $z$ 值越小,导致扩散系数下降。

(5) 体心立方比面心立方晶体的配位数要小,故由 $D=\frac{1}{6}fz Pa^2$ 关系式可见,$\alpha$-Fe 中原子扩散系数要小于 $\gamma$-Fe 中的扩散系数。

## 5.6　参考答案

**1.** 能。因为扩散第二定律是由扩散第一定律推导出来的,而扩散第二定律又是从物质的连续性出发建立起来的一个连续性方程,即

$$\frac{\partial c}{\partial t}=-\frac{\partial J}{\partial x}$$

若将 $J=-D\frac{\partial c}{\partial x}$ 代入上式,则

$$\frac{\partial c}{\partial t}=\frac{\partial}{\partial x}\left(D\frac{\partial c}{\partial x}\right)$$

此即扩散第二定律。它表示了 $c=f(x, t)$ 的关系,其适用范围包括稳态扩散和非稳态扩散,故是一个通用的扩散公式。

另外,在公式 $\dfrac{\partial c}{\partial t}=D\dfrac{\partial^2 c}{\partial x^2}$ 中,如果代入稳态条件,即 $\dfrac{\partial c}{\partial t}=0$,则 $D\dfrac{\partial^2 c}{\partial x^2}=0$,必有 $D\dfrac{\partial c}{\partial x}=$ 常数,此结果就是第一定律,该常数为 $J$。

**2.** (1) $\Delta c/\Delta x=9.1\times10^{-3}$ mol/m$^4$;

(2) $\delta=3.3\times10^{-4}$ m。

**3.** $2.8\times10^{-4}$ s。

**4.** (1) 需 19.8 h;(2) $\delta_{927\,℃}/\delta_{870\,℃}=1.41$。

**5.** Al 的熔点低于 Cu,说明其键能较 Cu 低,Cu 原子在 Al 中的扩散系数要高于 Al 原子在 Cu 中的扩散系数,因此 Al - Cu 扩散偶在发生扩散时标志面会向 Cu 的一侧移动。

**6.** 对于简单立方晶格 $D=\dfrac{1}{6}a^2 P\Gamma$,根据菲克第一定律

$$J_A=10^4\ \text{个原子}/(\text{m}^2\cdot\text{s}),\quad J_B=10^3\ \text{个原子}/(\text{m}^2\cdot\text{s})$$

对于简单立方晶格,每个晶胞原子数为 1,故单位体积含原子数 $N_v=a^{-3}$,标志面移动速度

$$v_m=(J_A-J_B)/N_v=2.43\times10^{-25}\ \text{m/s}$$

**7.** 根据无规则行走问题的假设:① 原子每次迁移方向是随机的。② 各方向每次迁移距离均等于 $a$。设某原子由一点出发在 $t$ 时间内迁移了 $n$ 次,每次迁移的位移矢量为 $\boldsymbol{r}_i$,$i=1, 2, 3, \cdots, n$。则 $t$ 时刻原子离开原位的位移 $\boldsymbol{R}_n$ 为

$$\boldsymbol{R}_n=\sum_{i=1}^{n}\boldsymbol{r}_i \tag{1}$$

为求 $\boldsymbol{R}_n$ 的模,将式(1)做点乘得

$$R_n^2=\boldsymbol{R}_n\cdot\boldsymbol{R}_n=\left(\sum_{i=1}^{n}\boldsymbol{r}_i\right)\cdot\left(\sum_{j=1}^{n}\boldsymbol{r}_j\right)=\sum_{i=1}^{n}\boldsymbol{r}_i\cdot\boldsymbol{r}_i+2\sum_{j=1}^{n-1}\sum_{i=1}^{n-j}\boldsymbol{r}_i\cdot\boldsymbol{r}_{i+j}=$$

$$\sum_{i=1}^{n}r_i^2+2\sum_{j=1}^{n-1}\sum_{i=1}^{n-j}r_i r_{i+j}+\cos\theta_{i,\,i+j} \tag{2}$$

$\theta_{i,\,i+j}$ 是 $\boldsymbol{r}_i$ 与 $\boldsymbol{r}_{i+j}$ 的夹角。

宏观扩散是大量原子迁移的统计结果。根据假设 ② $r_i=r$,$i=1, 2, \cdots, n$;根据假设 ① $\cos\theta_{i,\,i+j}$ 出现正负值概率相等,所以 $\sum_{j=1}^{n-1}\sum_{i=1}^{n-j}\cos\theta_{i,\,i+j}=0$。根据式(2),对于大量原子必然有

$$\overline{R_n^2}=\overline{n\,r^2}=\overline{2r^2\sum_{j=1}^{n-1}\sum_{i=1}^{n-j}\cos\theta_{i,\,i+j}}=nr^2 \tag{3}$$

式(3)中横线表示平均值,由于 $n=\Gamma t$,$\Gamma$ 相当于单位时间迁移次数,并且 $r=a$,所以

$$\overline{R_n^2}=\Gamma a^2 t \tag{4}$$

$\overline{R_n^2}$ 相当于原子扩散的平均距离。若令 $\Gamma=D$,则 $\overline{R}_n=\alpha\sqrt{Dt}$。

**8.** 本题是一个展布平面源扩散问题,如图 5 - 6 所示。

问题的初始条件为 $t=0$ 时,$x<0$,$c=c_0$;$x>0$,$c=0$。将左边共析钢棒分成厚度为 $\mathrm{d}\xi$ 的体积元,则单位面积含碳量为 $c_0\mathrm{d}\xi$。如只考虑该体积元的作用,即相当于瞬间平面源扩散问题。经扩散 $t$ 时间后距该体积元为 $\xi$ 的点 $P(x)$ 处浓度为

$$c_\xi = \frac{c_0 \, d\xi}{2\sqrt{\pi D t}} \exp\left(-\frac{\xi^2}{4Dt}\right) \tag{1}$$

运用叠加原理，点 $P$ 在 $t$ 时刻的总浓度应是所有体积元贡献之和，即

$$c(x,\ t) = \frac{c_0}{2\sqrt{\pi D t}} \int_x^\infty \exp\left(-\frac{\xi^2}{4Dt}\right) d\xi = \frac{c_0}{\sqrt{\pi}} \int_{x/\sqrt{Dt}}^\infty \exp(-\eta^2) d\eta \tag{2}$$

式中，$\eta = \xi / 2\sqrt{Dt}$；$\mathrm{erf}(\beta) = \frac{2}{\sqrt{\pi}} \int_0^\beta e^{-\eta^2} d\eta$。$\mathrm{erf}(\beta)$ 为误差函数，其值由表 5-1 给出。记

$$\mathrm{erf}(\beta) = \int_\beta^\infty e^{-\eta^2} d\eta = \int_0^\infty e^{-\eta^2} d\eta - \int_0^\beta e^{-\eta^2} d\eta = \frac{\sqrt{\pi}}{2}\left[1 - \mathrm{erf}(\beta)\right]$$

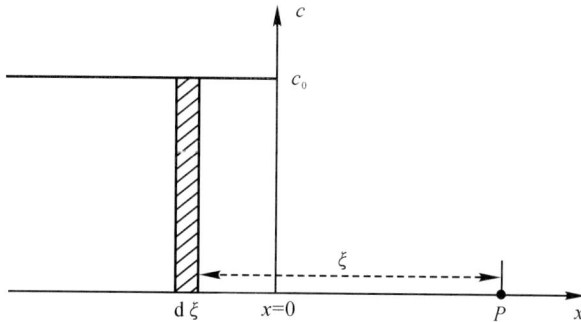

图 5-6　展布平面源扩散问题

**表 5-1　$\beta$ 与 $\mathrm{erf}(\beta)$ 的对应值（$\beta$ 由 0 至 2.7）**

| $\beta$ | 0 | 1 | 2 | 3 | 4 | 5 | 6 | 7 | 8 | 9 |
|---|---|---|---|---|---|---|---|---|---|---|
| 0.1 | 0.000 0 | 0.011 3 | 0.022 6 | 0.033 8 | 0.045 1 | 0.056 4 | 0.067 6 | 0.078 9 | 0.090 1 | 0.101 3 |
| 0.1 | 0.112 5 | 0.123 6 | 0.134 8 | 0.145 9 | 0.156 9 | 0.168 0 | 0.179 0 | 0.190 0 | 0.200 9 | 0.211 8 |
| 0.2 | 0.222 7 | 0.233 5 | 0.244 3 | 0.255 0 | 0.265 7 | 0.276 3 | 0.286 9 | 0.297 4 | 0.307 9 | 0.318 3 |
| 0.3 | 0.328 6 | 0.338 9 | 0.349 1 | 0.359 3 | 0.369 4 | 0.379 4 | 0.389 3 | 0.399 2 | 0.409 0 | 0.418 7 |
| 0.4 | 0.428 4 | 0.438 0 | 0.447 5 | 0.456 9 | 0.466 2 | 0.475 5 | 0.484 7 | 0.492 7 | 0.502 7 | 0.511 7 |
| 0.5 | 0.520 5 | 0.529 2 | 0.539 7 | 0.546 5 | 0.554 9 | 0.563 3 | 0.571 6 | 0.579 8 | 0.587 9 | 0.595 9 |
| 0.6 | 0.603 9 | 0.611 7 | 0.619 4 | 0.627 0 | 0.634 6 | 0.642 0 | 0.649 4 | 0.656 6 | 0.663 8 | 0.670 8 |
| 0.7 | 0.677 8 | 0.684 7 | 0.691 4 | 0.698 1 | 0.704 7 | 0.711 2 | 0.717 5 | 0.723 8 | 0.730 0 | 0.736 1 |
| 0.8 | 0.742 1 | 0.748 0 | 0.753 8 | 0.759 5 | 0.865 1 | 0.770 7 | 0.776 1 | 0.781 4 | 0.786 7 | 0.791 8 |
| 0.9 | 0.796 9 | 0.801 9 | 0.806 8 | 0.811 6 | 0.816 3 | 0.820 9 | 0.825 4 | 0.829 9 | 0.832 2 | 0.838 5 |
| 1.0 | 0.842 7 | 0.846 8 | 0.850 8 | 0.854 8 | 0.858 9 | 0.862 4 | 0.866 1 | 0.869 8 | 0.873 3 | 0.876 8 |
| 1.1 | 0.880 2 | 0.883 5 | 0.886 8 | 0.890 0 | 0.893 1 | 0.896 1 | 0.899 1 | 0.902 0 | 0.904 3 | 0.907 6 |
| 1.2 | 0.910 3 | 0.913 0 | 0.915 5 | 0.918 1 | 0.920 5 | 0.922 9 | 0.925 2 | 0.927 5 | 0.939 7 | 0.931 9 |
| 1.3 | 0.934 0 | 0.936 1 | 0.938 1 | 0.940 0 | 0.941 9 | 0.943 8 | 0.945 6 | 0.947 3 | 0.949 0 | 0.950 7 |
| 1.4 | 0.952 3 | 0.953 7 | 0.955 4 | 0.956 9 | 0.958 3 | 0.959 7 | 0.961 1 | 0.962 4 | 0.968 7 | 0.964 9 |
| 1.5 | 0.966 1 | 0.967 3 | 0.963 7 | 0.969 5 | 0.970 6 | 0.971 6 | 0.972 6 | 0.973 6 | 0.974 5 | 0.975 5 |
| $\beta$ | 1.55 | 1.6 | 1.65 | 1.7 | 1.75 | 1.8 | 1.9 | 2.0 | 2.2 | 2.7 |
| $\mathrm{erf}(\beta)$ | 0.971 6 | 0.976 3 | 0.980 4 | 0.983 8 | 0.986 7 | 0.989 1 | 0.992 8 | 0.995 3 | 0.998 1 | 0.999 |

浓度分布规律可表示为

$$c(x, t) = \frac{c_0}{2} \operatorname{erf}\left(\frac{x^2}{2\sqrt{Dt}}\right) \qquad (3)$$

如图 5-7 所示,当 $x < 0$,浓度随 $|x|$ 增加而增大;当 $x > 0$,浓度随 $x$ 增加而减小;在 $x = 0$ 处,当 $t > 0$, $c = c_0/2$。

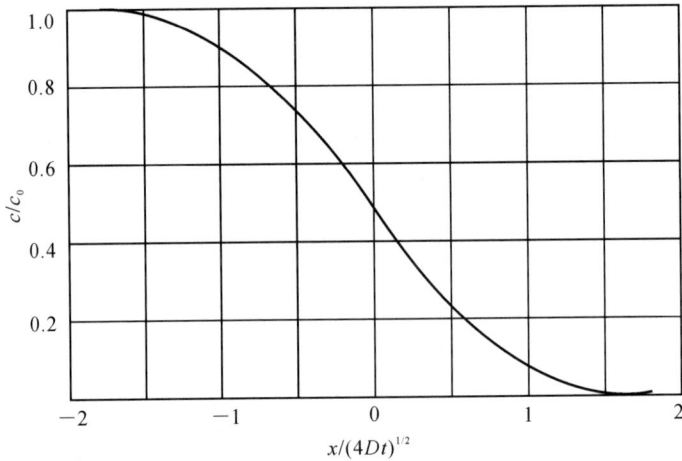

图 5-7　展布平面源扩散的浓度分布曲线

**9.** 此说法不正确。固体中的宏观扩散流不是单个原子定向跳动的结果,扩散激活能也不是单个原子迁移时每一次跳动需越过的能垒,固体中原子的跳动具有随机性质,扩散流是固体中扩散物质质点(如原子、离子)随机跳动的统计结果的宏观体现,当晶体中的扩散以空位机制进行时,晶体中任何一个原子在两个平衡位置之间发生跳动必须同时满足两个条件:

(1) 该原子具有的能量必须高于某一临界值 $\Delta G_f$,即原子跳动激活能,以克服阻碍跳动的阻力;

(2) 该原子相邻平衡位置上存在空位。

根据统计热力学理论,在给定温度 $T$ 下,晶体中任一原子的能量高于 $\Delta G_f$ 的概率 $P_f$,即晶体中能量高于 $\Delta G_f$ 的原子所占原子百分数为

$$P_f = \exp\left(\frac{-\Delta G_f}{kT}\right)$$

而晶体中的平衡空位浓度 $c_v$,即任一原子平衡位置出现空位的概率 $P_v$ 为

$$P_v = \exp\left(\frac{-\Delta G_v}{kT}\right)$$

显然,某一瞬间晶体中原子发生一次跳动的概率为

$$P = P_f P_v = \exp\left(-\frac{\Delta G_f + \Delta G_v}{kT}\right) = \exp\left(-\frac{Q}{RT}\right)$$

$P$ 也等于该瞬间发生跳动原子所占的原子百分数。其中 $Q = \Delta G_f + \Delta G_v$ 就是空位扩散机制的扩散激活能。

**10.** (1) fcc:$\alpha = \dfrac{a}{\sqrt{2}}$, $P = \dfrac{1}{6}$;bcc:$\alpha = \dfrac{a}{2}$, $P = \dfrac{1}{6}$。

(2) $D_{\text{fcc}}=\dfrac{a^2\Gamma}{24}$，$D_{\text{bcc}}=\dfrac{a^2\Gamma}{12}$。

(3) $D_{925\text{℃}}/D_{20\text{℃}}=8.1\times10^{17}$。

**11.** 因 α-Fe 中的最大碳熔解度（质量分数）只有 0.021 8%，对于含碳质量分数大于 0.021 8% 的钢铁，在渗碳时零件中的碳浓度梯度为零，渗碳无法进行，即使是纯铁，在 α 相区渗碳时铁中浓度梯度很小，在表面也不能获得高含碳层；另外，由于温度低，扩散系数也很小，渗碳过程极慢，没有实际意义。γ-Fe 中的碳熔解度高，渗碳时在表层可获得较高的碳浓度梯度使渗碳顺利进行。

**12.** 原因是 α-Fe 中的扩散系数较 γ-Fe 中的扩散系数高。

**13.** 转折点向低温方向移动。

**14.** 三元系扩散层内不可能存在三相共存区，但可以存在两相共存区。原因如下：三元系中若出现三相平衡共存，其三相中成分一定且不同相中同一组分的化学位相等，化学位梯度为零，扩散不可能发生。三元系在两相共存时，由于自由度数为 2，在温度一定时，其组成相的成分可以发生变化，使两相中相同组元的原子化学位平衡受到破坏，引起扩散。

**15.** (1) 固体中即使不存在宏观扩散流，但由于原子热振动的迁移跳跃，扩散仍然存在。纯物质中的自扩散即是一个典型例证。

(2) 原子每次跳动方向是随机的。只有当系统处于热平衡状态，原子在任一跳动方向上的跳动概率才是相等的。此时虽存在原子的迁移（即扩散），但没有宏观扩散流。如果系统处于非平衡状态，系统中必然存在热力学势的梯度（具体可表示为浓度梯度、化学位梯度、应变能梯度等）。原子在热力学势减少的方向上的跳动概率将大于在热力学势增大方向上的跳动概率，于是就出现了宏观扩散流。

(3) 晶界上原子排列混乱，与非晶体相类似，其原子堆积密集程度远不及晶粒内部，因而对原子的约束能力较弱，晶界原子的能量及振动频率 ν 明显高于晶内原子。因此晶界处原子具有更高的迁移能力。晶界扩散系数也要明显高于晶内扩散系数。

(4) 事实上这种情况不可能出现。间隙固熔体的熔质原子固熔度十分有限。即使是达到过饱合状态，熔质原子数要比晶体中的间隙总数要小几个数量级，因此，在间隙原子周围的间隙位置可看成都是空的。即对于给定晶体结构，z 为一个常数。

(5) 虽然体心立方晶体的配位数小，但其属于非密堆结构。与密堆结构的面心立方晶体相比较，公式中的相关系数 f 值相差不大（0.72 和 0.78），但原子间距大，原子因约束力小而振动频率 ν 高，其作用远大于配位数的影响。而且原子迁移所要克服的阻力也小，具体表现为扩散激活能低，扩散常数较大，实际情况是在同一温度下，α-Fe 有更高的自扩散系数，而且熔质原子在 α-Fe 中的扩散系数要比 γ-Fe 高。

# 第6章 塑性变形

## 6.1 内容精要

晶体在外力作用下发生变形。当外力较小时变形是弹性的，即卸载后变形也随之消失。这种可恢复的变形就称为弹性变形。但是，当外加应力超过屈服极限时，卸载后变形就不能完全消失，而会留下一定的残余变形或永久变形。这种不可恢复的变形就称为塑性变形。

本章的重点是讨论单晶体的塑性变形方式和规律，并在此基础上认识材料（包括合金）塑性变形特点及其强化机制，以便理解材料强韧化的本质和方法，合理使用，研制开发新材料。

从微观上看，单晶体塑性变形的主要方式有两种：滑移和孪生。它们都是在剪应力作用下晶体的一部分相对于另一部分沿着特定的晶面和晶向发生平移。

在滑移时，这种特定的晶面和晶向分别称为滑移面和滑移方向，一个滑移面和位于该面上的一个滑移方向便组成一个滑移系。从位错运动的点阵阻力（派-纳力）应最小出发，可知滑移面就是间距最大的密排面，滑移方向应是原子的最密排方向。晶体中滑移系的多少与晶体结构有关。由于 fcc 和 hcp 中有原子最密排面及密排方向，故有相对稳定的滑移系统，而 bcc 中没有原子最密排列面，但有原子最密排的晶向，故他的滑移系只能由原子的次密排面与最密排的晶向组成，因而不够稳定，如低温变形时为$\{112\}$、中温为$\{110\}$、高温时为$\{123\}$，而滑移方向总是$\langle 111 \rangle$。

当晶体受到外力作用时，不论外力方向、大小和作用方式如何，均可将其分解成垂直于某一晶面的正应力与沿此晶面的切应力。只有外力引起的作用于滑移面上、沿滑移方向的分切应力 $\tau \geqslant \tau_k$（滑移的临界分切应力）时，滑移过程才能开始。

孪生是冷塑性变形的另一种重要形式，常作为滑移不易进行时的补充。在孪生时，这种特定的晶面和晶向分别称为孪生面和孪生方向，一个孪生面和位于该面上的一个孪生方向组成一个孪生系。晶体的孪生系与其晶体结构类型有关。体心立方为$\{112\}\langle \bar{1}11 \rangle$，密排六方多为$\{10\bar{1}2\}\langle \bar{1}011 \rangle$，面心立方为$\{111\}\langle 11\bar{2} \rangle$。

孪生变形与滑移不同，孪生使一部分晶体发生了均匀切变，而滑移只集中在一些滑移面上进行；孪生后晶体变形部分的位向发生了改变，而滑移后晶体各部分位向均未改变；孪生变形的应力-应变曲线与滑移不同，会出现锯齿状的波动。

多晶体塑性变形的方式与单晶体相同，但有其特点。由于多晶体是由位向不同的许多小晶粒组成，故在外加应力作用下，只有处在有利位向的晶粒中那些取向因子最大的滑移系才能首先开动，故变形有先有后；多晶体中的每个晶粒都处在其他晶粒包围之中，变形时要求近邻晶粒互相配合、协调；晶界对于运动中的位错有阻碍作用，室温变形时，晶界强度高于晶内，即晶界具有明显的强化作用。

合金中的第二相强化，取决于第二相粒子的本性和尺寸大小。对于不可变形的第二相粒子，位错采用绕过机制；而对于可变形粒子，位错将采用切过机制。

冷塑性变形不仅可以改变金属材料的外形，而且会使其内部组织发生改变。随变形量增大,晶粒逐渐沿着变形方向被拉长,变形量较大时,可被拉成纤维状,称纤维组织。

金属冷变形时,由于晶体发生转动,使金属晶体中原为任意取向的晶粒逐渐调整到取向趋于一致,产生变形织构。

在冷塑性变形过程中,外力所做的功有一部分(约 10%)转变为储存能,其表现方式为宏观残余应力、微观残余应力及点阵畸变。点阵畸变及位错密度增加使金属强度、硬度升高,塑性、韧性下降。

聚合物的变形行为与其结构特点有关。对于热塑性聚合物其塑性变形是靠黏性流动而不是靠滑移产生的;对于热固性塑料是三维网络结构,分子不易运动,拉伸时表现出脆性特性,但在压应力下仍能发生大量塑性变形。

陶瓷材料原子间通常是由离子键、共价键所构成的,晶面间的滑移受到限制,故基本不能承受塑性变形。

基本要求:

(1) 熟悉滑移、孪生变形的主要特点,滑移系统及 schmid 定律;

(2) 熟悉多晶体塑性变形的特点;

(3) 理解加工硬化、细晶强化、第二相强化、固熔强化等产生的原因和它的工程实用意义;

(4) 了解聚合物及陶瓷塑性变形的特点;

(5) 熟悉材料塑性变形后内部组织及性能的变化;

(6) 了解屈服现象与应变时效,它对生产的危害及消除方法;

(7) 了解应变硬化在工程中的应用及其局限性。

## 6.2　知识结构

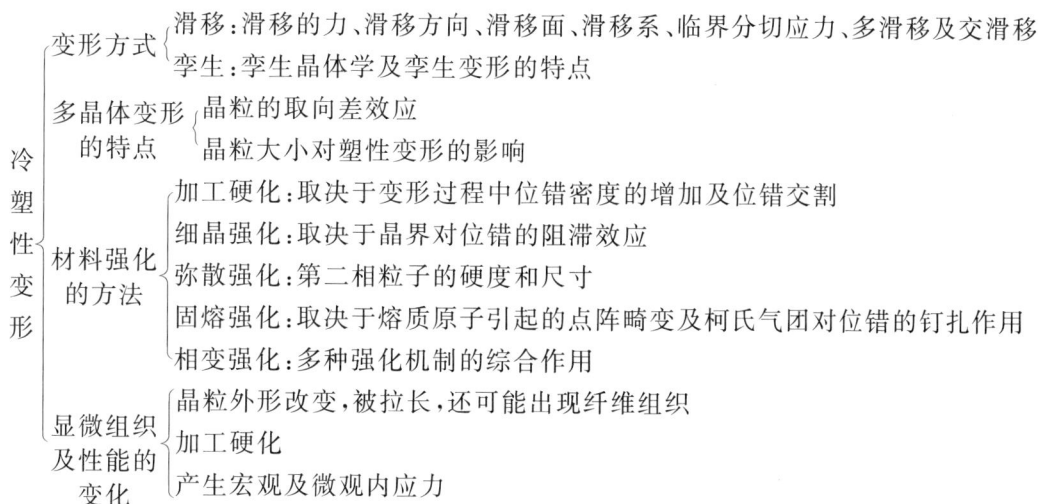

## 6.3　重要公式

(1) 滑移的临界分切应力(schmid 定律)及外力在滑移方向上的分切应力表达式为

$$\tau = \sigma\cos\lambda\cos\varphi \tag{6-1}$$

当 $\tau$ 达到临界值 $\tau_c$ 时,宏观上金属开始屈服,故 $\sigma = \sigma_s$,上式即为

$$\tau_c = \sigma_s\cos\lambda\cos\varphi \tag{6-2}$$

$$\sigma_s = \frac{\tau_c}{\cos\lambda\cos\varphi}$$

式中　$\varphi$ —— 外力轴与滑移面法线之间的夹角；

　　　$\lambda$ —— 外力轴与滑移方向之间的夹角。

（2）滑移时的点阵阻力 —— 派-纳（Pelerls - Nabarro）力的计算：

$$\tau_p = \frac{2G}{(1-\nu)}\exp\left[-\frac{2\pi a}{b(1-\nu)}\right] \tag{6-3}$$

式中　$G$ —— 切变模量；

　　　$\nu$ —— 泊松比；

　　　$a$ —— 滑移面的面间距；

　　　$b$ —— 滑移方向上的原子间距。

（3）霍尔-配奇（Hall - Petch）公式：

$$\sigma_s = \sigma_0 + Kd^{-\frac{1}{2}} \tag{6-4}$$

式中　$\sigma_0$ —— 常数（相当于单晶体的屈服强度）；

　　　$d$ —— 多晶体晶粒的平均直径；

　　　$K$ —— 表征晶界对强度影响程度的常数。

## 6.4　典型范例

**例6.1**　一低碳钢拉伸试样进行试验,试验结果如图 6-1(a) 所示。拉伸时,其应力-应变曲线如曲线 1 所示,当变形到点 $E$ 时卸载,应力-应变曲线沿曲线 2 下降。试问：

（1）$\Delta\varepsilon_1$,$\Delta\varepsilon_2$,$\Delta\varepsilon_3$ 各表示什么意义？$\Delta\varepsilon_2 > \Delta\varepsilon_3$ 说明了什么？

（2）若卸载后又立即加载,应力-应变曲线应如何变化？

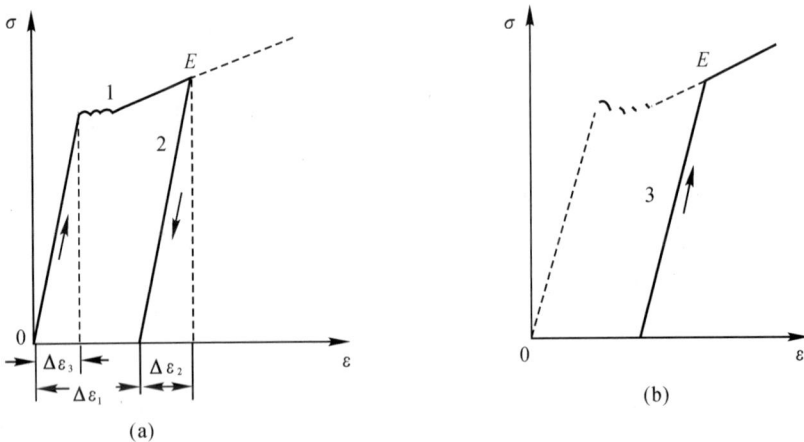

图 6-1　低碳钢拉伸时应力-应变曲线

**解**　（1）$\Delta\varepsilon_1$ 表示应力去除后不能恢复的变形,即塑性变形；$\Delta\varepsilon_2$ 表示应力去除后能够消除的变形,即弹性变形；$\Delta\varepsilon_3$ 表示屈服前的最大弹性变形量。$\Delta\varepsilon_2 > \Delta\varepsilon_3$ 说明材料屈服以后,产生了加工硬化现象,强度提高,使得弹性变形量增大。

（2）若卸载以后又立即加载,其应力-应变曲线如图 6-1(b) 中的曲线 3 所示。在第一次拉伸时,已经产生了冷塑性变形,引起了加工硬化效应,在第二次拉伸时,应力-应变曲线应沿原卸载路线上升。

**讨论**　低碳钢在拉伸时会产生应变时效现象。图 6-1(a) 表明一低碳钢试样在拉伸时,在外力超过屈服点以后若卸掉载荷,则位错停止运动,试样产生弹性恢复;若随后又立即加载,变形将沿图 6-1(b) 进行,此时不再出现图 6-1(a) 的屈服现象;但若在图 6-1(a) 之后不是立即加载,而是在室温下停留较长时间后再加载,那么,在拉伸曲线上将又会出现屈服现象,而且屈服点还有所升高。

**例 6.2**　拉伸试验时,试样缩颈区有一个小圆柱的体积。假定塑性变形时体积不变,取缩颈区的直径作为小圆柱体的直径 $d$,则可证明试样缩颈处的真实应变为

$$\varepsilon = 2\ln\frac{d_0}{d}$$

**证明**　假设塑性变形时小圆柱的体积不变,变形前的直径为 $d_0$,变形后的直径为 $d$,则

$$l_0 = \frac{\Delta V}{\frac{1}{4}\pi d_0^2}, \quad l = \frac{\Delta V}{\frac{1}{4}\pi d^2}$$

所以

$$\varepsilon = \int_{l_0}^{l}\frac{\mathrm{d}l}{l} = \ln\frac{l}{l_0} = \ln\frac{d_0^2}{d^2} = 2\ln\frac{d_0}{d}$$

**例 6.3**　对于预先经过退火的金属多晶体,其真应力-应变曲线中均匀塑性变形阶段,$\sigma_T$ 与 $\varepsilon_T$ 的关系为

$$\sigma_T = K\varepsilon_T^n$$

式中,$K$ 为强度系数,$n$ 为应变硬化指数。若有 A,B 两种金属,其 $K$ 值大致相等,而 $n_A = 0.5$,$n_B = 0.2$,则

（1）哪种金属的硬化能力较强,为什么?

（2）同样的塑性应变时,A 和 B 哪个位错密度高?

（3）试导出应变硬化指数 $n$ 和应变硬化率 $\theta = \dfrac{\mathrm{d}\sigma_T}{\mathrm{d}\varepsilon_T}$ 之间的数学关系式。

**解**　（1）因为

$$\sigma_T = K\varepsilon_T^n \tag{1}$$

所以

$$\mathrm{d}\sigma_T = nK\varepsilon_T^{n-1}\mathrm{d}\varepsilon_T$$

$$\frac{\mathrm{d}\sigma_T}{\mathrm{d}\varepsilon_T} = nK\varepsilon_T^{n-1} \tag{2}$$

由上式可知,当 $\varepsilon_T < 1$ 时,若 $0 < n < 1$,则 $n$ 较大者,$\dfrac{\mathrm{d}\sigma_T}{\mathrm{d}\varepsilon_T}$ 亦大,因此 A 金属的应变硬化能力高。

（2）由式（1）可知,当 $\varepsilon_T < 1$,$0 < n < 1$ 时,在相同的 $\varepsilon_T$ 下,若 $K$ 值大致相等,则 $n$ 越大,$\sigma_T$ 越小,而 $\sigma_T \propto \sqrt{\rho}$。因此,$n$ 越大,$\rho$ 越低。由于 $n_A > n_B$,故在同样的塑性应变时,B 金属的位错密度高。

（3）应变硬化率 $\theta$ 的定义式为

$$\theta = \frac{\mathrm{d}\sigma_T}{\mathrm{d}\varepsilon_T}$$

三导

由式(2)得

$$\theta = nK\varepsilon_T^{n-1}$$

把式(1)代入上式,得

$$\theta = n\frac{\sigma_T}{\varepsilon_T^n}\varepsilon_T^{n-1} = n\frac{\sigma_T}{\varepsilon_T}$$

**讨论**　在拉伸过程中,试样的尺寸不断变化,试样所受的真实应力应是瞬时载荷与瞬时截面积之比 $\sigma_T$,而真应变 $\varepsilon_T$ 应是瞬时伸长量除以瞬时长度。因此,真应力-真应变($\sigma_T-\varepsilon_T$)曲线与工程应力-应变($\sigma-\varepsilon$)曲线不同。描述材料的硬化行为时应采用 $\sigma_T-\varepsilon_T$ 曲线而不能用 $\sigma-\varepsilon$ 曲线。

**例 6.4**　将一根长 20 m,直径为 14.0 mm 的铝棒通过孔径为 12.7 mm 的模具拉拔,试求:

(1) 这根铝棒拉拔后的尺寸;

(2) 这根铝棒要承受的冷加工率。

**解**　(1) 铝棒在拉拔过程中发生塑性变形,但总的体积不变。设拉拔后的长度为 $L$,则

$$\pi \times \left(\frac{14.0}{2}\right)^2 \times 20 \times 10^3 = \pi \times \left(\frac{12.7}{2}\right)^2 \times L \times 10^3$$

$$L = 24.3 \text{ m}$$

(2) 冷加工率(CW)可表示为由塑性变形引起的横截面积减小的百分数,即

$$CW = \left[\frac{\pi\left(\frac{14.0}{2}\right)^2 - \pi \times \left(\frac{12.7}{2}\right)^2}{\pi \times \left(\frac{14.0}{2}\right)^2}\right] = 18\%$$

**讨论**　冷加工率是生产中常用的一个指标,应了解它的计算方法;通常以截面积减少的百分比来表示。

**例 6.5**　体心立方晶体的 $\{112\}\langle111\rangle$ 和 $\{123\}\langle111\rangle$ 滑移系有多少个? 试用图表示其中的一个滑移系。

**解**　在 bcc 中,$\{112\}$ 晶面族包括 12 组晶面,每个 $\{112\}$ 晶面上包含一个 $\langle111\rangle$ 晶向,如图 6-2(a)所示。$\{123\}$ 晶面族包括 24 个晶面,每个 $\{123\}$ 晶面上包含一个 $\langle111\rangle$ 晶向,如图 6-2(b)所示。

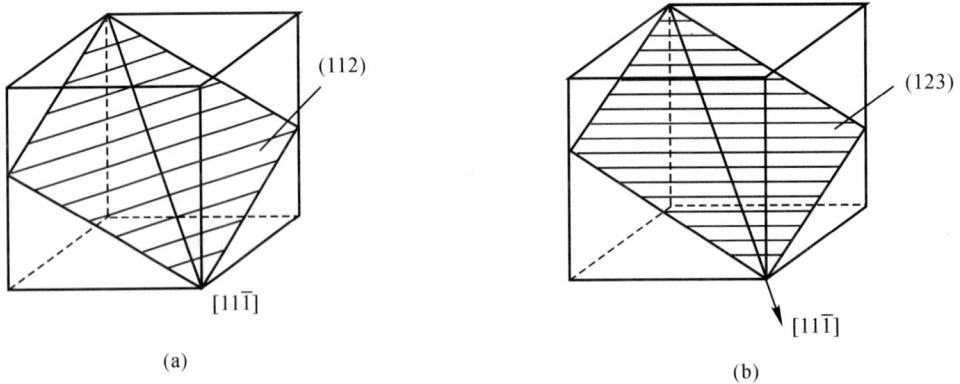

图 6-2　体心立方点阵中的滑移系

**讨论**  滑移时的滑移面与滑移方向并不是任意的,由6.3中式(6-3)可知,滑移面应是面间距最大的密排面,滑移方向是原子的最密排方向。因为体心立方晶体中没有原子最密排面,所以滑移在次密排面上进行。一个滑移面与其面上的一个滑移方向组成一个滑移系。

**例6.6**  若单晶体铜的表面恰好为{100}晶面,假设晶体可以在各个滑移系上进行滑移。试讨论表面上可能见到的滑移线形貌(滑移线的方位和它们之间的夹角)。若单晶体表面为{111}晶面呢?

**解**  铜晶体为面心立方点阵,其滑移系为{111}⟨110⟩。若铜单晶体的表面为{100}晶面,当塑性变形时,晶体表面出现的滑移线应是{111}与{100}的交线⟨110⟩。即在晶体表面上见到的滑移线是相互平行的,或者互相成90°夹角。

当铜单晶体的外表面为{111}晶面族时,表面出现的滑移线为⟨110⟩,它们要么相互平行,要么相互交角为60°。

**讨论**  当金属试样进行塑性变形时,在抛光的试样表面会出现滑移变形的痕迹,称为滑移带。若用电子显微镜观察,会发现滑移带是由滑移线组成。滑移线实际上是晶体表面产生的一个个滑移台阶造成的。因此,在讨论晶体表面滑移线形貌时,只要考虑晶体的滑移面与表面的交线形貌就可以了。

**例6.7**  铝单晶体在室温时的临界分切应力为$7.9 \times 10^5$ Pa。若室温下对铝单晶体试样做拉伸试验时,拉力轴为[123]方向,可能开动的滑移系为$(\bar{1}11)[101]$,求引起试样屈服所需要加的应力。

**解**  铝晶体为面心立方点阵,其滑移系为{111}⟨110⟩。对铝的单晶体做拉伸试验时

$$\sigma_s = \frac{\tau_c}{\cos\varphi\cos\lambda}$$

已知$\tau_c = 7.9 \times 10^5$ Pa,当外力轴方向为[123]时,可能开动的滑移系为$(\bar{1}11)[101]$,故$\varphi$为[123]与$(\bar{1}11)$晶面的法线$[\bar{1}11]$之间的夹角;$\lambda$为[123]与[101]之间的夹角。

$$\cos\varphi = \frac{\bar{1} + 2 + 3}{\sqrt{14} \times \sqrt{3}} = \frac{4}{\sqrt{42}}$$

$$\cos\lambda = \frac{1 + 0 + 3}{\sqrt{14} \times \sqrt{2}} = \frac{2}{\sqrt{7}}$$

所以

$$\sigma_s = \frac{7.9 \times 10^5}{\dfrac{4}{\sqrt{42}} \times \dfrac{2}{\sqrt{7}}} = 1.69 \times 10^6 \text{ Pa}$$

**讨论**  由schmid定律可知,外力在滑移方向上的分切应力为:$\tau = \sigma\cos\lambda\cos\varphi$。当$\tau$达到临界值$\tau_c$时,宏观上金属开始屈服,此时$\sigma = \sigma_s$,故$\sigma_s = \dfrac{\tau_c}{\cos\lambda\cos\varphi}$。

**例6.8**  锌单晶体在拉伸前的滑移方向与拉伸轴的夹角为45°,拉伸后滑移方向与拉伸轴的夹角为30°,试求拉伸后的延伸率?

**解**  如图6-3(a)和(b)所示,$AC$和$A'C'$分别为拉伸前、后晶体中两相邻滑移面之间的距离。因为拉伸前、后滑移面间距不变,即

$$AC = A'C'$$

故延伸率为

三导

$$\delta = \frac{A'B' - AB}{AB} = \frac{\dfrac{A'C'}{\sin 30°} - \dfrac{AC}{\sin 45°}}{\dfrac{AC}{\sin 45°}} = \frac{2 - \sqrt{2}}{\sqrt{2}} = 41.4\%$$

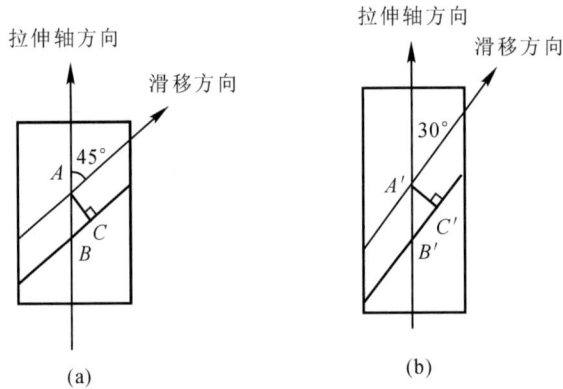

图 6-3　锌单晶体拉伸示意图

（a）拉伸前；　（b）拉伸后

**讨论**　　晶体发生塑性变形时,将使滑移面发生转动,故晶体的位向不断改变。原来处于软位向的滑移系,由于晶体的转动,使 $\varphi$ 与 $\lambda$ 角逐渐远离 45°,如题中的晶体拉伸前为 45°,拉伸后变为 30°;另外,应注意晶体转动时,同一晶面指数中的相邻晶面,其面间距将保持不变。

**例 6.9**　某面心立方晶体的可动滑移系为 $(11\bar{1})[\bar{1}10]$。

(1) 指出引起滑移的单位位错的柏氏矢量;

(2) 如果滑移是由纯刃型位错引起的,试指出位错线的方向;

(3) 如果滑移是由纯螺型位错引起的,试指出位错线的方向;

(4) 指出在上述(2)和(3)两种情况下滑移时位错线的移动方向;

(5) 假定在该滑移系上作用一大小为 0.7 MPa 的切应力,试计算单位刃型位错和单位螺型位错线受力的大小和方向(取点阵常数 $a = 0.2$ nm)。

**解**　　(1) 引起滑移的单位位错的柏氏矢量 $\boldsymbol{b} = \dfrac{a}{2}[\bar{1}10]$,即沿滑移方向上相邻两个原子间的连线所表示的矢量。

(2) 位错线位于滑移面 $(11\bar{1})$ 上,设位错线的方向为 $[uvw]$,则有 $u + v - w = 0$;位错线与 $\boldsymbol{b}$ 垂直,即与 $[\bar{1}10]$ 垂直,则有 $-u + v = 0$。由以上两式得 $u : v : w = 1 : 1 : 2$,所以位错线的方向为 $[112]$。

(3) 位错线位于滑移面上,且平行于 $\boldsymbol{b}$,所以位错线的方向为 $[\bar{1}10]$。

(4) 在(2)时,位错线运动方向平行于 $\boldsymbol{b}$;在(3)时,位错线的运动方向垂直于 $\boldsymbol{b}$。

(5) 在外加切应力 $\tau$ 的作用下,位错线单位长度上所受的力的大小为 $F = \tau b$,方向与位错线垂直。而

$$|b| = \sqrt{\left(\frac{a}{2}\right)^2 + \left(\frac{a}{2}\right)^2} = \frac{\sqrt{2}}{2}a$$

所以

$$F = \tau\,b = 0.7 \times \frac{\sqrt{2}}{2}a = 0.7 \times \frac{\sqrt{2} \times 0.2 \times 10^{-9}}{2} = 9.899 \times 10^{-11} \text{ MN/m}$$

$F_刃$ 的方向垂直于位错线；$F_螺$ 的方向也垂直于位错线。

**讨论**　应明确以下概念。

单位位错是指柏氏矢量恰好等于单位点阵矢量的位错，如在 fcc 中，$\boldsymbol{b} = \dfrac{a}{2}\langle 110 \rangle$；在 bcc 中，$\boldsymbol{b} = \dfrac{a}{2}\langle 111 \rangle$；hcp 中，$\boldsymbol{b} = \dfrac{a}{3}\langle 11\bar{2}0 \rangle$。

对于刃型位错，当切应力与位错线垂直时，才能运动；而对于螺型位错，当切应力与位错线平行时，方能运动。

在外加切应力 $\tau$ 的作用下，单位长度位错线上所受的力为 $F = \tau\,b$，力的方向与位错线垂直。

**例 6.10**　沿密排六方单晶体的 [0001] 方向分别加拉伸力和压缩力。说明在这两种情况下，形变的可能性及形变所采取的主要方式。

**解**　密排六方金属的滑移面为 (0001)，而 [0001] 方向的力在滑移面上的分切应力为零，故单晶体不能滑移。拉伸时，单晶体可能产生的形变是弹性形变或随后的脆断；压缩时，在弹性形变后，可能有孪生。

**讨论**　晶体受到外力作用时，不论外力方向、大小和作用方式如何，均可将其分解成垂直某一晶面的正应力与沿此晶面的切应力。只有外力引起的作用于滑移面上、沿滑移方向的分切应力达到某一临界值时，便会产生滑移；而正应力只能引起弹性变形，甚至断裂。

**例 6.11**　证明面心立方金属晶体在孪生变形时产生的切变量为 0.707。

**证明**　面心立方晶体孪生变形示意图如图 6-4 所示。设面心立方晶体的点阵常数为 $a$。

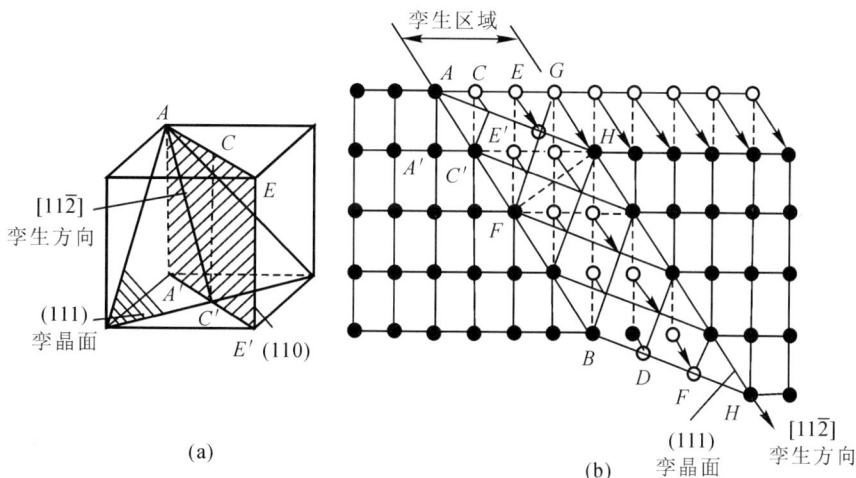

图 6-4　面心立方晶体孪生变形示意图
(a) 孪晶面和孪生方向；(b) 孪生变形时原子的移动

由图可知，$G$ 原子切变后到达 $H$ 位置（$GH \parallel AC'$），则有

$$GH = \sqrt{a^2 + \left(\frac{\sqrt{2}}{2}a\right)^2} = \frac{\sqrt{6}}{2}a$$

$$FH = A'E = \sqrt{a^2 + (\sqrt{2}a)^2} = \sqrt{3}a$$

在 $\triangle FGH$ 中，$GH \perp FH$，$\angle GFH = \gamma$，为切变角，切应变 $S$ 为

$$S = \frac{GH}{FH} = \frac{\sqrt{2}}{2} = 0.707$$

**例 6.12**  退火纯铁在晶粒大小为 $N_A = 16$ 个 $/mm^2$ 时，其屈服强度 $\sigma_s = 100$ MPa；当 $N_A = 4\ 096$ 个 $/mm^2$ 时，$\sigma_s = 250$ MPa。试计算 $N_A = 250$ 个 $/mm^2$ 时的 $\sigma_s$。

**解**  设晶粒的平均直径为 $d$，每平方毫米内的晶粒个数为 $N_A$，则可以证明

$$d = \sqrt{\frac{8}{3\pi N_A}}$$

所以

$$d_1 = \sqrt{\frac{8}{3\pi \times 16}} = 0.053 \text{ mm}$$

$$d_2 = \sqrt{\frac{8}{3\pi \times 4\ 096}} = 2.072 \times 10^{-4} \text{ mm}$$

$$d_3 = \sqrt{\frac{8}{3\pi \times 250}} = 3.395 \times 10^{-3} \text{ mm}$$

代入 Hall – Petch 公式，即

$$\begin{cases} 100 = \sigma_0 + K(0.053)^{-1/2} \\ 250 = \sigma_0 + K(2.072 \times 10^{-4})^{-1/2} \end{cases}$$

解得

$$\sigma_0 = 90 \text{ MPa}$$

$$K = 2.303 \quad (d \text{ 按 mm 单位计算})$$

所以  当 $N_A = 250$ 个 $/mm^2$，$d = 3.395 \times 10^{-3}$ mm 时，

$$\sigma_s = 90 + 2.303 \times (3.395 \times 10^{-3})^{-1/2} = 129.5 \text{ MPa}$$

**讨论**  霍尔(Hall)与配奇(Petch)在实验的基础上建立了屈服强度与晶粒尺寸之间的关系，即

$$\sigma_s = \sigma_0 + K d^{-\frac{1}{2}}$$

可以看出 $\sigma_s$ 与 $d^{-\frac{1}{2}}$ 呈线性关系。某种材料的 $\sigma_0$、$K$ 确定以后，若知道晶粒的平均尺寸 $d$，就可计算 $\sigma_s$。

实验表明，亚晶粒尺寸与屈服强度之间，以及塑性材料的流变应力、脆性材料的脆断应力、金属的疲劳强度等与晶粒大小之间的关系也都符合上式。

**例 6.13**  假设 40 钢中的渗碳体全部呈半径为 $10\ \mu m$ 的球形粒子均匀地分布在 $\alpha$-Fe 基体上，试计算这种钢的切变强度。已知铁的切变模量 $G_{Fe} = 7.9 \times 10^{10}$ Pa，$\alpha$-Fe 的点阵常数 $a = 0.28$ nm(计算时可忽略 Fe 与 $Fe_3C$ 密度的差异)。

**解**  第二相硬粒子引起的弥散强化效果决定于第二相的分散度，即 $\tau = \frac{Gb}{\lambda}$。

对于 40 钢，其含碳质量分数 $w_C = 0.004$，若忽略基体相 $\alpha$-Fe 中的碳含量，则 $Fe_3C$ 相所占的体积分数为

$$\varphi_{Fe_3C} = \frac{0.004}{0.069} = 0.06$$

设单位体积内 $Fe_3C$ 的颗粒数为 $N_V$，则

$$\varphi_{Fe_3C} = \frac{4}{3}\pi r^3 N_V$$

$$N_V = \frac{\varphi_{Fe_3C}}{\frac{4}{3}\pi r^3} = \frac{0.06}{\frac{4}{3}\pi \times (10 \times 10^{-6})^3} \approx 1.43 \times 10^{13} \text{个}/m^3$$

$$\lambda = \sqrt[3]{\frac{1}{N_V}} = (1.43 \times 10^{13})^{-1/3} = 0.24 \times 10^{-5} \text{ m} = 2.4 \ \mu m$$

因为 $\alpha - Fe$ 为体心立方点阵，$a = 0.28$ nm，则有

$$b = \frac{\sqrt{3}}{2}a = \frac{\sqrt{3}}{2} \times 0.28 = 0.25 \text{ nm}$$

所以

$$\tau = \frac{Gb}{\lambda} = \frac{7.9 \times 10^{10} \times 2.5 \times 10^{-10}}{2.4 \times 10^{-5}} = 8.23 \times 10^5 \text{ Pa}$$

**讨论** 关于第二相硬粒子引起的强化效果与第二相的分散度有关。若位错绕过第二相粒子所需切应力为 $\tau$，第二相粒子间距为 $\lambda$，则由 $\tau = \frac{Gb}{2r}$ 可知 $\tau = \frac{Gb}{\lambda}$。

## 6.5 效果测试

**1.** 锌单晶体试样的截面积 $A = 78.5$ mm²，经拉伸试验测得有关数据如表 6-1 所示。试回答下列问题：

(1) 根据表 6-1 中每一种拉伸条件的数据求出临界分切应力 $\tau_k$，分析有无规律。

(2) 求各屈服载荷下的取向因子，作出取向因子和屈服应力的关系曲线，说明取向因子对屈服应力的影响。

**表 6-1　锌单晶体拉伸试验测得的数据**

| 屈服载荷 / N | 620 | 252 | 184 | 148 | 174 | 273 | 525 |
|---|---|---|---|---|---|---|---|
| $\varphi/(°)$ | 83 | 72.5 | 62 | 48.5 | 30.5 | 17.6 | 5 |
| $\lambda/(°)$ | 25.5 | 26 | 38 | 46 | 63 | 74.8 | 82.5 |

**2.** 低碳钢的屈服点 $\sigma_s$ 与晶粒直径 $d$ 的关系如表 6-2 中的数据所示，$d$ 与 $\sigma_s$ 是否符合霍尔-配奇公式？试用最小二乘法求出霍尔-配奇公式中的常数。

**表 6-2　低碳钢屈服极限与晶粒直径**

| $d/\mu m$ | 400 | 50 | 10 | 5 | 2 |
|---|---|---|---|---|---|
| $\sigma_s/(kPa)$ | 86 | 121 | 180 | 242 | 345 |

**3.** 拉伸铜单晶体时，若拉力轴的方向为 $[001]$，$\sigma = 10^6$ Pa。求 (111) 面上柏氏矢量 $\boldsymbol{b} = \frac{a}{2}[10\bar{1}]$ 的螺型位错线上所受的力（$a_{Cu} = 0.36$ nm）。

4. 给出位错运动的点阵阻力与晶体结构的关系式。说明为什么晶体滑移通常发生在原子最密排的晶面和晶向。

5. 对于面心立方晶体来说，一般要有 5 个独立的滑移系才能进行滑移。这种结论是否正确？请说明原因及此结论适用的条件。

6. 什么是单滑移、多滑移、交滑移？三者滑移线的形貌各有何特征？

7. 已知纯铜的 $\{111\}[\bar{1}10]$ 滑移系的临界切应力 $\tau_c$ 为 1 MPa，问：

(1) 要使 $(\bar{1}11)$ 面上产生 $[101]$ 方向的滑移，则在 $[001]$ 方向上应施加多大的应力？

(2) 要使 $(\bar{1}11)$ 面上产生 $[110]$ 方向的滑移呢？

8. 证明体心立方金属产生孪生变形时，孪晶面沿孪生方向的切应变为 0.707。

9. 试比较晶体滑移和孪生变形的异同点。

10. 用金相分析如何区分"滑移带""机械孪晶""退火孪晶"。

11. 试用位错理论解释低碳钢的屈服。举例说明吕德斯带对工业生产的影响及防止办法。

12. 纤维组织及织构是怎样形成的？它们有何不同？对金属的性能有什么影响？

13. 简要分析加工硬化、细晶强化、固溶强化及弥散强化在本质上有何异同。

14. 钨丝中气泡密度（单位面积内的气泡个数）由 100 个 /cm² 增至 400 个 /cm² 时，拉伸强度可以提高 1 倍左右，这是因为气泡可以阻碍位错运动。试分析气泡阻碍位错运动的机制和确定切应力的增值 $\Delta\tau$。

15. 陶瓷晶体塑性变形有何特点？

16. 为什么陶瓷实际的抗拉强度低于理论的屈服强度，而陶瓷的压缩强度总是高于抗拉强度？

17. 已知烧结氧化铝的孔隙度为 5% 时，其弹性模量为 370 GPa，若另一烧结氧化铝的弹性模量为 270 GPa，试求其孔隙度。

18. 为什么高聚物在冷拉过程中细颈截面积保持基本不变？将已冷拉高聚物加热到它的玻璃化转变温度以上时，冷拉中产生的形变是否能回复？

19. 银纹与裂纹有什么区别？

## 6.6 参考答案

1.(1) 临界分切应力 $\tau_k$ 及取向因子数据如表 6-3 所示。

以上数据表明，实验结果符合临界分切应力定律 $\tau_k = \sigma m$。

(2) 屈服应力 $\sigma_s$ 与取向因子 $m$ 之间的关系如图 6-5 所示。

表 6-3　由试验数据计算的 $\tau_k$ 及 $m$

| $\tau_k/(MN \cdot m^{-2})$ | 0.851 4 | 0.850 5 | 0.851 | 0.851 | 0.846 3 | 0.852 5 | 0.852 8 |
|---|---|---|---|---|---|---|---|
| $m = \cos\lambda\cos\varphi$ | 0.11 | 0.27 | 0.37 | 0.46 | 0.39 | 0.25 | 0.13 |
| $\sigma_s/(MN \cdot m^{-2})$ | 7.74 | 3.15 | 2.30 | 1.85 | 2.17 | 3.41 | 6.56 |

可见，当滑移面法线、滑移方向与外力轴三者共处一个平面时，则 $\varphi = 45°$，$m = 0.5$，此时 $\sigma_s$ 最小；当 $\varphi = 0°$，$\sigma_s \to \infty$ 时，晶体无法滑移。

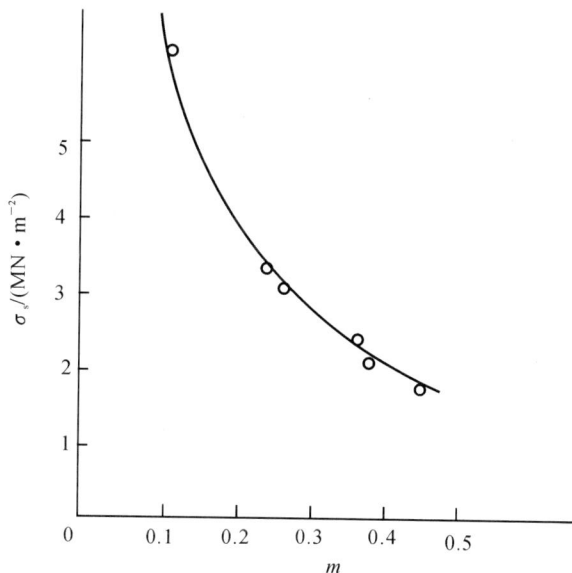

图 6-5　锌单晶体的屈服应力与取向因子的关系

**2. 霍尔-配奇公式为**

$$\sigma_s = \sigma_0 + K d^{-1/2}$$

按一元回归分析可直接计算：

| $\sigma_s(y)$ | $d^{-1/2}(x)$ | $\sigma_s^2$ | $(d^{-1/2})^2$ | $\sigma_s d^{-1/2}$ |
|---|---|---|---|---|
| 86 | 0.05 | 7 396 | 0.002 5 | 4.3 |
| 121 | 0.14 | 14 641 | 0.02 | 16.94 |
| 180 | 0.316 | 32 400 | 0.1 | 56.88 |
| 242 | 0.447 | 58 564 | 0.2 | 108.74 |
| 345 | 0.707 | 119 025 | 0.5 | 243.915 |

$\sum \sigma_s = 974$　$\sum d^{-1/2} = 1.66$　$\sum \sigma_s^2 = 232\ 026$　$\sum (d^{-1/2})^2 = 0.822\ 5$　$\sum \sigma_s d^{-1/2} = 430\ 209$

$$K = \frac{\sum_{i=1}^{N} y_i x_i - \frac{1}{N}\sum_{i=1}^{N} x_i \sum_{i=1}^{N} y_i}{\sum_{i=1}^{N} x_i^2 - \frac{1}{N}\left(\sum_{i=1}^{N} x_i\right)^2} = \frac{430.209 - \frac{1}{5} \times 1.66 \times 974}{0.822\ 5 - \frac{1}{5} \times 1.66^2} = 393.69$$

$$\sigma_0 = \bar{y} - b\bar{x} = \frac{1}{N}\left(\sum_{i=1}^{N} y_i - b\sum_{i=1}^{N} x_i\right) = \frac{1}{5} \times (974 - 393.69 \times 1.66) = 64.09$$

所以

$$\sigma_s = 64.09 + 393.69 d^{-1/2}$$

相关系数：$\gamma = \dfrac{\sum xy - \dfrac{\sum x \sum y}{N}}{\sqrt{\left[\sum x^2 - \dfrac{(\sum x)^2}{N}\right]\left[\sum y^2 - \dfrac{(\sum y)^2}{N}\right]}} =$

$$\frac{430.209-\dfrac{1.66\times974}{5}}{\sqrt{\left[0.822\ 5-\dfrac{(1.66)^2}{5}\right]\left[232\ 026-\dfrac{(974)^2}{5}\right]}}=0.997$$

**3.** 设外加拉应力在(111)滑移面上沿$[\bar{1}01]$晶向的分切应力为$\tau$,则

$$\tau=\sigma\cos\varphi\cos\lambda$$

式中,$\varphi$ 为$[001]$与(111)晶面的法线$[111]$间的夹角,$\lambda$ 为$[001]$与$[\bar{1}01]$晶向间的夹角。

所以

$$\tau=10^6\times\frac{1}{\sqrt{1}\times\sqrt{3}}\times\frac{1}{\sqrt{2}}=4.082\ 5\times10^5\ \text{Pa}$$

若螺型位错线上受的力为$F_d$,则

$$F_d=\tau b=4.082\ 5\times10^5\times\frac{\sqrt{2}}{2}\times0.36\times10^{-9}=1.039\times10^{-4}\ \text{N/m}$$

**4.** $\tau_p\approx\dfrac{2G}{1-\nu}\exp\left[-\dfrac{2\pi a}{(1-\nu)b}\right]\approx\dfrac{2G}{1-\nu}\exp(-2\pi w/b)$

式中　$w$ —— 位错宽度$[w=a/(1-\nu)]$;

　　　$a$ —— 滑移面的晶面间距;

　　　$b$ —— 滑移方向上的原子间距;

　　　$\nu$ —— 泊松比。

由上式可见,$a$ 值越大,$\tau_p$ 越小,故滑移面应该是晶面间距最大,即原子最密排的晶面;$b$ 值越小,则 $\tau_p$ 越小,故滑移方向应该是原子最密排的晶向。

**5.** 这个结论是正确的。因为一般表示一个形变需要 9 个应变分量,即

$$\varepsilon_{ij}=\begin{vmatrix}\varepsilon_{xx}&\varepsilon_{xy}&\varepsilon_{xz}\\\varepsilon_{yy}&\varepsilon_{yx}&\varepsilon_{yz}\\\varepsilon_{zz}&\varepsilon_{zx}&\varepsilon_{zy}\end{vmatrix}$$

但 $\varepsilon_{xy}=\varepsilon_{yx}$,$\varepsilon_{yz}=\varepsilon_{zy}$,$\varepsilon_{zx}=\varepsilon_{xz}$;这样只有 6 个分量了。

由于要求变形是均匀的、连续的,因此形变前后体积不变,即 $\Delta V=\varepsilon_{xx}+\varepsilon_{yy}+\varepsilon_{zz}=0$。有了这个约束,就只有 5 个独立应变分量了。而每个独立的应变分量是由一个独立的滑移系产生的,因此,需要 5 个独立的滑移系产生 5 个独立的应变分量。

应用这个结论时,要注意晶体的体积大小。体积不能太小,一定要大于滑移带间距,这样,才可认为塑性变形是均匀的;但体积也不能太大,一定要在线性塑性变形范围内才行,如不能超过一个晶粒的范围等。

**6.** 单滑移是指只有一个滑移系进行滑移。滑移线呈一系列彼此平行的直线。这是因为单滑移仅有一组滑移系进行滑移,该滑移系中所有的滑移面都互相平行,且滑移方向都相同所致。

多滑移是指有两组或两组以上的不同滑移系同时或交替地进行滑移。它们的滑移线或者平行,或者相交成一定角度。这是因为一定的晶体结构中具有一定的滑移系,而这些滑移系的滑移面之间及滑移方向之间都有一定的角度。

交滑移是指两个或两个以上的滑移面沿共同的滑移方向同时或交替地滑移。它们的滑移

线通常为折线或波纹状。这是螺型位错在不同的滑移面上反复进行"扩展"的结果。

**7.** (1) 对立方晶系,两晶向 $[u_1 v_1 w_1]$ 和 $[u_2 v_2 w_2]$ 间的夹角为

$$\cos\varphi = \frac{u_1 u_2 + v_1 v_2 + w_1 w_2}{\sqrt{u_1^2 + v_1^2 + w_1^2}\sqrt{u_2^2 + v_2^2 + w_2^2}}$$

故滑移面 $(\bar{1}11)$ 的法线方向 $[\bar{1}11]$ 和拉力轴 $[001]$ 的夹角为

$$\cos\varphi = \frac{1\times0 + 1\times0 + 1\times1}{\sqrt{1^2+1^2+1^2}\sqrt{0^2+0^2+1^2}} = \frac{1}{\sqrt{3}} = 0.577$$

滑移方向 $[101]$ 和拉力轴 $[001]$ 的夹角为

$$\cos\lambda = \frac{1\times0 + 0\times0 + 1\times1}{\sqrt{1^2+0^2+1^2}\sqrt{0^2+0^2+1^2}} = \frac{1}{\sqrt{2}} = 0.707$$

施加应力

$$\sigma = \frac{\tau_c}{\cos\varphi\cos\lambda} = \frac{1}{0.577\times0.707} = 2.45 \text{ MPa}$$

(2) 由于滑移方向 $[110]$ 和 $[001]$ 方向点积为零,故知两晶向垂直,$\cos\lambda = 0$,$\sigma = \infty$。即施加应力方向为 $[001]$ 时,在 $[110]$ 方向不会产生滑移。

**8.** 证明　体心立方晶体 $(1\bar{1}0)$ 面的原子排列以及切变成孪晶的原子排列如图 6-6 所示。

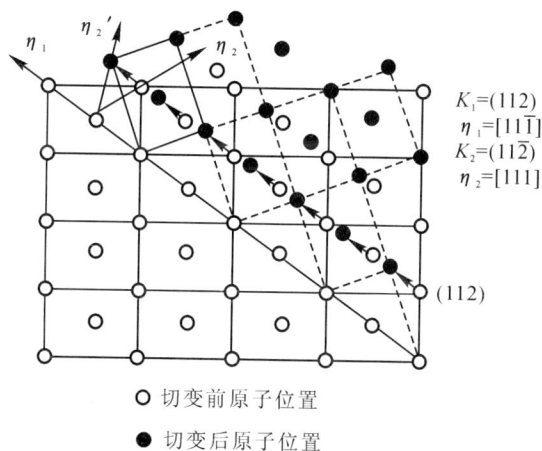

　　○ 切变前原子位置

　　● 切变后原子位置

图 6-6　体心立方孪生时原子移动的示意图纸面是 $(1\bar{1}0)$,
虚线是切变后形成的孪晶的原子排列

孪生时的切变量为 $2\cot\theta$,$\theta$ 角是 $\eta_1$ 和 $\eta_2$ 的夹角,可根据两晶向间夹角公式计算如下:

$$\cos\theta = \frac{u_1 u_2 + v_1 v_2 + w_1 w_2}{(u_1^2 + v_1^2 + w_1^2)^{1/2}(u_2^2 + v_2^2 + w_2^2)^{1/2}} =$$

$$\frac{1\times1 + 1\times1 - 1\times1}{[1^2 + 1^2 + (-1)^2]^{1/2}\times(1^2+1^2+1^2)^{1/2}} = \frac{1}{3}$$

所以　　　　　　　　　　　　　$\theta = 70.53°$

于是,切应变为　　　　　　　　$\gamma = 2\cot70.53° = 0.707$

**9.** 晶体滑移和孪生变形的异同点如表 6-4 所示。

表 6-4　晶体滑移和孪生的比较

| 类　别 | 变形方式 | |
|---|---|---|
| | 滑　移 | 孪　生 |
| 相同方面 | ① 从宏观上看,两者都是在剪(切)应力作用下发生的均匀剪切变形。<br>② 从微观上看,两者都是晶体塑性变形的基本方式,是晶体的一部分相对于另一部分沿一定的晶面和晶向平移。<br>③ 两者都不改变晶体结构类型 | |

| 不同方面 | 晶体中的位向 | 晶体中已滑移部分与未滑移部分的位向相同 | 已孪生部分(孪晶)和未孪生部分(基体)的位向不同,且两部分之间具有特定的位向关系(镜面对称) |
|---|---|---|---|
| | 位移的量 | 原子的位移是沿滑移方向上原子间距的整数倍;且在一个滑移面上总位移较大 | 原子的位移小于孪生方向的原子间距,一般为孪生方向原子间距的 $1/n$ |
| | 对塑性变形的贡献 | 对晶体的塑性变形贡献很大,即总变形量大 | 对晶体塑性变形的贡献很有限,即总变形量小 |
| | 变形应力 | 有确定的(近似的)临界分切应力 | 所需分切应力一般高于滑移的临界分切应力 |
| | 变形条件 | 一般情况下,先发生滑移变形 | 滑移变形难以进行时;或晶体对称度很低、变形温度较低、加载速率较高时 |
| | 变形机制 | 滑移是全位错运动的结果 | 孪生是分位错运动的结果 |

**10.** 滑移带一般不穿越晶界。如果没有多滑移时,以平行直线和波纹线出现,如图 6-7(a),它可以通过抛光而去除。

机械孪晶也在晶粒内,因为它在滑移难以进行时发生,而当孪生使晶体转动后,又可使晶体滑移。所以一般孪晶区域不大,如图 6-7(b)所示。孪晶与基体位向不同,不能通过抛光去除。

退火孪晶以大条块形态分布于晶内,孪晶界面平直,一般在金相磨面上分布比较均匀,如图 6-7(c)所示,且不能通过抛光去除。

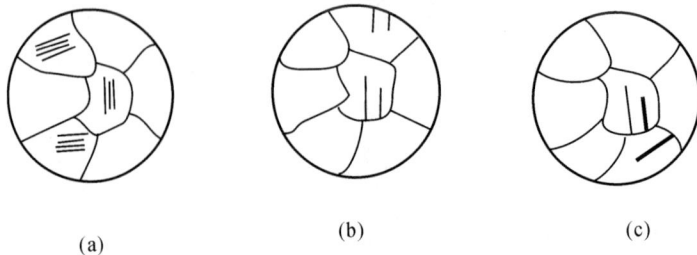

(a)　　　　　　　　　(b)　　　　　　　　　(c)

图 6-7　滑移带及孪晶的显微特征

**11.** 低碳钢的屈服现象可用位错理论说明。由于低碳钢是以铁素体为基的合金,铁素体中的碳(氮)原子与位错交互作用,总是趋于聚集在位错线受拉应力的部位以降低体系的畸变能,形成柯氏气团对位错起"钉扎"作用,致使 $\sigma_s$ 升高。而位错一旦挣脱气团的钉扎,便可在较小的应力下继续运动,这时拉伸曲线上又会出现下屈服点。已经屈服的试样,卸载后立即重新加载拉伸时,由于位错已脱出气团的钉扎,故不出现屈服点。但若卸载后,放置较长时间或稍经加热后,再进行拉伸时,由于熔质原子已通过热扩散又重新聚集到位错线周围形成气团,故屈服现象又会重新出现。

吕德斯带会使低碳薄钢板在冲压成型时使工件表面粗糙不平。其解决办法,可根据应变时效原理,将钢板在冲压之前先进行一道微量冷轧(如 $1\% \sim 2\%$ 的压下量)工序,使屈服点消除,随后进行冲压成型;也可向钢中加入少量 Ti,Al 及 C,N 等形成化合物,以消除屈服点。

**12.** 材料经冷加工后,除使紊乱取向的多晶材料变成有择优取向的材料外,还使材料中的不熔杂质、第二相和各种缺陷发生变形。由于晶粒、杂质、第二相、缺陷等都沿着金属的主变形方向被拉长成纤维状,故称为纤维组织。一般来说,纤维组织使金属纵向(纤维方向)强度高于横向强度。这是因为在横断面上杂质、第二相、缺陷等脆性、低强度"组元"的截面面积小,而在纵断面上截面面积大。当零件承受较大载荷或承受冲击和交变载荷时,这种各向异性就可能引起很大的危险。

金属在冷加工以后,各晶粒的位向就有一定的关系。如某些晶面或晶向彼此平行,且都平行于零件的某一外部参考方向,这样一种位向分布就称为择优取向或简称为织构。

形成织构的原因并不限于冷加工,而这里主要是指形变织构。无论从位向还是从性能看,有织构的多晶材料都介于单晶体和完全紊乱取向的多晶体之间。由于织构引起金属各向异性,在很多情况下给金属加工带来不便,如冷轧镁板会产生 $(0001)\langle11\bar{2}0\rangle$ 织构,若进一步加工很容易开裂;深冲金属杯的制耳;金属的热循环生长等。但有些情况下也有其有利的一面。

**13.** 加工硬化是由于位错塞积、缠结及其相互作用,阻止了位错的进一步运动,流变应力 $\sigma_d = \alpha Gb\sqrt{\rho}$。

细晶强化是由于晶界上的原子排列不规则,且杂质和缺陷多,能量较高,阻碍位错的通过,$\sigma_s = \sigma_0 + Kd^{-1/2}$;且晶粒细小时,变形均匀,应力集中小,裂纹不易萌生和传播。

固熔强化是由于位错与熔质原子交互作用,即柯氏气团阻碍位错运动。

弥散强化是由于位错绕过、切过第二相粒子,需要增加额外的能量(如表面能或错排能);同时,粒子周围的弹性应力场与位错产生交互作用,阻碍位错运动。

**14.** 气泡阻碍位错运动的机制是由于位错通过气泡时,切割气泡,增加了气泡-金属间界面的面积,因此需要增加外切应力做功,即提高了金属钨的强度。

设位错的柏氏矢量为 $b$,气泡半径为 $r$,则位错切割气泡后增加的气泡-金属间界面面积为 $A = 2rb$。

设气泡-金属的比界面能为 $\sigma$,则界面能增值为 $2rb\sigma$。

若位错切割一个气泡的切应力增值为 $\Delta\tau'$,则应力所做功为 $\Delta\tau'b$。

所以
$$2rb\sigma = \Delta\tau'b$$
$$\Delta\tau' = 2r\sigma$$

当气泡密度为 $n$ 时,则切应力总增值
$$\Delta\tau = n\Delta\tau' = 2nr\sigma$$

三导

可见,切应力增值与气泡密度成正比。

**15.** 作为一类材料,陶瓷是比较脆的。晶态陶瓷缺乏塑性是由于其离子键和共价键造成的。在共价键键合的陶瓷中,原子之间的键合是特定的并具有方向性,如图 6-8(a)所示。当位错以水平方向运动时,必须破坏这种特殊的原子键合,而共价键的结合力是很强的,位错运动有很高的点阵阻力(即派-纳力)。因此,以共价键键合的陶瓷,不论是单晶体还是多晶体,都是脆的。

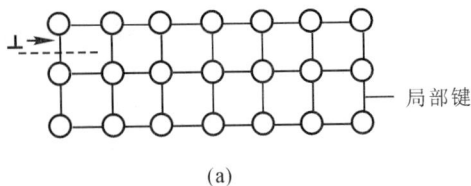

(a)

基本上是离子键键合的陶瓷,它的变形就不一样。具有离子键的单晶体,如氧化铁和氯化钠,在室温受压应力作用时可以进行相当多的塑性变形,但是具有离子键的多晶陶瓷则是脆的,并在晶界形成裂纹。这是因为可以进行变形的离子晶体,如图 6-8(b)所示,当位错运动一个原子间距时,同号离子的巨大斥力,使位错难以运动;但位错如

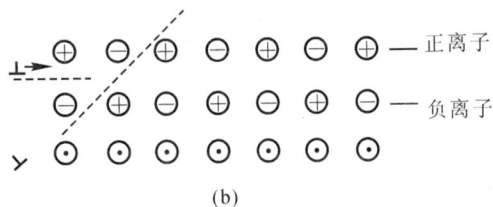

— 正离子
— 负离子

(b)

图 6-8　结合键对位错运动的影响
(a) 共价键；(b) 离子键

果沿 45° 方向而不是水平方向运动,则在滑移过程中相邻晶面始终由库仑力保持相吸,因而具有相当好的塑性。但是多晶陶瓷变形时,相邻晶粒必须协调地改变形状,由于滑移系统较少而难以实现,结果在晶界产生开裂,最终导致脆性断裂。

**16.** 这是由于陶瓷粉末烧结时存在难以避免的显微空隙。在冷却或热循环时由热应力产生了显微裂纹,由于腐蚀所造成的表面裂纹,使得陶瓷晶体与金属不同,具有先天性微裂纹。在裂纹尖端,会产生严重的应力集中,按照弹性力学估算,裂纹尖端的最大应力已达到理论断裂强度或理论屈服强度(因为陶瓷晶体中可动位错很少,而位错运动又很困难,故一旦达到屈服强度就断裂了)。反过来,也可以计算当裂纹尖端的最大应力等于理论屈服强度时,晶体断裂的名义应力,它和实际得出的抗拉强度极为接近。

陶瓷的压缩强度一般为抗拉强度的 15 倍左右。这是因为在拉伸时当裂纹一达到临界尺寸就失稳扩展而断裂;而压缩时裂纹或者闭合或者呈稳态地缓慢扩展,并转向平行于压缩轴。即在拉伸时,陶瓷的抗拉强度是由晶体中的最大裂纹尺寸决定的,而压缩强度是由裂纹的平均尺寸决定的。

**17.** 陶瓷材料的弹性模量 $E$ 与其孔隙体积分数 $\varphi$ 之间的关系可表示为

$$E = E_0(1 - 1.9\varphi + 0.9\varphi^2)$$

式中,$E_0$ 为无孔隙材料的弹性模量。

已知 $\varphi = 0.05$ 时,$E = 370$ GPa,故

$$E_0 = \frac{E}{1 - 1.9\varphi + 0.9\varphi^2} = \frac{370}{1 - 1.9 \times 0.05 + 0.9 \times (0.05)^2} = 407.8 \text{ GPa}$$

当 $E = 270$ GPa 时,

$$270 = 407.8(1 - 1.9\varphi + 0.9\varphi^2)$$

即

$$0.9\varphi^2 - 1.9\varphi + 0.338 = 0$$

所以 $\varphi = 0.196 = 19.6\%$

**18.** 玻璃态高聚物在 $T_b \sim T_g$ 之间或部分结晶高聚物在 $T_g \sim T_m$ 之间的典型拉伸应力-应变曲线表明,过了屈服点之后,材料开始在局部地区(如应力集中处)出现颈缩,再继续变形时,其变形不是集中在原颈缩处,使得该处愈拉愈细,而是颈缩区扩大,不断沿着试样长度方向延伸,直到整个试样的截面尺寸都均匀减小。 在这一段变形过程中应力几乎不变,如图 6-9 所示。

在开始出现颈缩后,继续变形时颈缩沿整个试样扩大,这说明原颈缩处出现了加工硬化。X 射线证明,高聚物中的大分子无论是呈无定形态还是呈结晶态,随着变形程度的增加,都逐渐发生了沿外力方向的定向排列。由于键的方向性(主要是共价键)在产生定向排列之后,产生了应变硬化。

把已冷拉高聚物的试样加热到 $T_g$ 以上,形变基本上全能回复。这说明非晶态高聚物冷拉中产生的形变属高弹性形变范畴。部分结晶高聚物冷拉后残留的形变中大部分必须升温至 $T_m$ 附近时才能回复。这是因为部分结晶高聚物的冷拉中伴随着晶片的排列与取向,而取向的晶片在 $T_m$ 以下是热力学稳定的。

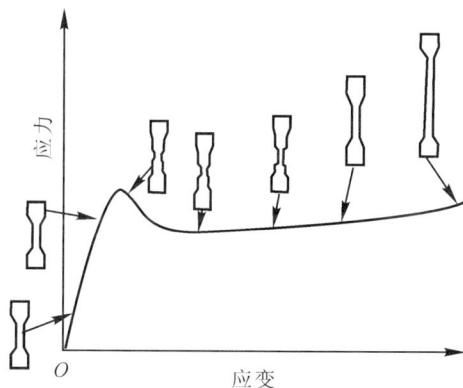

图 6-9 高聚物应力-应变曲线示意图

**19.** 银纹不同于裂纹。裂纹的两个张开面之间完全是空的,而银纹面之间由高度取向的纤维束和空穴组成,仍具有一定的强度。银纹的形成是由于材料在张应力作用下局部屈服和冷拉造成。

# 第7章 回复与再结晶

## 7.1 内容精要

冷塑性变形的金属在加热时,按加热温度及其组织、性能变化的不同,可分为回复、再结晶和晶粒长大等阶段。本章的重点是讨论回复、再结晶现象的机理、动力学及在生产中的应用。

回复过程发生在冷塑性变形金属加热的早期阶段。由于加热温度较低($0.1 \sim 0.3T_m$),也称低温回复,主要涉及点缺陷的运动。如空位与间隙原子相遇便复合,点缺陷密度大大下降。若中温回复($0.3 \sim 0.5T_m$),位错可以在滑移面上滑移或交滑移,使异号位错相遇相消,位错密度下降,在缠结位错内部重新排列组合,使变形亚结构规整化。若在高温下回复($> 0.5T_m$),位错除了滑移外,还可攀移,实现多边化,即形成亚晶。

通过以上回复机制,除使缺陷数目减少外,还使许多位错从滑移面转入亚晶界,形成能量低的组态;但变形金属的显微组织并未发生变化,故仍然保留了变形强化的效果,而使宏观内应力基本消除。回复阶段在生产上的应用就是去应力退火。

当冷塑性变形金属加热时,其组织和性能发生显著变化的是再结晶阶段。再结晶的驱动力与回复一样,也是冷变形所产生的储存能的释放。再结晶包括形核及核长大两个基本过程。

根据对于不同变形量、不同材料的观察,人们提出了不同的再结晶形核机制:在小变形量时为弓出形核机制。这是由于变形量较小,变形不均匀,相邻晶粒的位错密度相差很大,此时晶界中的一小段会向位错密度高的一侧突然弓出,成为再结晶核心。若变形量较大的高层错能金属再结晶时则以亚晶合并机制形核,它是由相邻亚晶的转动,使小亚晶逐步合并成大亚晶成为再结晶核心。若变形量很大的低层错能金属则以亚晶蚕食机制形核,它是在位错密度很大的小区域,通过位错的攀移和重新分布,形成位错密度很低的亚晶。这个亚晶便会向周围位错密度高的区域生长,而亚晶界的位错密度逐渐增大,与周围变形基体取向差逐渐变大,最终由小角度晶界演变成大角度晶界。

再结晶动力学曲线具有"S"形特征,多数人认为可采用阿弗拉密(Avrami)方程描述。再结晶速率与温度的关系符合阿累尼乌斯(Arrhenius)公式。

再结晶后,变形金属的显微组织发生了明显的改变(呈细小等轴状),加工硬化完全被消除。再结晶阶段在生产上的应用,主要是再结晶退火。

冷变形金属在完成再结晶后,若继续加热时会发生晶粒长大。晶粒长大可分为正常长大和异常长大(二次再结晶)。

晶粒长大的驱动力,是晶粒长大前后总的界面能差;而晶粒长大是通过晶界迁移来实现。晶界移动的驱动力属于化学力。

晶粒的异常长大是一种特殊的晶粒长大现象。出现异常长大的条件是,当正常晶粒长大过程因各种原因(如分散相粒子、织构等)受阻,能够长大的晶粒数目较少,致使晶粒大小相差悬殊而造成的。晶粒尺寸差别越大,大晶粒吞食小晶粒的条件越有利,最终形成晶粒大小极不均匀的组织。

超塑性是材料加工中较新的重要领域,目前已进入实用阶段。

超塑性可分为组织超塑性(微晶超塑性)和相变超塑性。由于相变超塑性所需要的加工环境在生产上不易实现,所以研究最多的是微晶超塑性。

微晶超塑性的变形特征是反映材料应变速率敏感性系数 $m$ 值较高,约为 0.5(而一般金属材料仅为 $0.01 \sim 0.04$);在显微组织上,没有明显的晶内滑移及位错密度的提高,变形后的晶粒仍为等轴状;在超塑拉伸时,会产生空穴。

实现超塑性的条件是:具有细小等轴晶粒的两相组织($d < 10 \mu\mathrm{m}$);变形应在一定的温度范围进行(一般为 $0.5 \sim 0.65 \ T_{熔}$);应变速率较小,约为 $(0.01\% \sim 1\%)\mathrm{s}^{-1}$。

基本要求:

(1) 理解经冷塑性变形的金属加热时组织和性能变化的规律;

(2) 掌握回复机制及回复动力学在生产中的应用;

(3) 掌握再结晶形核机制及再结晶动力学在生产中的应用;

(4) 理解晶粒正常长大的驱动力及晶界迁移的规律;

(5) 了解晶粒异常长大现象;

(6) 认识动态回复、动态再结晶的机制及组织特点;

(7) 了解超塑性现象及实现超塑性的途径。

(8) 认识热加工对材料组织、性能的影响。

## 7.2  知识结构

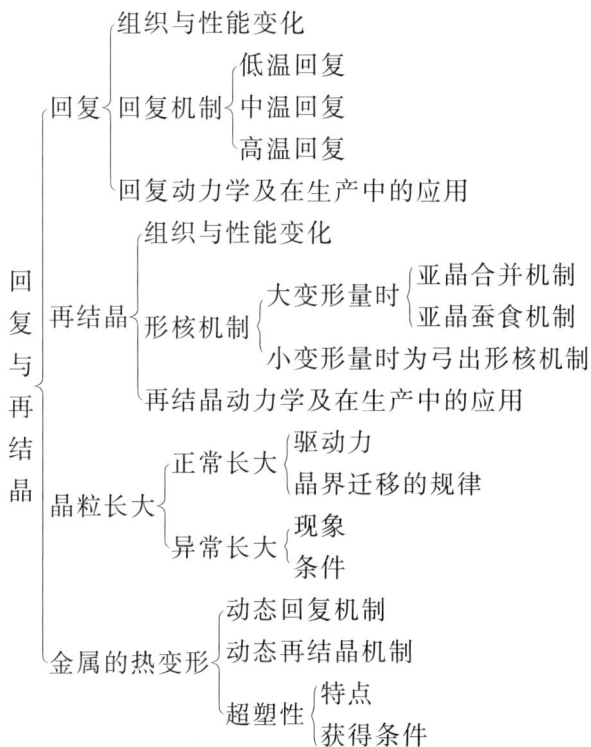

## 7.3 重要公式

(1) 回复动力学公式为

$$\ln x = -At\,\mathrm{e}^{-Q/RT} + C' \qquad (7-1)$$

式中　$x$ —— 剩余加工硬化分数，$x = \dfrac{\sigma_r - \sigma_0}{\sigma_m - \sigma_0}$，其中 $\sigma_0$ 为材料充分退火后的屈服强度；$\sigma_m$ 为冷

变形后的屈服强度；$\sigma_r$ 为冷变形后经不同规程回复后的屈服强度。

　　$C'$ —— 积分常数；

　　$A$ —— 常数；

　　$t$ —— 退火时间；

　　$Q$ —— 激活能；

　　$R$ —— 气体常数；

　　$T$ —— 绝对温度。

如果在不同温度下回复到相同程度，则 $x$ 为常数，由式(7-1)可求得某温度下回复需要的

时间 $t$，即

$$\ln t = C + \frac{Q}{RT} \qquad (7-2)$$

如果采用两个不同温度将同一冷变形金属的性能回复到同样程度，则由式(7-2)可求得

$$\frac{t_1}{t_2} = \exp\left[-\frac{Q}{R}\left(\frac{1}{T_2} - \frac{1}{T_1}\right)\right] \qquad (7-3)$$

式中　$t_1$ —— 在 $T_1$ 温度下加热所需要的时间；

　　$t_2$ —— 在 $T_2$ 温度下加热所需要的时间。

(2) 再结晶动力学公式：再结晶动力学曲线可用阿弗拉密(Avrami)方程描述，即

$$\varphi_V = 1 - \exp(-Bt^K) \qquad (7-4)$$

式中　$\varphi_V$ —— 在 $t$ 时间已经再结晶的体积分数；

　　$t$ —— 再结晶退火时间；

　　$B,K$ —— 均为常数。

再结晶速率 $V_{再}$ 与温度 $T$ 的关系符合阿累尼乌斯(Arrhenius)公式，即

$$V_{再} = A\exp\left(-\frac{Q}{RT}\right) \qquad (7-5)$$

式中　$Q$ —— 再结晶激活能；

　　$R$ —— 气体常数。

如果在两个不同温度 $T_1$，$T_2$ 进行等温退火，欲想产生同样程度的再结晶所需要的时间分

别为 $t_1$，$t_2$，则

$$\frac{t_1}{t_2} = \mathrm{e}^{-\frac{Q}{R}\left(\frac{1}{T_2} - \frac{1}{T_1}\right)} \qquad (7-6)$$

(3) 较大冷变形后工业纯金属的再结晶开始温度与熔点 $T_m$（绝对温度）之间存在着经验

公式

$$T_m = (0.35 \sim 0.45)T_m \qquad (7-7)$$

(4) 再结晶后晶粒的平均直径 $d$ 为

$$d = K \left[ \frac{G}{\dot{N}} \right]^{1/4} \tag{7-8}$$

式中　$K$——常数；

　　　$G$——长大速率；

　　　$\dot{N}$——形核速率。

（5）高温下材料的流变应力 $\sigma_T$ 对应变速率 $\dot{\varepsilon}$ 很敏感，且满足以下关系：

$$\sigma_T = c \dot{\varepsilon}^m \tag{7-9}$$

式中　$C$——由材料决定的常数；

　　　$m$——应变速率敏感系数。

## 7.4　典型范例

**例 7.1**　由几个刃型位错组成亚晶界，亚晶界取向差为 $0.057°$。设在多边化前位错间无交互作用，试问形成亚晶后，畸变能是原来的多少倍？由此说明，回复对再结晶有何影响？

**解**　单位长度位错线的能量为

$$W_{刃} = \frac{Gb^2}{4\pi(1-\nu)} \ln \frac{R}{r_0}$$

式中　$r_0$——位错中心区的半径；

　　　$R$——位错应力场最大作用范围的半径。若取 $r_0 \approx b = 10^{-8}$ cm，$R \approx 10^{-4}$ cm。

在多边化前，则有　　　　　　　$W_{刃} = \frac{Gb^2}{4\pi(1-\nu)} \ln 10^4$

在多边化后，则有　　　　　　　$R = D = \frac{b}{\theta} = \frac{10^{-8}}{10^{-3}} = 10^{-5}$

$$W_{刃}^* = \frac{Gb^2}{4\pi(1-\nu)} \ln 10^3$$

那么　　　　　　　　　　　　　$\frac{W_{刃}^*}{W_{刃}} = \frac{\ln 10^3}{\ln 10^4} = 0.75$

由此说明，多边化后，位错能量降低，减少了储存能，使以后的再结晶驱动力减小。

**讨论**　考点是回复过程的驱动力。晶体塑性变形时要消耗大量能量，其中约有 $10\%$ 的能量以储能形式（与晶体缺陷相伴生的畸变能及变形不均匀而引起的弹性应力）被保留，在金属中，它导致金属处于不稳定的高自由能状态。储能是促使冷变形后的金属发生回复与再结晶的驱动力。

**例 7.2**　铝（冷加工量 CW＝75%）的再结晶时间与温度的关系如图 7-1 所示，这种时间-温度曲线遵循阿累尼乌斯（Arrhenius）关系式。

（1）试建立合适的经验方程式；

（2）利用旋压方法，把上述这种铝皮制成蛋糕盘，试问在 $180\ ℃$ 的烤箱中铝盘会再结晶吗？

**解**　（1）阿累尼乌斯关系式为

$$\ln t = C + B/T$$

式中 $C, B$ 为常数。

利用图 7-1 中的资料，可求得 $C$ 和 $B$。

$$T = 250\ ℃,\quad t = 200\ h;\quad \ln 200 = C + B/523$$

$$T = 327\ ℃,\quad t = 0.14\ h;\quad \ln 0.14 = C + B/600$$

所以　　　　　$C = -52,\quad B = 30\,000\ K$

故　　　　　　$\ln t = -52 + 30\,000\ K/T$

（2）$180\ ℃ = 453\ K$

由（1）中所得的方程，则有

$$\ln t = -52 + 30\,000\ K/T$$

$$\ln t = -52 + \frac{30\,000}{453}$$

$$t = 1.5 \times 10^6\ h$$

故不会再结晶。

**讨论**　考点是发生再结晶的条件。储存能是使冷变形后的金属发生变化的热力学条件，能否发生再结晶，则受动力学条件的制约，即空位移动和原子扩散，而扩散与温度有关。温度越高，扩散越快，完成再结晶的时间越短；反之，完成再结晶所需要的时间很长，甚至不能进行再结晶。

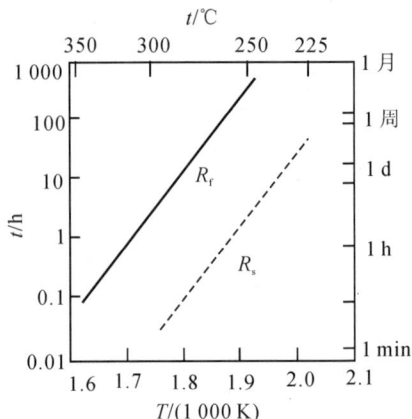

图7-1　铝（$CW = 75\%$）再结晶温度与时间的关系

$R_s$——再结晶开始；$R_f$——再结晶完成

**例7.3**　已知锌单晶体的回复激活能为$20\,000\ J/mol$，在$-50\ ℃$温度去除$2\%$的加工硬化需要$13\ d$；若要求在$5\ min$内去除同样的加工硬化需要将温度提高多少？

**解**　冷塑性变形金属发生回复时，若回复量$R$（题中为加工硬化的去除部分）一定，回复所需时间$t$与回复温度$T$间的关系可表示为

$$\ln t = a + \frac{Q}{R}\frac{1}{T}$$

式中　$a$——常数；

　　　$Q$——回复激活能。

据此，有

$$\frac{t_1}{t_2} = \exp\left[ -\frac{Q}{R}\left( \frac{1}{T_2} - \frac{1}{T_1} \right) \right]$$

由题意知　　　　$T_2 = -50\ ℃ = 223\ K$

$$t_2 = 13\ d = 18\,500\ min,\quad Q = 20\,000\ J/mol$$

当要求$t_1 = 5\ min$时，则有

$$\frac{5}{18\,500} = \exp\left[ -\frac{20\,000}{2}\left( \frac{1}{223} - \frac{1}{T_1} \right) \right]$$

$$\frac{1}{T_1} = \frac{1}{223} - \frac{\ln 3\,700}{10\,000}$$

所以，回复温度　　　　　　$T_1 = 273\ K$

**讨论**　考点是求回复所需要的温度。利用回复动力学公式，可以求出如果采用两个不同温度将同一冷变形金属的性能回复到同样程度的数学表达式，据此可求出在某一温度下回复所需要的时间。

**例7.4**　已知含$w_{Zn} = 0.30$的黄铜在$400\ ℃$的恒温下完成再结晶需要$1\ h$，而在$390\ ℃$完成再结晶需要$2\ h$，试计算在$420\ ℃$恒温下完成再结晶需要多少时间？

**解** 再结晶进行的速率为

$$V_{再} = A\mathrm{e}^{\frac{-Q}{RT}} \qquad (Q \text{ 为再结晶激活能})$$

设 $t$ 为完成再结晶所需要的时间,则

$$V_{再}t = 1$$

$$A\mathrm{e}^{\frac{-Q}{RT_1}} t_1 = A\mathrm{e}^{\frac{-Q}{RT_2}} t_2 = A\mathrm{e}^{\frac{-Q}{RT_3}} t_3$$

$$-\frac{Q}{R}\left(\frac{1}{T_1} - \frac{1}{T_2}\right) = \ln\frac{t_2}{t_1}$$

$$-\frac{Q}{R}\left(\frac{1}{T_1} - \frac{1}{T_3}\right) = \ln\frac{t_3}{t_1}$$

$$\frac{\dfrac{1}{T_1} - \dfrac{1}{T_2}}{\dfrac{1}{T_1} - \dfrac{1}{T_3}} = \frac{\ln\dfrac{t_2}{t_1}}{\ln\dfrac{t_3}{t_1}}$$

以 $T_1 = 673$ K,$t_1 = 1$ h;$T_2 = 663$ K,$t_2 = 2$ h;$T_3 = 693$ K 代入上式,解得

$$t_3 \approx 0.26 \text{ h}$$

即 420 ℃ 恒温下完成再结晶约需 0.26 h。

**讨论** 考点是计算某一温度下完成再结晶所需要的时间,分析思路与上例相同。

**例 7.5** OFHC 铜(无氧高导电率铜)冷拉变形后强度可以提高 2 倍以上。若许用应力的安全因数取 2,试计算 OFHC 铜零件在 130 ℃ 下工作的使用寿命。(已知 $A = 10^{12}$ 1/min,$\dfrac{Q}{R} = 1.5 \times 10^4$ K,$t_{0.5}$ 为完成 50% 再结晶所需要的时间)

**解** 由于 OFCH 铜是在 130 ℃ 温度下工作,其强度设计安全因数取 2 时,对于冷加工强化的材料只允许发生 50% 的再结晶,即

$$\frac{1}{t_{0.5}} = A\exp\left(-\frac{Q}{RT}\right)$$

$$\lg(At_{0.5}) = \frac{Q}{RT}\lg \mathrm{e}$$

已知 $A = 10^{12}$ 1/min,$\dfrac{Q}{R} = 1.5 \times 10^4$ K,$T = 130 ℃ = 403$ K。所以

$$\lg(10^{12} t_{0.5}) = \frac{1.5 \times 10^4}{403} \times 0.434\,2$$

$$t_{0.5} = 14\,497 \text{ min} = 242 \text{ h}$$

即 OFHC 铜在该工作条件下的使用寿命为 242 h。

**讨论** 考点是计算某一温度下完成一定量的再结晶所需要的时间。应明确的是,再结晶过程是使材料强度、硬度降低的过程,而强度、硬度降低的程度与再结晶的百分率有关。

**例 7.6** 纯锆在 553 ℃ 和 627 ℃ 等温退火至完成再结晶分别需要 40 h 和 1 h,试求此材料的再结晶激活能。

**解** 由 7.3 中式(7-6)可知:

$$\ln\frac{t_1}{t_2} = \frac{Q}{R}\left(\frac{1}{T_1} - \frac{1}{T_2}\right)$$

所以

$$Q = R\ln\frac{t_1}{t_2} \bigg/ \left(\frac{1}{T_1} - \frac{1}{T_2}\right)$$

以已知值代入,得

$$Q = \frac{8.31\ln\dfrac{40}{1}}{\dfrac{1}{553+273} - \dfrac{1}{627+273}} = 3.08 \times 10^5 \text{ J/mol}$$

**讨论**　考点是利用再结晶动力学公式求再结晶激活能,这也是通过实验求激活能的一种方法。关键是利用再结晶动力学公式导出两种不同退火温度下完成再结晶的时间比与此两个温度间的关系式。

**例 7.7**　纯铁经冷轧后拟用作一定温度下之构件,若在使用过程中发生了 50% 的再结晶,就可认为强度明显下降而不能继续使用。

(1) 现已测得该材料的再结晶动力学曲线如图 7-2 所示,如欲使该构件的工作寿命为 100 000 s,则其最高使用温度为多少?

(2) 如欲延长构件在该温度下的工作寿命,以纯铁为基可以采取哪些措施?

**解**　(1) 由 $V_{再}t=1$ 可知,在 $T_1$,$T_2$,$T_3$ 3 个温度经 $t_1$,$t_2$,$t_3$ 3 个时间等温完成的再结晶分数相同时,有

$$\frac{\dfrac{1}{T_1} - \dfrac{1}{T_2}}{\dfrac{1}{T_1} - \dfrac{1}{T_3}} = \frac{\ln\dfrac{t_2}{t_1}}{\ln\dfrac{t_3}{t_1}}$$

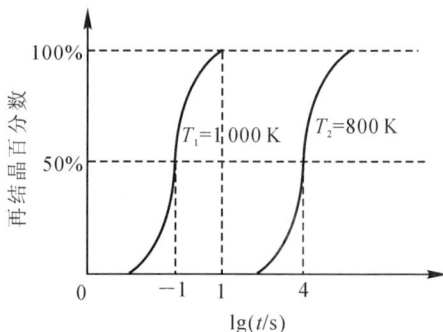

图 7-2　纯铁的再结晶动力学曲线

由图 7-2 所示的动力学曲线可知,$T_1=1\,000$ K, $T_2=800$ K,$t_1=0.1$ s,$t_2=10^4$ s,$t_3=10^5$ s。代入上式解得

$$T_3 = 769 \text{ K}$$

(2) 可以以纯铁为基,采用合金化(固熔)的办法,使熔质原子增多,或形成一定量的第二相,呈细小颗粒且弥散分布,对再结晶都会起阻碍作用,以延长构件的工作寿命。

**讨论**　考点是再结晶动力学曲线的应用。在材料的再结晶动力学曲线图上,可以看出某一温度下再结晶开始及完成的时间,也可以看出不同再结晶温度下等温完成相同分数的再结晶所需要的时间。这样,可由一个温度下所需再结晶时间导出另一温度下所需的时间。

**例 7.8**　有人将工业纯铝在室温下进行大变形量轧制使其成为薄片试样,所测得的室温强度表明试样呈冷加工状态;然后将试样加热到 373 K,保温 12 d,再冷却后测得的室温强度明显降低。试验者查得工业纯铝的 $T_{再}=423$ K,所以他排除了发生再结晶的可能性。请解释上述现象,并说明如何证明你的设想。

**解**　将大变形量轧制后的工业纯铝加热到 373 K、保温 12 d 后其室温强度明显下降的可能原因是工业纯铝已发生了再结晶过程。试验者查得的 $T_{再}=423$ K,是指在 1 h 内完成再结晶的温度。而金属在大量冷变形后,即使在较低于 $T_{再}$ 的退火温度,只要保温足够的时间,同样可以发生再结晶。所以,工业纯铝变形后在 373 K 加热、保温 12 d 完全有可能已完成再结晶过程。

有两种方法可以证明上述设想。

(1) 观察薄片试样的金相组织,可确认是否已完成再结晶。

(2) 利用退火温度 $(T_1, T_2)$ 与完成同样体积百分数的再结晶所需的时间 $(t_1, t_2)$ 之间的关系:

$$\frac{t_1}{t_2} = \exp\left[-\frac{Q}{R}\left(\frac{1}{T_2} - \frac{1}{T_1}\right)\right]$$

只要查得工业纯铝的再结晶激活能 $Q$,将 $t_1 = 1$ h,$t_2 = 12 \times 24$ h,$T_1 = 423$ K 代入上式,便可求得 $T_2$。将 $T_2$ 与 373 K 比较,即知道是否发生了再结晶。

**讨论** 考点是再结晶过程与温度和时间有关。温度越高,完成再结晶所需要的时间就越短;反之,需要的时间就越长。

**例 7.9** 已知铁的熔点为 1 538 ℃,铜的熔点为 1 083 ℃,试估算铁和铜的最低再结晶温度,并选定其再结晶退火温度。

**解** 铁的最低再结晶温度为

$$T_r = 0.4 \times (1\ 538 + 273) = 723\ \text{K}$$

铜的最低再结晶温度为

$$T_r = 0.4 \times (1\ 083 + 273) = 542\ \text{K}$$

再结晶退火温度的选定原则为 $T_r + (100 \sim 200\ \text{K})$,故铁的再结晶退火温度 $T_{再} = 823 \sim 923$ K;铜的再结晶退火温度 $T_{再} = 643 \sim 743$ K。

**讨论** 考点是再结晶温度的确定。再结晶温度包括开始再结晶温度和完成再结晶温度两个概念。再结晶开始温度(即最低再结晶温度)可用经验公式加以估算:$T_r = (0.35 \sim 0.40)T_m$。再结晶完成温度(即 $T_{再}$)高于开始温度,可由试验具体确定,也可用 $T_r + 100 \sim 200$ K 确定。

**例 7.10** 假定以再结晶完成 95%($x = 0.95$)作为再结晶完成的标准,则根据约翰逊-梅尔(Johnson-Mehl)方程导出再结晶后晶粒直径 $d$ 与 $\dot{N}, G$ 的关系为

$$d = k\left(\frac{G}{\dot{N}}\right)^{1/4}$$

式中 $k$ 为常数(当晶粒为球形,$k = 1.3$,晶粒为立方形,$k = 1.15$);$\dot{N}$ 为形核率;$G$ 为长大速率。

**证明** 根据 J-M 方程(再结晶分数 $X_V$ 随时间 $t$ 的变化),则有

$$X_V = 1 - \exp\left(-\frac{\pi}{3}\dot{N}G^3 t^4\right)$$

由题意可知

$$0.95 = 1 - \exp\left(-\frac{\pi}{3}\dot{N}G^3 t^4\right)$$

$$\ln 0.05 = -\frac{\pi}{3}\dot{N}G^3 t^4$$

所以

$$t_0 = \left(\frac{9}{\pi \dot{N}G^3}\right)^{1/4}$$

设再结晶完成后单位体积内的晶粒数为 $N_V$,则有

$$N_V = \int_0^{t_0} (1-x)\dot{N}\mathrm{d}t$$

式中 $x$ 为再结晶体积分数,取值由 $0 \sim 1.0$,若简化运算可取平均值 $x = 0.5$,则

$$N_V = \left(1 - \frac{1}{2}\right) \dot{N} \int_0^{t_0} dt = \frac{1}{2} \dot{N} t_0 = \left(\frac{9}{16\pi}\right)^{1/4} \left(\frac{\dot{N}}{G}\right)^{3/4}$$

对于再结晶后一个晶粒所占体积为 $\dfrac{1}{N_V}$，而晶粒的平均直径 $d \propto \left(\dfrac{1}{N_V}\right)^{1/3}$，若以 $k'$ 代表晶粒体积的形状系数，则

$$n_V k' d^3 = 1$$

所以

$$d = k' \left[\left(\frac{9}{16\pi}\right)^{1/4} \left(\frac{\dot{N}}{G}\right)^{3/4}\right]^{-1/3} = k \left(\frac{G}{\dot{N}}\right)^{1/4}$$

**例 7.11**　用以下三种方法加工成齿轮：① 由厚钢板切出圆饼；② 由粗钢棒切下圆饼；③ 由钢棒热镦成饼。哪种方法较为理想？为什么？

**解**　第三种方法较为理想。

上述三种方法都经过了热加工过程。金属材料经热加工后，由于夹杂物、偏析、晶界等沿流变方向分布，导致经浸蚀的宏观磨面上出现流线或热纤维组织。经热轧后，钢板的流线平行于板面；经挤压而成的粗钢棒中流线平行于棒轴线；经热镦成饼后，其流线呈放射状。它们加工成齿轮后的流线分布示意图如 7-3 所示。钢材中流线的存在，会使其机械性能呈现出各向异性，顺流线方向较垂直于流线方向具有较高的机械性能。因此，要尽可能使流线与零件工作时所承受的最大拉应力方向一致，而与外加切应力或冲击力的方向垂直。由齿轮的受力情况和流线分布分析，在第三种情况下，金属的流线分布最有利于抵抗工作中所遭受的外力，因此比较理想。

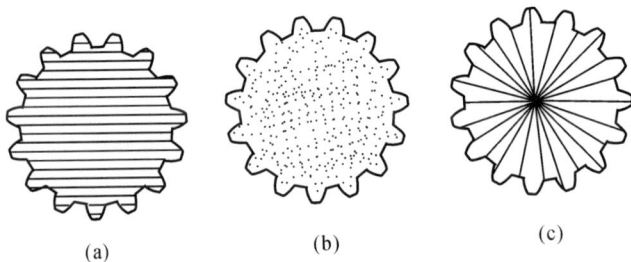

图 7-3　钢材经不同热加工后的流线分布
(a) 热轧成型；　(b) 挤压成型；　(c) 热镦成型

**讨论**　考点是流线对机械性能的影响。流线使金属机械性能出现各向异性，沿变形方向（纵向）和垂直变形方向（横向）性能不同。若沿纵向取样，钢材机械性能高，而横向取样，由于夹杂物分布破坏了断面连续性，使性能降低。为了保证零件具有较高的机械性能，热加工时应控制流线有合理的分布，流线方向应尽量与工作时所受最大拉应力的方向一致，而与外加的剪应力和冲击力方向相垂直。

**例 7.12**　用一冷拉钢丝绳吊装一大型工件入炉，并随工件一起加热到 1 000 ℃，加热完毕，当吊出工件时钢丝绳发生断裂。试分析其原因。

**解**　冷拉钢丝绳的加工过程是冷加工过程。由于加工硬化，使钢丝的强度、硬度升高，故承载能力提高；当其被加热时，若温度超过了它的再结晶温度，会使钢丝绳产生再结晶，造成强度和硬度降低，一旦外载超过其承载能力，就会发生断裂。

**讨论** 考点是再结晶对机械性能的影响规律。再结晶过程的特点之一,是力学性能发生急剧变化:强度、硬度急剧降低,塑性提高,恢复至变形前的状态。

**例7.13** 有纯 Ti,Al,Pb 3 种铸锭,试判断它们在室温(20 ℃)轧制的难易顺序,是否可以连续轧制? 如果不能,应采取什么措施才能使之轧制成薄板。(已知 Ti 的熔点 1 672 ℃,在 883 ℃ 以下为密排六方结构,在 883 ℃ 以上为面心立方;Al 的熔点为 660 ℃,面心立方;Pb 的熔点为 328 ℃,面心立方)

**解** 室温下铅轧制最易,其次是铝,钛最难。

只有铅可以连续轧制(因为它在 20 ℃ 轧制已属热变形);对于 Al 及 Ti,应采用中间退火(即再结晶退火)。

**讨论** 考点是影响材料塑性的因素,一般来说,金属高温塑性好,变形抗力低,可进行大量的塑变;如果同样是在冷塑性变形的条件下,其塑性好坏主要与金属的晶体结构(类型)有关。

## 7.5 效果测试

**1.** 设计一种实验方法,确定在一定温度($T$)下再结晶形核率 $\dot{N}$ 和长大线速度 $G$(若 $\dot{N}$ 和 $G$ 都随时间而变)。

**2.** 金属铸件能否通过再结晶退火来细化晶粒?

**3.** 固态下无相变的金属及合金,如不重熔,能否改变其晶粒大小? 用什么方法可以改变?

**4.** 说明金属在冷变形、回复、再结晶及晶粒长大各阶段晶体缺陷的行为与表现,并说明各阶段促使这些晶体缺陷运动的驱动力是什么。

**5.** 将一楔形铜片置于间距恒定的两轧辊间轧制,如图 7-4 所示。

(1) 画出此铜片经完全再结晶后晶粒大小沿片长方向变化的示意图;

(2) 如果在较低温度下退火,何处先发生再结晶? 为什么?

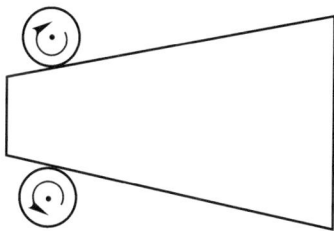

图 7-4 铜片轧制过程示意图

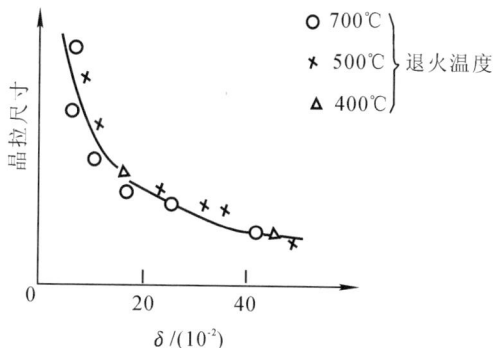

图 7-5 冷加工量对 α-黄铜再结晶晶粒大小的影响

**6.** 图 7-5 示出 α-黄铜在再结晶终了的晶粒尺寸和再结晶前的冷加工量之间的关系。图中曲线表明,三种不同的退火温度对晶粒大小影响不大。这一现象与通常所说的"退火温度越高,退火后晶粒越大"是否有矛盾? 该如何解释?

**7.** 假定再结晶温度被定义为在 1 h 内完成 95% 再结晶的温度,按阿累尼乌斯(Arrhenius)

方程,$\dot{N}=N_0\exp\left(-\dfrac{Q_n}{RT}\right)$,$G=G_0\exp\left(-\dfrac{Q_g}{RT}\right)$ 可以知道,再结晶温度将是 $G$ 和 $\dot{N}$ 的函数。

(1) 确定再结晶温度与 $G_0$,$N_0$,$Q_g$,$Q_n$ 的函数关系;

(2) 说明 $N_0$,$G_0$,$Q_g$,$Q_n$ 的意义及其影响因素。

**8.** 为细化某纯铝件晶粒,将其冷变形 $5\%$ 后于 $650\ ℃$ 退火 1 h,组织反而粗化;增大冷变形量至 $80\%$,再于 $650\ ℃$ 退火 1 h,仍然得到粗大晶粒。试分析其原因,指出上述工艺不合理处,并制定一种合理的晶粒细化工艺。

**9.** 冷拉铜导线在用作架空导线时(要求一定的强度)和电灯花导线(要求韧性好)时,应分别采用什么样的最终热处理工艺才合适?

**10.** 试比较去应力退火过程与动态回复过程位错运动有何不同。从显微组织上如何区分动、静态回复和动、静态再结晶?

**11.** 某低碳钢零件要求各向同性,但在热加工后形成比较明显的带状组织。请提出几种具体方法来减轻或消除在热加工中形成带状组织的因素。

**12.** 为何金属材料经热加工后机械性能较铸造状态为佳?

**13.** 灯泡中的钨丝在非常高的温度下工作,故会发生显著的晶粒长大。当形成横跨灯丝的大晶粒时,灯丝在某些情况下就变得很脆,并会在因加热与冷却时的热膨胀所造成的应力下发生破断。试找出一种能延长钨丝寿命的方法。

**14.** Fe-Si 钢($w_{Si}$ 为 0.03)中,测量得到 MnS 粒子的直径为 $0.4\ \mu m$,每 $1\ mm^2$ 内的粒子数为 $2\times10^5$ 个。计算 MnS 对这种钢正常热处理时奥氏体晶粒长大的影响(即计算奥氏体晶粒尺寸)。

**15.** 判断下列看法是否正确。

(1) 采用适当的再结晶退火,可以细化金属铸件的晶粒。

(2) 动态再结晶仅发生在热变形状态,因此,室温下变形的金属不会发生动态再结晶。

(3) 多边化使分散分布的位错集中在一起形成位错墙,因位错应力场的叠加,使点阵畸变增大。

(4) 凡是经过冷变形后再结晶退火的金属,晶粒都可得到细化。

(5) 某铝合金的再结晶温度为 320 ℃,说明此合金在 320 ℃ 以下只能发生回复,而在 320 ℃ 以上一定发生再结晶。

(6) $20^{\#}$ 钢的熔点比纯铁的低,故其再结晶温度也比纯铁的低。

(7) 回复、再结晶及晶粒长大三个过程均是形核及核长大过程,其驱动力均为储存能。

(8) 金属的变形量越大,越容易出现晶界弓出形核机制的再结晶方式。

(9) 晶粒正常长大是大晶粒吞食小晶粒,反常长大是小晶粒吞食大晶粒。

(10) 合金中的第二相粒子一般可阻碍再结晶,但促进晶粒长大。

(11) 再结晶织构是再结晶过程中被保留下来的变形织构。

(12) 当变形量较大、变形较均匀时,再结晶后晶粒易发生正常长大,反之易发生反常长大。

(13) 再结晶是形核-长大过程,所以也是一个相变过程。

# 7.6　参考答案

**1.** 可用金相法求再结晶形核率 $\dot{N}$ 和长大线速度 $G$。具体操作:

（1）测定 $\dot{N}$：把一批经大变形量变形后的试样加热到一定温度（$T$）后保温，每隔一定时间 $t$，取出一个试样淬火，把做成的金相样品在显微镜下观察，数得再结晶核心的个数 $N$，得到一组数据（数个）后作 $N$-$t$ 图，在 $N$-$t$ 曲线上每点的斜率便为此材料在温度 $T$ 下保温不同时间时的再结晶形核率 $\dot{N}$。

（2）测定 $G$：将（1）中淬火后的一组试样进行金相观察，量每个试样（代表不同保温时间）中最大晶核的线尺寸 $D$，作 $D$-$t$ 图，在 $D$-$t$ 曲线上每点的斜率便为 $T$ 温度下保温不同时间时的长大线速度 $G$。

2. 再结晶退火必须用于经冷塑性变形加工的材料，其目的是改善冷变形后材料的组织和性能。再结晶退火的温度较低，一般都在临界点以下。若对铸件采用再结晶退火，其组织不会发生相变，也没有形成新晶核的驱动力（如冷变形储存能等），所以不会形成新晶粒，也就不能细化晶粒。

3. 能。可经过冷变形而后进行再结晶退火的方法。

4. 答案如表 7-1 所示。

**表 7-1　冷变形金属加热时晶体缺陷表现**

| 物理变化 | 晶体缺陷的行为 | 缺陷运动驱动力 |
|---|---|---|
| 冷变形 | 冷加工变形时主要的形变方式是滑移，由于滑移，晶体中空位和位错密度增加，位错分布不均匀 | 切应力作用 |
| 回复 | 空位扩散、集聚或消失；位错密度降低；位错相互作用，重新分布（多边化） | 弹性畸变能 |
| 再结晶 | 毗邻低位错密度区晶界向高位错密度的晶粒扩张。位错密度减少，能量降低，成为低畸变或无畸变区 | 形变储存能 |
| 晶粒长大 | 弯曲界面向其曲率中心方向移动。微量杂质原子偏聚在晶界区域，对晶界移动起拖曳作用。这与杂质吸附在位错中组成柯氏气团阻碍位错运动相似，影响了晶界的活动性 | 晶粒长大前后总的界面能差；而界面移动的驱动力是界面曲率 |

5.（1）铜片经完全再结晶后晶粒大小沿片长方向变化示意图如图 7-6 所示。由于铜片宽度不同，退火后晶粒大小也不同。最窄的一端基本无变形，退火后仍保持原始晶粒尺寸；在较宽处，处于临界变形范围，再结晶后晶粒粗大；随宽度增大，变形度增大，退火后晶粒变细，最后达到稳定值。在最宽处，变形量很大，在局部地区形成变形织构，退火后形成异常大晶粒。

（2）变形越大，冷变形储存能越高，越容易再结晶。因此，在较低温度退火，在较宽处先发生再结晶。

6. 再结晶终了的晶粒尺寸是指再结晶刚完成但未发生长大时的晶粒尺寸。若以再结晶晶粒中心点之间的平均距离 $d$ 表征再结晶的晶粒大小，则 $d$ 与再结晶形核率 $\dot{N}$ 及长大线速度之间有如下近似关系：

$$d = k\left[\frac{G}{\dot{N}}\right]^{1/4}$$

且

$$\dot{N} = N_0 e^{-\frac{Q_n}{RT}}$$

$$G = G_0 e^{-\frac{Q_g}{RT}}$$

原始晶粒度

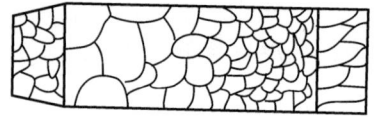

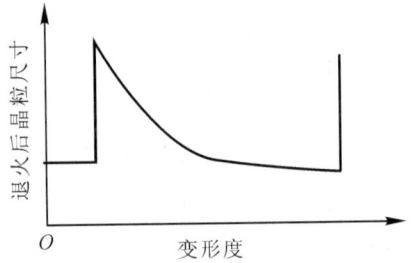

图 7-6　轧制铜片再结晶晶粒大小示意图

由于 $Q_n$ 与 $Q_g$ 几乎相等,故退火温度对 $G/\dot{N}$ 比值的影响微弱,即晶粒大小是退火温度的弱函数。故图 7-5 的曲线中再结晶终了的晶粒尺寸与退火温度关系不大。

再结晶完成以后,若继续保温,会发生晶粒长大的过程。对这一过程而言,退火温度越高,(保温时间相同时)退火后晶粒越大。这是因为晶粒长大过程是通过大角度晶界的移动来进行的。温度越高,晶界移动的激活能就越低,晶界平均迁移率就越高,晶粒长大速率就越快,在相同保温时间下,退火后的晶粒越粗大,这与前段的分析并不矛盾。

**7.** 根据 J-M 方程,若定义在 1 h 内完成 95% 再结晶的温度为 $T_{再}$,则有

$$0.95 = 1 - \exp\left(-\frac{\pi}{3}\dot{N}G^3 t_0^4\right)$$

所以

$$t_0 = \left(\frac{2.86}{\dot{N}G^3}\right)^{1/4}$$

或

$$\dot{N}G^3 = k = 常数$$

代入 Arrhenius 方程可得

$$N_0 G_0^3 \exp\left(-\frac{Q_n + 3Q_q}{RT_{再}}\right) = k$$

变换可得

$$T_{再} = \frac{Q_n + 3Q_g}{R\ln\dfrac{N_0 G_0^3}{k}} = k'(Q_n + 3Q_q)$$

此式即为 $T_{再}$ 与 $N_0$,$G_0$,$Q_n$,$Q_g$ 的函数式。

(2) $N_0$ 和 $G_0$ 为 Arrhenius 方程中的常数;$Q_n$ 为再结晶形核激活能;$Q_g$ 为再结晶晶粒生长激活能。$Q_n$ 和 $Q_g$ 主要受变形量、金属成分、金属的纯度和原始晶粒大小的影响。当变形量大于 5% 以后,$Q_n$ 与 $Q_g$ 大约相等。对于高纯度金属,$Q_g$ 的数值大致与晶界自扩散激活能相当。

**8.** 前种工艺,由于铝件变形处于临界变形度下,故退火时可形成个别再结晶核心,最终晶粒极为粗大;而后种工艺,是由于进行再结晶退火时的温度选择不合理(温度过高),若按 $T_{再} \approx 0.4T_{熔}$ 估算,则 $T_{再} = 100\ ℃$,故再结晶温度不超过 200 ℃ 为宜。由于采用 630 ℃ 退火 1 h,故晶粒仍然粗大。

综上分析,在 80% 变形量条件下,采用 150 ℃ 退火 1 h,则可使其晶粒细化。

**9.** 前者采用去应力退火(低温退火);后者采用再结晶退火(高温退火)。

**10.** 去应力退火过程中,位错通过攀移和滑移重新排列,从高能态转变为低能态;动态回复过程中,则是通过螺位错的交滑移和刃位错的攀移,使异号位错相互抵消,保持位错增殖率与

位错消失率之间的动态平衡。

从显微组织上观察,静态回复时可见到清晰的亚晶界,静态再结晶时形成等轴晶粒;而动态回复时形成胞状亚结构,动态再结晶时等轴晶中又形成位错缠结胞,比静态再结晶晶粒要细。

**11.** 一是不在两相区变形;二是减少夹杂元素含量;三是采用高温扩散退火,消除元素偏析。对已出现带状组织的材料,在单相区加热、正火处理,则可予以消除或改善。

**12.** 金属材料在热加工过程中经历了动态变形和动态回复及再结晶过程,柱状晶区和粗等轴晶区消失了,代之以较细小的等轴晶粒;原铸锭中许多分散缩孔、微裂纹等由于机械焊合作用而消失,显微偏析也由于压缩和扩散得到一定程度的减弱,故使材料的致密性和力学性能(特别是塑性、韧性)提高。

**13.** 可以在钨丝中形成弥散、颗粒状的第二相(如 $ThO_2$)以限制晶粒长大。因为若 $ThO_2$ 的体积分数为 $\varphi$,半径为 $r$ 时,晶粒的极限尺寸 $R = \dfrac{4r}{3\varphi(1+\cos\alpha)}$($\alpha$ 为接触角);若选择合适的 $\varphi$ 和 $r$,使 $R$ 尽可能小,即晶粒不再长大。由于晶粒细化将使灯丝脆性大大下降而不易破断,从而有效地延长其寿命。

**14.** 设单位体积内 MnS 粒子个数为 $N_V(1/\text{mm}^3)$,已知单位面积内 MnS 粒子个数 $N_A = 2 \times 10^5 \ 1/\text{mm}^2$,粒子直径 $d = 0.4 \ \mu\text{m}$。根据定量金相学原理可知

$$N_A = dN_V$$

MnS 的体积分数为

$$\varphi = \frac{1}{6}\pi d^3 N_V = \frac{1}{6}\pi d^2 N_A =$$

$$\frac{1}{6}\pi \times (0.4 \times 10^{-3})^2 \times 2 \times 10^5 = 0.016\ 7$$

故这种钢加热时,由于 MnS 粒子的作用,奥氏体晶粒长大的极限尺寸

$$\overline{D}_{\text{lim}} = \frac{4r}{3\varphi} = \frac{4 \times 0.2}{3 \times 0.016\ 7} = 16 \ \mu\text{m}$$

**15.**（1）不对。对于冷变形(较大变形量)后的金属,才能通过适当的再结晶退火细化晶粒。

（2）不对。有些金属的再结晶温度低于室温,因此在室温下的变形也是热变形,也会发生动态再结晶。

（3）不对。多边化过程中,空位浓度下降、位错重新组合,致使异号位错互相抵消,位错密度下降,使点阵畸变减轻。

（4）不对。如果在临界变形度下变形的金属,再结晶退火后,晶粒反而粗化。

（5）不对。再结晶不是相变。因此,它可以在一个较宽的温度范围内变化。

（6）不对。微量熔质原子的存在($20^\#$ 钢中 $w_C = 0.002$),会阻碍金属的再结晶,从而提高其再结晶温度。

（7）不对。只有再结晶过程才是形核及核长大过程,其驱动力是储存能。

（8）不对。金属的冷变形度较小时,相邻晶粒中才易于出现变形不均匀的情况,即位错密度不同,越容易出现晶界弓出形核机制。

（9）不对。晶粒正常长大,是在界面曲率作用下发生的均匀长大;反常长大才是大晶粒吞食小晶粒的不均匀长大。

（10）不对。合金中的第二相粒子一般可阻碍再结晶，也会阻止晶粒长大。

（11）不对。再结晶织构是冷变形金属在再结晶（一次，二次）过程中形成的织构。它是在形变织构的基础上形成的，有两种情况，一是保持原有形变织构，二是原有形变织构消失，而代之以新的再结晶织构。

（12）不对。正常晶粒长大是在再结晶完成后继续加热或保温过程中，晶粒发生均匀长大的过程；而反常晶粒长大是在一定条件下（即再结晶后的晶粒稳定、存在少数有利长大的晶粒和高温加热），继晶粒正常长大后发生的晶粒不均匀长大过程。

（13）不对。再结晶虽然是形核-长大过程，但晶体点阵类型并未改变，故不是相变过程。

# 第8章 固态相变

## 8.1 内容精要

固态相变是材料进行热加工的基础理论。固态相变的种类很多,若按相变时原子迁移的情况可分为两类:一类是扩散型相变,如同素异构转变、固溶体的脱溶转变、共析转变,调幅分解和有序化等;另一类是无扩散型相变,如马氏体转变;第三类是兼有扩散、无扩散特征的相变,如贝氏体转变、块状转变等。

本章的重点是介绍固态相变的基本特点及遵循的一般规律。大多数固态相变与结晶相变类似,也是形核和核长大的过程。但是,由于新相和母相都是晶体,所以与结晶相变相比又有其特点,主要表现:

(1) 固态相变时阻力较大:在固态相变时,除了新、旧相间由于产生相界面而引起的界面自由能升高外,还会由于新、旧相比体积差而导致应变能产生,后者对相变过程有很重要的影响。

(2) 固态相变主要依靠非均匀形核:由于材料本身存在各种晶体缺陷,这些缺陷分布又不均匀,所具有的能量高低不同,这就为非均匀形核创造了条件;同时,均匀形核所需要的形核功大,势必过冷度要相当大,这会使扩散困难,不利于均匀形核。

固态相变后,新生相 α 的某一晶面和某一晶向往往分别与母相 β 的给定晶面和晶向相平行;相界面易形成共格或半共格界面。

(3) 新相的长大呈现惯习现象:相变过程中新相长大易于沿着母相的某些特定的晶面和晶向以针状或片状的形态优先发展。这种惯习现象可借金相显微镜进行观察。

(4) 新生相的组织形态比较复杂:一般来说,新生相的形态也是为了适应母相的结构和组织特点,克服相变阻力而表现出来的综合结果,所以它既受应变能和界面能的影响,也受母相结构和组织的影响。

(5) 固态相变易于出现过渡相:形成过渡相是固态相变克服相变阻力的另一重要途径。凡过渡相都不是真正的稳定相,只要条件允许,就会自发地再向稳定相转变。

作为扩散型相变的例子,主要介绍了脱溶转变及其类型,调幅分解及其特点。作为无扩散型相变的例子,介绍了马氏体相变的基本特征:无扩散性、具有表面浮凸和切变性、惯习面及内部亚结构等。对介于扩散与无扩散之间的贝氏体相变,介绍了它的相变特征及转变机制。

基本要求:

(1) 掌握固态相变的分类及特点;

(2) 理解固态相变的阻力来源及对相变过程的影响;

(3) 能用经典形核理论讨论固态相变时的形核功;

(4) 认识扩散型相变及非扩散型相变的主要特征;

(5) 掌握脱溶相在聚集长大过程中,熔质原子迁移的规律及脱溶相的长大方式;

(6) 认识调幅分解的特征及与脱溶沉淀的区别;

(7) 认识马氏体相变及相变时的表面浮凸效应。

## 8.2　知识结构

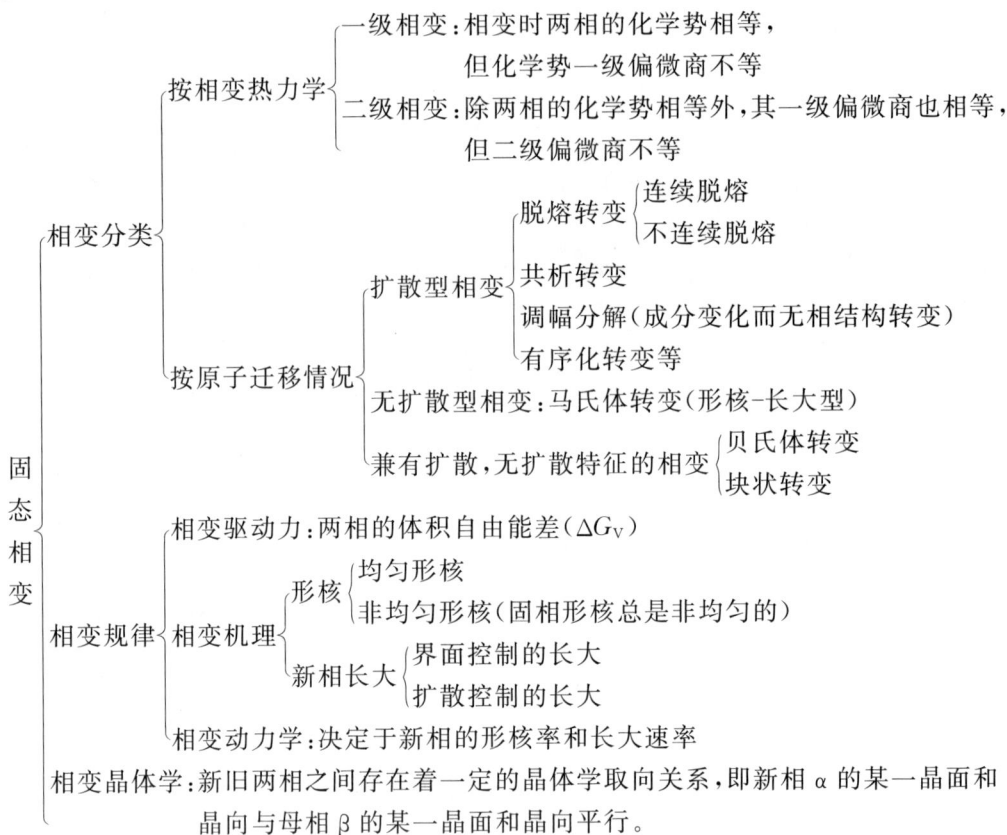

固态相变
- 相变分类
  - 按相变热力学
    - 一级相变：相变时两相的化学势相等，但化学势一级偏微商不等
    - 二级相变：除两相的化学势相等外，其一级偏微商也相等，但二级偏微商不等
  - 按原子迁移情况
    - 扩散型相变
      - 脱熔转变
        - 连续脱熔
        - 不连续脱熔
      - 共析转变
      - 调幅分解（成分变化而无相结构转变）
      - 有序化转变等
    - 无扩散型相变：马氏体转变（形核-长大型）
    - 兼有扩散，无扩散特征的相变
      - 贝氏体转变
      - 块状转变
- 相变规律
  - 相变驱动力：两相的体积自由能差（$\Delta G_V$）
  - 相变机理
    - 形核
      - 均匀形核
      - 非均匀形核（固相形核总是非均匀的）
    - 新相长大
      - 界面控制的长大
      - 扩散控制的长大
  - 相变动力学：决定于新相的形核率和长大速率
- 相变晶体学：新旧两相之间存在着一定的晶体学取向关系，即新相 α 的某一晶面和晶向与母相 β 的某一晶面和晶向平行。

## 8.3　重要公式

(1) 固态相变（均匀形核）时系统 自由能的变化为

$$\Delta G = -\frac{4}{3}\pi r^3 (\Delta G_V + \varepsilon) + 4\pi r^2 \sigma \tag{8-1}$$

式中　$\Delta G_V$ —— 形成单位体积晶胚时的自由能变化；

$\varepsilon$ —— 形成单位体积晶胚时所产生的应变能；

$r$ —— 球形晶核的半径；

$\sigma$ —— 晶胚与基体之间单位面积上的表面能。

假设晶胚中包含有 $n$ 个原子，上式可写成

$$\Delta G = n\,\Delta G_V + \eta\,n^{2/3}\sigma + nE_s \tag{8-2}$$

式中　$\Delta G$ —— 系统自由能的总变化值；

$n$ —— 晶核中的原子数；

$\Delta G_V$ —— 晶核中每个原子相变前（α）后（β）的自由能差 $\Delta G_V = (G_V^\beta - G_V^\alpha)$（为负值）；

$\sigma$ —— 单位相界面积的表面自由能；

$\eta$ —— 晶核的形状因子；

$\eta \, n^{2/3}$ —— 晶核的表面积；

$E_s$ —— 晶核中每个原子引起的应变能。

（2）临界晶核的形核功 $\Delta G^*$：由式（8-2）可导出临界晶核的形核功为

$$\Delta G^* = \frac{4}{27} \frac{\eta^3 \sigma^3}{(\Delta G_V + E_s)^2} \qquad (8-3)$$

式中各符号的意义同式（8-2）。

（3）固态相变时均匀形核率 $I$ 为

$$I = N \nu \, \mathrm{e}^{\frac{-Q}{kT}} \mathrm{e}^{\frac{-\Delta G^*}{kT}} \qquad (8-4)$$

式中　$I$ —— 形核率；

　　　$N$ —— 单位体积母相中的原子数；

　　　$\nu$ —— 原子振动频率；

　　　$Q$ —— 原子扩散激活能；

　　　$k$ —— 玻耳兹曼常数；

　　　$T$ —— 绝对温度。

（4）固态相变时晶核最大速率。

1）受相界面控制的晶核最大速率

$$u = \delta \nu_0 \, \mathrm{e}^{-Q/kT} \left[ 1 - \mathrm{e}^{-\Delta G_v/kT} \right] \qquad (8-5)$$

式中　$\delta$ —— 原子跳动一次的距离；

　　　$\nu_0$ —— 原子振动频率；

　　　$Q$ —— 原子越过界面的激活能；

　　$\Delta G_V$ —— 相变驱动力。

2）受扩散控制的晶核最大速率

$$u = \frac{\mathrm{d}x}{\mathrm{d}t} = \frac{D}{|C_\beta - C_a|} \left( \frac{\alpha C_\beta}{\partial x} \right) \qquad (8-6)$$

式中　$x$ —— 界面的位置；

　　　$D$ —— 原子扩散系数；

　$C_a, C_\beta$ —— 分别为界面处新相与母相的浓度。

（5）对于扩散型相变，在一定过冷度下的等温转变动力学可用阿弗拉密（Avrami）方程描述，即

$$\varphi_f = 1 - \exp(- bt^n) \qquad (8-7)$$

式中　$\varphi_f$ —— 转变量（体积分数）；

　　　$t$ —— 时间；

　　$b, n$ —— 常数。

## 8.4　典型范例

**例 8.1**　扩散型相变包括哪些种类？

**解**　扩散型相变可分为如图 8-1 所示的 5 种。

（1）脱熔沉淀：如图 8-1(a)(i) 所示，$\alpha' \rightarrow \alpha + \beta$，式中 $\alpha'$ 是亚稳定的过饱和固溶体，$\beta$ 是稳定的或亚稳定的脱熔物，$\alpha$ 是一个接近平衡浓度的饱和固溶体。（ii）及（iii）的情况与（i）

类似。

（2）共析转变：如图 8-1(b)所示，$\gamma \rightarrow \alpha + \beta$。单相 $\gamma$ 分解为两相$(\alpha + \beta)$的混合物。

（3）有序化：如图 8-1(c)所示，$\alpha$(无序)$\rightarrow \alpha'$(有序)。

（4）块型转变：如图 8-1(d)所示，$\beta \rightarrow \alpha$。母相转变为一种或多种成分相同而晶体结构不同的新相。

（5）同素异构转变：如图 8-1(e)所示，$\alpha \rightleftharpoons \gamma$，是指单元素的相变。

**讨论** 考点是扩散型相变与相图形式。固态相变分为扩散型和无扩散型两类，前者是通过单个原子热激活的扩散进行的。在合金平衡相图中，只要固熔度具有随温度的下降而减少的特征，便会出现过饱和固熔体以及它们的脱熔分解过程。广义的固熔体不仅是包括一般所指的、以纯金属为熔剂的一次置换及间隙固熔体，也包括以纯金属为熔剂的缺位固熔体，故纯金属(M)可以认为是 M 与缺位(V)的二元固熔体。

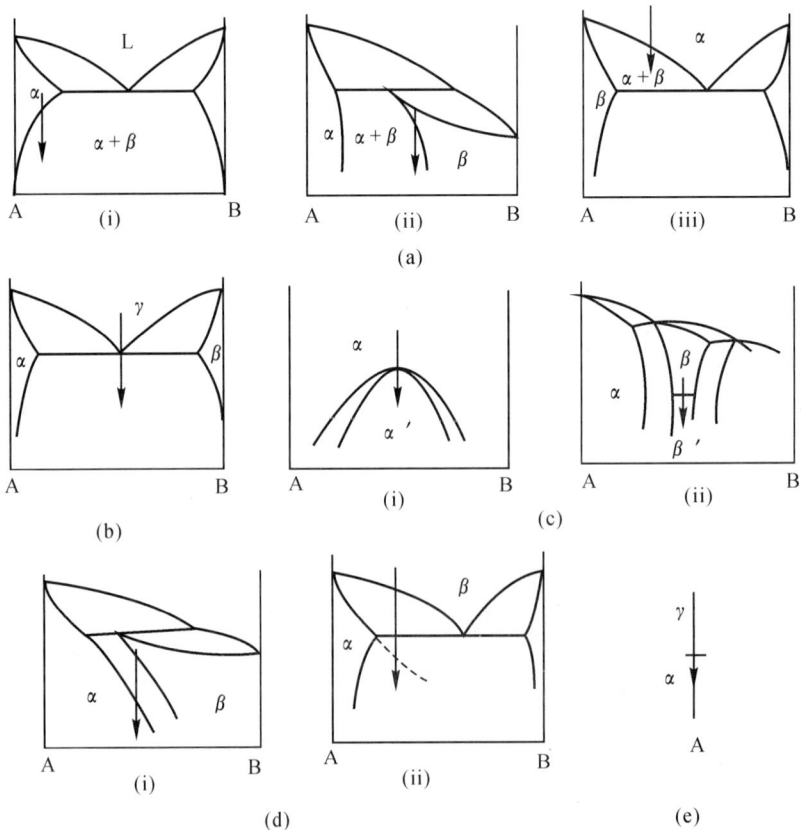

图 8-1 扩散型固态相变所涉及的各类相图

**例 8.2** 试用经典形核理论计算在固态相变中，由 $n$ 个原子构成立方体晶核时，新相的形状系数 $\eta$。

**解** 按经典形核理论，固态相变时，系统的自由能变化为

$$\Delta G = n\Delta G_V + S\gamma + nE_s$$

式中 $\Delta G_V$ —— 新旧两相每个原子的自由能差；

$S$ —— 晶核表面面积；

$\gamma$ —— 平均表面能；

$E_s$ —— 晶核中每个原子的应变能；

$n$ —— 晶核中的原子数。

假设新相的密度为 $\rho$，相对原子质量为 $M$，则每克原子新相物质所占容积为 $M/\rho$；每个新相原子所占的容积为 $M/(\rho N_0)$；$n$ 个原子的晶核体积为 $nM/(\rho N_0)$。

若构成立方体晶核，其边长为 $[nM/(\rho N_0)]^{1/3}$，晶核表面积为 $6[nM/(\rho N_0)]^{2/3}$。

所以
$$\Delta G = n\Delta G_V + 6[M/(\rho N_0)]^{2/3}n^{2/3}\gamma + nE_s$$

即形状系数
$$\eta = [M/(\rho N_0)]^{2/3}$$

**例 8.3** 简述固态相变与液-固相变在形核、长大规律方面有何特点？分析这些特点对所形成的组织会产生什么影响？

**解** 用表 8-1 给出答案。

**表 8-1 两类相变的特点及对组织的影响**

| 对比内容 | | 固态相变 | 液-固相变 |
|---|---|---|---|
| 形核 | 形核阻力 | 因比体积差而引起的畸变能及新相出现而增加的表面能（相变阻力大） | 形成新相而增加的表面能 |
| | 核的形状 | 片状、针状 | 球状 |
| | 核的位置 | 大部分在缺陷处或晶界上非均匀形核。可能出现亚稳相形成共格、半共格界面，出现取向关系；尚有无核转变 | 在各种晶体表面非均匀形核 |
| 长大 | | 新相生长受扩散或界面控制（原子迁移率低），以团状或球状方式长大；可能获得大的过冷度，导致无扩散相变 | 新相生长受温度和扩散速率的控制，以枝晶方式长大 |
| 组织特点 | | 组织细小，并可有多种形态：如魏氏组织、马氏体组织、沿晶界析出等 | 产生枝晶偏析及疏松、气孔、夹杂等冶金缺陷 |

**讨论** 考点是固态相变的特点。由于固态相变时的母相是晶体，其原子呈一定规则排列，且原子间的键合比液态时牢固，同时母相中还存在着空位、位错和晶界等晶体缺陷，故相变时必然会出现新特点。

**例 8.4** 在规则熔体 $\alpha$ 中析出 $\beta$ 的总驱动力 $\Delta G$ 可近似表达为

$$\Delta G = RT\left[x_0\ln\frac{x_0}{x_e} + (1-x_0)\ln\frac{(1-x_0)}{(1-x_e)}\right] - 2\Omega(x_0-x_e)^2$$

式中 $x_0$ —— 析出前 $\alpha$ 相中熔质的摩尔分数；

$x_e$ —— 析出后 $\alpha$ 相中熔质的摩尔分数。

(1) 设 $T=600\ \text{K}, x_\text{o}=0.1, x_\text{e}=0.02, \Omega=0$, 使用这一表达式估计 $\alpha \rightarrow \alpha'+\beta$ 时的总驱动力;

(2) 假如合金经过热处理后具有间距为 50 nm 的 β 相析出, 计算每立方米中 α/β 总界面的面积(设析出物为立方体);

(3) 假如 $\sigma_{\alpha/\beta}=200\times10^{-3}\ \text{J/m}^2$, 则每立方米合金总界面能为多少? 每摩尔合金总界面能为多少($V_\text{m}=10^{-5}\ \text{m}^3/\text{mol}$)?

(4) 若界面能同(3), 则合金还剩多少相变驱动力?

**解** (1) 已知 $T=600\ \text{K}, x_\text{o}=0.1, x_\text{e}=0.02, R=8.31\ \text{J/(mol·K)}$。

$$\Delta G = RT\left[x_\text{o}\ln\frac{x_\text{o}}{x_\text{e}}+(1-x_\text{o})\ln\frac{(1-x_\text{o})}{(1-x_\text{e})}\right]=$$

$$8.31\times600\times\left[0.1\ln\frac{0.1}{0.02}+(1-0.1)\ln\frac{(1-0.1)}{(1-0.02)}\right]=420.8\ \text{J/mol}$$

(2) 析出相 β 的数目为

$$n_\beta=\frac{1}{(50\times10^{-9})^3}=8\times10^{21}$$

每个 β 的表面积为

$$S_\beta=6\times(50\times10^{-9})^2=1.5\times10^{-14}\ \text{m}^2$$

1 $\text{m}^3$ 中的总界面面积为

$$S_\text{总}=8\times10^{21}\times1.5\times10^{-14}=1.2\times10^8\ \text{m}^2$$

(3) $$1.2\times10^8\times200\times10^{-3}=240\times10^{-5}\ \text{J/m}^3$$

每摩尔合金的界面能为

$$\gamma=1.2\times10^8\times200\times10^{-3}\times10^{-5}=240\ \text{J/mol}$$

(4) $$420.8-240=180.8\ \text{J/mol}$$

即相变时克服界面能后, 尚剩 180.8 J/mol 相变驱动力。

**讨论** 在合金系统中, 相的稳定性仍取决于其自由能, 但此时的自由能除与温度有关外, 还是成分的函数。例8.4给出了脱熔转变过程中总驱动力 $\Delta G$ 的近似表达式, 说明相变时驱动力的来源及释放。

**例8.5** 固态相变时, 假设新相晶胚为球形, 且单个原子的体积自由能变化 $\Delta G_V=200\ \Delta T/T_\text{c}(\text{J/cm}^3)$, 临界转变温度 $T_\text{c}=1\ 000\ \text{K}$, 应变能 $E_\text{s}=4\ \text{J/cm}^3$, 共格界面能 $\gamma_\text{共格}=40\times10^{-7}\ \text{J/cm}^2$, 非共格界面能 $\gamma_\text{非共格}=400\times10^{-7}\ \text{J/cm}^2$, 计算:

(1) $\Delta T=50\ \text{K}$ 时临界形核功 $\Delta G_\text{共格}^*/\Delta G_\text{非共格}^*$ 之比;

(2) 若 $\Delta G_\text{共格}^*=\Delta G_\text{非共格}^*$ 时的 $\Delta T$。

**解** (1) 固态相变时, 若新相晶核为球形, 则其形核功为

$$\Delta G^*=\frac{16\pi\gamma_{\alpha/\beta}^3}{3(\Delta G_V-E_\text{s})^2}$$

由于相界面新相与母相原子排列的差异引起的弹性应变能, 以共格界面最大, 半共格界面次之, 非共格界面为零(但其表面能最大)。故

$$\Delta G_\text{共格}^*=\frac{16\pi\gamma_\text{共格}^3}{3(\Delta G_V-E_\text{s})^2}$$

$$\Delta G^*_{非共格} = \frac{16\pi\gamma^3_{非共格}}{3\Delta G_V^2}$$

所以

$$\frac{\Delta G^*_{共格}}{\Delta G^*_{非共格}} = \frac{\Delta G_V^2 \gamma^3_{共格}}{(\Delta G_V - E_s)^2 \gamma^3_{非共格}} = \frac{\left(\frac{200\times 50}{1\,000}\right)^2 \times (40\times 10^{-7})^3}{\left(200\times\frac{50}{1\,000}-4\right)^2 \times (400\times 10^{-7})^3} =$$

$$2.77\times 10^{-3}$$

（2）

$$\Delta G^*_{共格} = \Delta G^*_{非共格}$$

$$\frac{(40\times 10^{-7})^3}{\left(200\times\frac{\Delta T}{1\,000}-4\right)^2} = \frac{(400\times 10^{-7})^3}{\left(200\times\frac{\Delta T}{1\,000}\right)^2}$$

解得

$$\Delta T \approx 21 \text{ K}$$

**讨论**　当相变过冷度较大时,新相与母相之间一般形成共格界面;当相变过冷度较小时,则易形成非共格界面。

**例 8.6**　熔质原子偏聚在位错线附近时,将使材料在拉伸时出现屈服现象。熔质原子在位错线周围偏聚的浓度分布可用 $c = c_0\exp(-\frac{E}{kT})$ 表示。式中,$E$ 为熔质原子和位错线的交互作用能,$c_0$ 为基体中熔质平均浓度。试计算下列条件下发生熔质偏聚的临界温度。

（1）铁中的碳,$c_0 = w_C = 0.000\,1$,$E = -0.5$ eV;

（2）铜中的锌,$c_0 = w_{Zn} = 0.000\,1$,$E = -0.12$ eV。

**解**　

$$c = c_0\exp(-\frac{E}{kT})$$

当熔质发生完全偏聚时,$c = w_x = 1$,$T = T_{临}$,$1 = c_0\exp\left(-\frac{E}{kT}\right)$,则

$$T_{临} = \frac{-E}{k\ln(1/c_0)}$$

（1）　$c_0 = w_C = 0.000\,1$,　$E = -0.5$ eV $= -1.602\times 10^{-19}\times 0.5$ J

代入得

$$T_{临} = \frac{1.602\times 10^{-19}\times 0.5}{1.381\times 10^{-23}\ln\left(\frac{1}{0.000\,1}\right)} = 629 \text{ K}$$

（2）　$c_0 = w_{Zn} = 0.0001$,$E = -0.12$ eV $= -1.602\times 10^{-19}\times 0.12$ J

代入得

$$T_{临} = \frac{1.602\times 10^{-19}\times 0.12}{1.381\times 10^{-23}\ln\left(\frac{1}{0.000\,1}\right)} = 151 \text{ K}$$

**讨论**　屈服点现象出现在低碳钢、多晶体的钼、钛及铝合金、α 和 β 黄铜等材料中。在这些材料的拉伸曲线上出现上、下屈服点现象,通常认为这与熔质原子与位错交互作用、分布在位错线周围形成"柯氏气团"有关,而熔质原子在位错线附近偏聚与温度有关。由上式可以看出,发生熔质原子偏聚的临界温度主要取决于熔质原子与位错线的交互作用能 $E$。

**例 8.7**　在固态相变过程中,假设新相形核率 $\dot{N}$ 和长大速率 $G$ 为常数,则经过 $t$ 时间后所形成的新相的体积分数可用 Johnson-Mehl 方程得到,即

$$\varphi = 1 - \exp\left(-\frac{\pi}{3}\dot{N}G^3 t^4\right)$$

已知形核率 $\dot{N}=1\,000/(cm^3 \cdot s)$，$G=3\times10^5\ cm/s$，试计算

(1) 发生相变速率最快的时间；

(2) 相变过程中的最大相变速度；

(3) 获得 50% 转变量所需要的时间。

**解** (1)
$$\varphi=1-\exp\left(-\frac{\pi}{3}\dot{N}G^3t^4\right)$$

$$\frac{d\varphi}{dt}=\left(\frac{4}{3}\pi\dot{N}G^3t^3\right)\exp\left(-\frac{\pi}{3}\dot{N}G^3t^4\right)$$

$$\frac{d^2\varphi}{dt^2}=-\left(\frac{4}{3}\pi\dot{N}G^3t^3\right)^2\exp\left(-\frac{\pi}{3}\dot{N}G^3t^4\right)+\left(\frac{12}{3}\pi\dot{N}G^3t^2\right)\exp\left(-\frac{\pi}{3}\dot{N}G^3t^4\right)$$

令 $\frac{d^2\varphi}{dt^2}=0$，即

$$-\left(\frac{4}{3}\pi\dot{N}G^3t^3\right)^2+\left(\frac{12}{3}\pi\dot{N}G^3t^2\right)=0$$

$$t_{max}=\left(\frac{9}{4\pi\dot{N}G^3}\right)^{1/4}=\left[\frac{9}{4\times3.14\times1\,000\times(3\times10^{-5})^3}\right]^{\frac{1}{4}}=403\ s$$

(2)
$$\left(\frac{d\varphi}{dt}\right)_{max}=\left(\frac{4}{3}\pi\dot{N}G^3t^3\right)\exp\left(-\frac{\pi}{3}\dot{N}G^3t^4\right)=$$

$$\left[\frac{4}{3}\times3.14\times1\,000\times(3\times10^{-5})^3\times403^3\right]\times$$

$$\exp\left[-\frac{3.14}{3}\times1\,000\times(3\times10^{-5})^3\times403^4\right]=3.50\times10^{-3}\ cm/s$$

(3)
$$\varphi=1-\exp\left(-\frac{\pi}{3}\dot{N}G^3t^4\right)$$

$$50\%=1-\exp\left(-\frac{\pi}{3}\dot{N}G^3t^4\right)$$

$$0.693\,1=\frac{\pi}{3}\times1\,000\times(3\times10^{-5})^3t^4$$

$$t^4=2.45\times10^{10}$$

$$t=395\ s$$

**讨论** 考点是对 Johnson-Mehl 方程的理解和应用。相变动力学是讨论相变的速率问题，即描述在恒温下相变量与时间的关系。根据相变动力学，可以知道在某一温度下固态相变是在什么时候开始，什么时候完成，这样就为合理地制订热处理工艺提供了依据。

**例 8.8** 试分析脱熔析出球形第二相时，粒子粗化的驱动力。

**解** 设在 $\alpha$ 母相中析出半径为 $r$ 的球形 $\beta$ 粒子，其体积为 $V$，$\beta/\alpha$ 的相界面为 $S$，则其自由能为

$$G=V(G_V+E_s)+S\gamma$$

式中 $G_V$，$E_s$ ——分别是单位体积新相的化学自由能、弹性应变能；

$\gamma$ ——比界面能。

其中某一组元，如熔质组元的化学位可表示为

$$\mu=\frac{\partial G}{\frac{\partial V}{\Omega}}$$

式中　　$\Omega$——摩尔体积,即每摩尔熔质原子对应的新相的体积。

由以上两式可得

$$\mu = \Omega(G_V + E_s) + \Omega\left(\frac{\partial S}{\partial V}\right)\gamma$$

式中$\frac{\partial S}{\partial V}$为每增加单位体积引起的表面积的增加,对于球形粒子,则有

$$\frac{\partial S}{\partial V} = \frac{\mathrm{d}(4\pi r^2)}{\mathrm{d}\left(\frac{4}{3}\pi r^3\right)} = \frac{2}{r}$$

所以

$$\mu = \Omega(G_V + E_s) + \frac{2\Omega\gamma}{r}$$

显然,熔质原子在球形粒子中的化学位与粒子半径$r$有关,$r$越小,$\mu$越高,这样的粒子越不稳定。

设在母相中析出半径为$r_1$和$r_2(r_1 > r_2)$的两个球形$\beta$粒子,彼此相邻,则二者化学位的差为

$$\Delta\mu = \mu_2 - \mu_1 = 2\Omega\gamma\left(\frac{1}{r_2} - \frac{1}{r_1}\right)$$

这就是熔质原子从小颗粒向大颗粒扩散,进而造成颗粒粗化的驱动力。

**讨论**　若固态合金中,含有大小不同的沉淀相粒子,在高温退火时,将会出现小粒子熔解、大粒子长大的现象。例中的分析是对这一现象的理论解释。

**例 8.9**　脱熔分解与调幅(spinodal)分解在形成析出相时最主要的区别是什么?

**解**　两者在形成析出相时最主要的区别在于形核驱动力和新相的成分变化。脱熔转变时,形成新相要有较大的浓度起伏,新相与母相的成分比较有突变,因而产生界面能,这也就需要较大的形核驱动力以克服界面能,亦即需要较大的过冷度。而对 spinodal 分解,没有形核过程,没有成分的突变,任意小的浓度起伏都能形成新相而长大。

**讨论**　考点是脱熔转变与调幅分解在形成析出相时的主要区别。还应注意到,调幅分解过程中成分变化是通过上坡扩散来实现,如图 8-2 所示;而脱熔转变时第二相的形成是通过下坡扩散来实现,如图 8-3 所示。

**例 8.10**　已知 $\alpha, \beta, \gamma, \delta$ 相的自由能曲线如图 8-4 所示,从热力学角度判断浓度 $x_B = c_o$ 的 $\gamma$ 相及 $\delta$ 相中应析出的相? 指出的所示的温度下的平衡相(稳定相)及其浓度。

**解**　相的自由能 $\Delta G$ 与成分 $x_B$ 曲线如图 8-4 所示。过 $\gamma$ 相的合金成分线与其自由能曲线的交点作切线,分别与析出相 $\alpha$ 和 $\beta$ 的成分线交于 $a$ 和 $c$。图中 $a—b$ 段表示 $\gamma$ 相中析出 $\alpha$ 相的形核驱动力;$c—d$ 段表示 $\gamma$ 相中析出 $\beta$ 相的形核驱动力。由于 $a—b > c—d$,故 $\gamma$ 相更可能析出 $\alpha$ 相。假如 $\gamma$ 相首先析出亚稳过渡相 $\delta$,作 $\delta$ 相的自由能曲线的切线,可以见得,此时形成 $\beta$ 相的驱动力 $\Delta G^{\delta-\beta}$ 很大,$\beta$ 相将作为稳定相而形成。

当两相平衡时,其自由能曲线在平衡成分处的切线斜率应相等,即具有公切线,而稳定相应是一定温度下自由能最低的相。如图 8-4 中所示,最后稳定相应是 $\alpha$ 和 $\beta$,作公切线得平衡相的浓度分别为 $c_1$ 和 $c_2$。

**讨论**　对于凝聚态,在恒温恒压下,采用自由焓或自由能作为相的稳定性的判据[不同条件下关闭系统的平衡条件(=)及过程方向(<)为 $(\mathrm{d}F)_{T,V} \leqslant 0$;$(\mathrm{d}G)_{T,p} \leqslant 0$],相平衡时,则采

用化学位作为判据,并用公切线作图法求相平衡时相的成分。

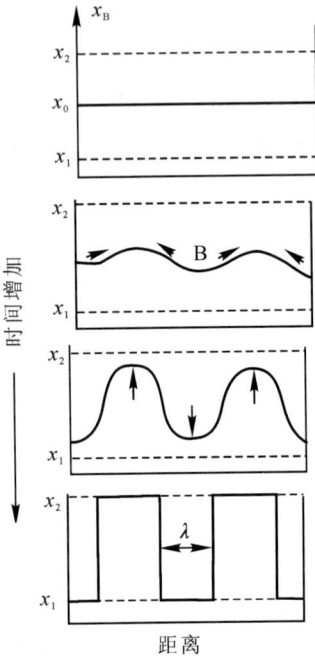

图 8-2　调幅分解时第二相的长大

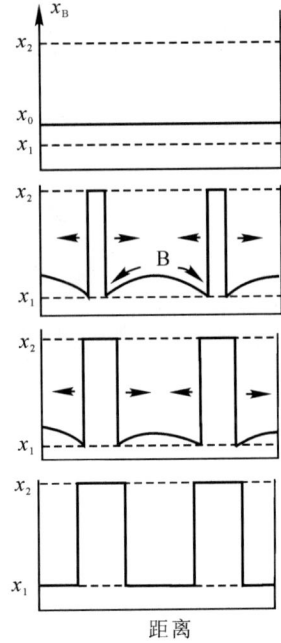

图 8-3　形核长大时第二相的长大

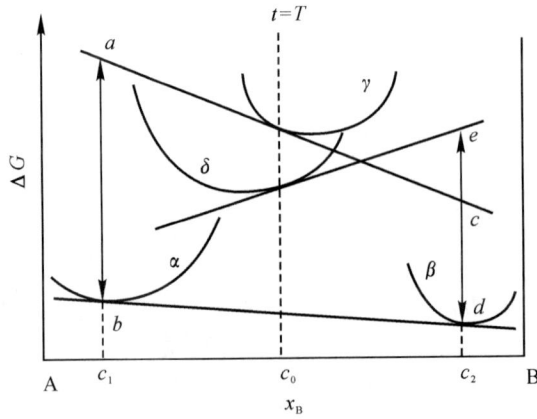

图 8-4　相的自由能($\Delta G$)-成分($x_B$)曲线

## 8.5　效果测试

**1.**分析固态相变的阻力。

**2.**分析位错促进形核的主要原因。

**3.**下式表示含 $n$ 个原子的晶胚形成时所引起系统自由能的变化。

$$\Delta G = -bn(\Delta G_V - E_s) + an^{2/3}\gamma_{\alpha/\beta}$$

式中　$\Delta G_V$ —— 形成单位体积晶胚时的自由能变化；

　　　　$\gamma_{\alpha/\beta}$ —— 界面能；

　　　　$E_s$ —— 应变能；

　　　　$a,b$ —— 系数，其数值由晶胚的形状决定。

试求晶胚为球形时，$a$ 和 $b$ 的值。若 $\Delta G_V$，$\gamma_{\alpha/\beta}$，$E_s$ 均为常数，试导出球状晶核的形核功 $\Delta G^*$。

**4.** Al-Cu 合金的亚平衡相图如图 8-5 所示，试指出经过固熔处理的合金在 $T_1$，$T_2$ 温度时效时的脱熔贯序；并解释为什么稳定相一般不会首先形成呢？

**5.** $x_{Cu}=0.046$ 的 Al-Cu 合金（见图 4-9），在 550 ℃ 固熔处理后，$\alpha$ 相中含 $x_{Cu}=0.02$，然后重新加热到 100 ℃，保温一段时间后，析出的 $\theta$ 相遍布整个合金体积。设 $\theta$ 粒子的平均间距为 5 nm，计算：

（1）每立方厘米合金中大约含有多少粒子？

（2）假设析出 $\theta$ 后 $\alpha$ 相中的 $x_{Cu}=0$，则每个 $\theta$ 粒子中含有多少铜原子（$\theta$ 相为 fcc 结构，原子半径为 0.143 nm）？

**6.** 连续脱熔和不连续脱熔有何区别？试述不连续脱熔的主要特征？

**7.** 试述 Al-Cu 合金的脱熔系列及可能出现的脱熔相的基本特征。为什么脱熔过程会出现过渡相？时效的实质是什么？

**8.** 指出调幅分解的特征，它与形核、长大脱熔方式有何不同？

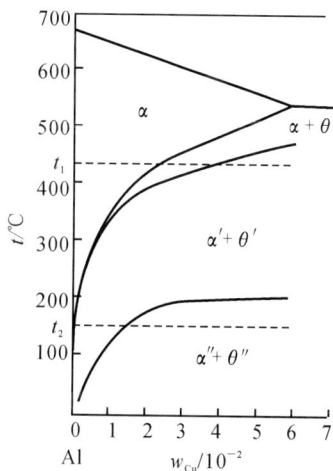

图 8-5　Al-Cu 合金的固熔线

**9.** 试说明脱熔相聚集长大过程中，为什么总是以小球熔解、大球增大方式长大。

**10.** 若固态相变中新相以球状颗粒从母相中析出，设单位体积自由能的变化为 $10^8$ J·m$^{-3}$，比表面能为 1 J·m$^{-2}$，应变能忽略不计，试求表面能为体积自由能的 1‰ 时的新相颗粒直径。

**11.** 试述无扩散型相变有何特点。

**12.** 若金属 B 熔入面心立方金属 A 中，试问合金有序化的成分更可能是 $A_3B$ 还是 $A_2B$？试用 20 个 A 原子和 B 原子作出原子在面心立方金属(111)面上的排列图形。

**13.** 含碳质量分数 $w_C=0.003$ 及 $w_C=0.012$ 的 $\varphi5$ mm 碳钢试样，都经过 860 ℃ 加热淬火，试说明淬火后所得到的组织形态、精细结构及成分。若将两种钢在 860 ℃ 加热淬火后，将试样进行回火，则回火过程中组织结构会如何变化？

## 8.6　参考答案

**1.** 固态相变时形核的阻力，来自新相晶核与基体间形成界面所增加的界面能 $E_\gamma$，以及体积应变能（即弹性能）$E_e$。其中，界面能 $E_\gamma$ 包括两部分：一部分是在母相中形成新相界面时，由同类键、异类键的强度和数量变化引起的化学能，称为界面能中的化学项；另一部分是由界面原子不匹配(失配),原子间距发生应变引起的界面应变能,称为界面能中的几何项。应变能 $E_e$ 产生的原因是,在母相中产生新相时,由于两者的比体积不同,会引起体积应变,这种体积应变通常是通过新相与母相的弹性应变来调节,结果产生体积应变能。

从总体上说,随着新相晶核尺寸的增加及新相的生长,$(E_\gamma + E_e)$ 会增加。当然,$E_\gamma, E_e$ 也会通过新相的析出位置、颗粒形状、界面状态等,相互调整,以使 $(E_\gamma + E_e)$ 为最小。

母相为液态时,不存在体积应变能问题;而且固相界面能比液-固的界面能要大得多。相比之下,固态相变的阻力大。

**2.** 如同在液相中一样,固相中的形核几乎总是非均匀的,这是由于固相中的非平衡缺陷(诸如非平衡空位、位错、晶界、层错、夹杂物等)提高了材料的自由能。如果晶核的产生结果使缺陷消失,就会释放出一定的自由能,因此减少了激活能势垒。

新相在位错处形核有三种情况:一是新相在位错线上形核,新相形成处,位错消失,释放的弹性应变能量使形核功降低而促进形核;二是位错不消失,而且依附在新相界面上,成为半共格界面中的位错部分,补偿了失配,因而降低了能量,使生成晶核时所消耗的能量减少而促进形核;三是当新相与母相成分不同时,由于溶质原子在位错线上偏聚(形成柯氏气团)有利于新相沉淀析出,也对形核起促进作用。

**3.** 设球形晶核体积为 $\bar{V}$,含有 $n$ 个原子,每个原子的体积为 $V$,则有

$$nV = \bar{V}$$

即

$$b = V$$

又

$$an^{2/3} = 4\pi r^2$$

$$a = \frac{4\pi r^2}{n^{2/3}}$$

因为

$$nV = \frac{4}{3}\pi r^3$$

所以

$$n = \frac{4\pi r^3}{3V}$$

代入上式得

$$a = \frac{4\pi r^2}{\left(\frac{4\pi r^3}{3V}\right)^{2/3}} = (3b\pi V^2)^{1/3}$$

令 $\dfrac{\partial \Delta G}{\partial n} = 0$,则

$$-V(\Delta G_V - E_s) + \frac{2}{3}(3b\pi V^2)^{1/3}\gamma_{\alpha/\beta}n^{-1/3} = 0$$

$$n^* = \left(\frac{32\pi}{3V}\right)\left(\frac{\gamma_{\alpha/\beta}}{\Delta G_V - E_s}\right)^3$$

代入原式,即可得

$$\Delta G^* = \frac{16\pi\gamma_{\alpha/\beta}^3}{3(\Delta G_V - E_s)^2}$$

**4.** 脱熔贯序为

$T_1$ 温度,$\alpha \to \theta' \to \theta$;

$T_2$ 温度,$\alpha \to \theta'' \to \theta' \to \theta$。

判断一个新相能否形成,除了具有负的体积自由能外,还必须考虑新相形成时的界面能和应变能。由临界形核功 $\Delta G^* = \dfrac{16\pi\gamma_{\alpha/\beta}^3}{3(\Delta G_V - E_s)^2}$ 可知,只有当界面能 $\gamma_{\alpha/\beta}$ 和应变能 $E_s$ 尽可能减小,才能有效地减小临界形核功,有利于新相形核。在析出初期阶段,析出相很细小,此时应变能较小,而表面能很大。为了减小表面能,新相往往形成与母相晶格接近,并与母相保持共格的亚稳过渡相,以使体系能量降低,有利于相变。在析出后期,由于析出相粒子长大,应变能上升为相变的主要阻力,则新相形成与母相非共格的稳定相,以降低体系总能量。随时效温度不同,由于界面能和应变能的不同作用,将出现不同的亚稳过渡相。

**5.** (1) 假设每一个粒子的体积为 $(5\ \text{nm})^3$,则粒子数 $= \dfrac{1}{(5\times10^{-7})^3} \approx 8\times10^{18}$ 个 $/\text{cm}^3$。

(2) 因为 $\theta$ 相为 fcc 结构,每个单位晶胞中有 4 个原子,晶格常数 $a = 4r/\sqrt{2} = 4\times0.143/\sqrt{2} = 0.404\ \text{nm}$。

因为 $\alpha$ 中含 $x_{Cu} = 0.02$,则每立方厘米体积中铜原子数 $= (0.02\times4)/(4.04\times10^{-8})^3 = 1.2\times10^{21}$ 个 $/\text{cm}^3$;每粒子中铜原子数 $= 1.2\times10^{21}/(8\times10^{18}) \approx 15$ 个 / 粒子。

**6.** 如果脱熔是在母相中各处同时发生,且随新相的形成母相成分发生连续变化,但其晶粒外形及位向均不改变,称之为连续脱熔。

与连续脱熔相反,当脱熔一旦发生,其周围一定范围内的固熔体立即由过饱和状态变成饱和状态,并与母相原始成分形成明显界面。在晶界形核后,以层片相间分布并向晶内生长。通过界面不但发生成分突变,且取向也发生了改变,这就是不连续脱熔。其主要差别在于扩散途径的长度。前者扩散场延伸到一个相当长的距离,而后者扩散距离只是片层间距的数量级(一般小于 $1\ \mu\text{m}$)。

不连续脱熔有以下特征:

(1) 在析出物与基体界面上,成分是不连续的;析出物与基体间的界面都为大角度的非共格界面,说明晶体位向也是不连续的。

(2) 胞状析出物通常在基体($\alpha'$)晶界上形核,而且总是向 $\alpha'$ 相的相邻晶粒之一中长大。

(3) 胞状析出物长大时,熔质原子的分配是通过其在析出相与母相之间的界面扩散来实现的,扩散距离通常小于 $1\ \mu\text{m}$。

**7.** Al-Cu 合金的脱溶系列有:

$GP$ 区 $\rightarrow \theta''$ 过渡相 $\rightarrow \theta'$ 过渡相 $\rightarrow \theta$ 相(平衡相)。

脱熔相的基本特征:

$GP$ 区为圆盘状,其厚度为 $0.3 \sim 0.6\ \text{nm}$,直径约为 $8\ \text{nm}$,在母相的 $\{100\}$ 面上形成。点阵与基体 $\alpha$ 相同(fcc),并与 $\alpha$ 相完全共格。

$\theta''$ 过渡相呈圆片状,其厚度为 $2\ \text{nm}$,直径为 $30\sim40\ \text{nm}$,在母相的 $\{100\}$ 面上形成。具有正方点阵,点阵常数为 $a=b=0.404\ \text{nm}$,$c\approx0.78\ \text{nm}$,与基体完全共格,但在 $z$ 轴方向因点阵常数不同而产生约 $4\%$ 的错配,故在 $\theta''$ 附近形成一个弹性共格应变场。

$\theta'$ 过渡相也在基体的 $\{100\}$ 面上形成,具有正方结构,点阵常数 $a=b=0.404\ \text{nm}$,$c=0.58\ \text{nm}$,其名义成分为 $CuAl_2$。由于在 $z$ 轴方向错配量太大,所以只能与基体保持局部共格。

$\theta$ 相具有正方结构,点阵常数 $a=b=0.607\ \text{nm}$,$c=0.487\ \text{nm}$,这种平衡沉淀相与基体完全

失去共格。

时效的实质,就是从过饱和固熔体分离出一个新相的过程,通常这个过程是由温度变化引起的。时效以后的组织中含有基体和沉淀物,基体与母相的晶体结构相同,但成分及点阵常数不同;而沉淀物则可以具有与母相不同的晶体结构和成分。由于沉淀物的性质、大小、形状及在显微组织中的分布不同,合金的性能可以有很大的变化。

8. 调幅分解是指过饱和固熔体在一定温度下分解成结构相同、成分和点阵常数不同的两个相。调幅分解的主要特征是不需要形核过程。调幅分解与形核、长大脱熔方式的比较如表8-2所示。

表 8-2    调幅分解与形核、长大脱熔方式的比较

| 脱熔类型 | 自由能成分曲线特点 | 条 件 | 形核特点 | 界面特点 | 扩散方式 | 转变速率 | 颗粒大小 |
|---|---|---|---|---|---|---|---|
| 调幅分解 | 凸 | 自发涨落 | 非形核 | 宽泛 | 上坡 | 高 | 数量多颗粒小 |
| 形核长大 | 凹 | 过冷度及临界形核功 | 形核 | 明晰 | 下坡 | 低 | 数量少颗粒大 |

9. 若固态合金中,含有大小不同的沉淀相粒子,在高温退火时,将会出现小粒子熔解,大粒子长大的现象。其物理实质:假定始态只有图8-6(a)所示的两种尺寸的第二相粒子。由粒子大小对固熔度的影响可知,小粒子的固熔度较大,因而在 $\alpha$ 相内,从小粒子到大粒子之间,有一个从高到低的熔质浓度梯度,小粒子周围的熔质有向大粒子周围扩散的趋势。这种扩散发生后,破坏了亚稳平衡,使小粒子周围的熔质浓度($c_{r_2}$)小于亚稳平衡时的熔质浓度($c_{r_1}$),如图8-6(b)所示,因而小粒子熔解而变得更小,如图8-6(c)所示;而大粒子周围的熔质浓度($c_{r_2}'$)又大于亚稳平衡时的熔质浓度($c_{r_1}'$),因而发生沉淀,使大粒子长大,如图8-6(c)所示。因此,不均匀尺寸的固相粒子粗化,是通过小粒子继续熔解以及大粒子继续长大而进行的。

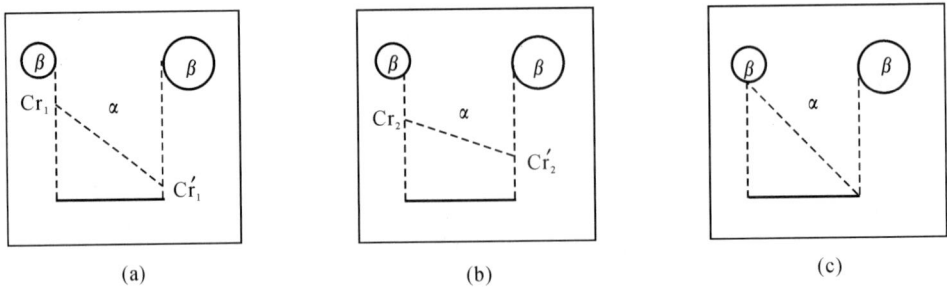

图 8-6    球形粒子长大示意图

10. 直径 $2r = 6 \times 10^{-6}$ m。

11. 无扩散型相变具有如下特点:

(1) 存在由于均匀切变引起的形状改变,使晶体发生外形变化。

(2) 由于相变过程无扩散,新相与母相的化学成分相同。

(3) 母相与新相之间有一定的晶体学位向关系。

（4）相界面移动速度极快,可接近声速。

**12.** 应为 $A_3B$ 结构。对于有序结构,原子在点阵中按一定的规则排列。每个面心立方晶胞中有 4 个原子,当 A 原子占据晶胞的面心处,B 原子占据晶胞的角位置,则每晶胞有 3 个 A 原子,1 个 B 原子,原子比为 $A_3B$。反之则为 $AB_3$。当 B 原子除了占据角位置外,还占据两个面心时,则形成 AB 型有序结构。因而,不可能形成 $AB_2$ 有序结构。

$A_3B$ 有序结构原子在(111)面上的排列图形如图 8 - 7 所示。

**13.** 860 ℃ 加热,两种钢均在单相区(见 Fe-Fe$_3$C 相图),淬火后均为 M 体。$w_C = 0.012$ 的碳钢中有一定量的残余奥氏体。

$w_C = 0.003$ 的碳钢,其马氏体成分为 $w_C = 0.003$,形态为板条状,精细结构为位错。

$w_C = 0.012$ 的碳钢,其马氏体成分为 $w_C = 0.012$,形态为针状,精细结构为孪晶。

$w_C = 0.003$ 的碳钢,在 200 ℃ 以下回火时,组织形态变化较小,硬度变化也不大。但碳原子向位错线附近偏聚倾向增大。当回火温度高于 250 ℃ 时,渗碳体在板条间或沿位错线析出,使强度、塑性降低;当回火温度达 300 ~ 400 ℃ 时,析出片状或条状渗碳体,硬度、强度显著降低,塑性开始增高,当 400 ~ 700 ℃ 回火时,发生碳化物的聚集、长大和球化及 α 相的回复、再结晶。此时,硬度、强度逐渐降低,塑性逐渐增高。

$w_C = 0.012$ 的碳钢,低于 100 ℃ 回火时,碳原子形成富碳区;100 ~ 200 ℃ 回火时,析出大量细小碳化物,因此,硬度稍有提高;200 ~ 300 ℃ 回火时,残留奥氏体转变为回火马氏体(或贝氏体)使硬度升高,但同时,马氏体的硬度降低,因此,总体上硬度变化不大;高于 300 ℃ 回火时,碳化物继续析出,随后便是碳化物长大及球化,而 α 相发生回复、再结晶,使硬度降低,韧性增高。

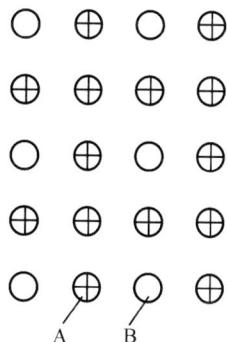

图 8-7 $A_3B$ 有序结构原子排列示意图

# 第9章 复合效应与界面

## 9.1 内容精要

复合材料是由两种或两种以上性质不同的材料组合起来的一种多相固体材料。复合材料的组分是人为有意选择和设计的,其性能取决于每种组分相及其相应的含量、尺寸和分布状态。

本章的核心内容是介绍复合效应及其应用。由于特殊的复合效应,才使复合材料不但基本保持了原有组分的性质,还会增添原有组分没有的性能。复合效应包括多种类型,重点应理解线性效应、非线性效应及界面效应。

平均效应,也称为加和效应(mean properties),是线性效应中的一类。它反映了复合材料的混合定则,即复合材料的某一性质可以通过对增强体某一性质与基体材料的某一性质的叠加来计算。

乘积效应,亦称交叉耦合效应,它是非线性效应中的一类。乘积效应对开发新型功能材料指出了方向。如一种功能转换材料 $Y/X$(假设是磁场 / 压力换能材料),$Y$ 又可作为另一种材料的第二次输入,若产生的输出为 $Z$,即构成另一种换能材料 $Z/Y$(如电阻 / 磁场换能材料)。这两种材料复合会得出一种新的功能材料,即 $Y/X \cdot Z/Y = Z/X$(即电阻 / 压力转换材料)。

界面效应与界面结合、界面物理、化学特性有关,也与界面两侧材料的浸润性、相容性、扩散性等密切相关。正是由于界面效应的存在,导致复合材料各组分间呈现出协同性。

复合效应的应用,还表现在复合材料的增强原理上。按增强体的种类和形态,复合材料的强化机制可分为三种:弥散增强、颗粒增强及纤维增强。

弥散增强是由一种或多种材料的微粒弥散,均匀地分布在基体材料内,通过阻碍基体中的位错运动(金属基)或分子链运动(高聚物基)而强化材料。增强粒子的直径为 $0.01 \sim 0.1~\mu m$,体积分数约 $1\% \sim 15\%$。显然,增强效果取决于粒子直径、体积分数。

颗粒增强复合材料是指用金属或高分子聚合物把有耐热性、硬度高但不耐冲击的金属氧化物、碳化物、氮化物颗粒黏结在一起而形成的材料,如硬质合金。这种复合材料通过粒子约束基体变形达到强化的目的。粒子直径为 $1 \sim 50~\mu m$,体积分数大于 $20\%$。

纤维增强机制的增强效果,取决于纤维的特性,如纤维与基体之间要有一定的相熔性或浸润性;纤维排列的方向要与构件受力方向一致;纤维的体积分数、长度、长径比($L/d$)满足一定的要求等。一般情况下,纤维的体积分数越高、越长、越细,增强效果越好。

复合材料的界面问题既与前述各章中的界面问题有共同之处,又有其独特性和重要性,应该加以区分。此处复合材料界面仅涉及基体和增强体之间的界面,这种界面是一个过渡区域,该区域的材料结构与性能应该不同于组分材料的任意一个,故称为界面相或界面层。界面厚度为几个纳米到几百个纳米。

界面的性质、结构、完整性对复合材料性能影响很大。

复合材料对界面的要求有两点:一是力学要求,界面应在增强体与基体之间传递各种类型的载荷;二是物理化学要求,即界面的稳定性好。

　　界面的结合方式与基体种类有关,大致可分为物理结合和化学结合。界面结合方式不同,则界面结合力的大小也不同。从改善复合材料界面角度讲,应着重考虑降低界面残余应力、基体改性、改善纤维表面、选择合理的复合工艺和使用条件等。

　　基本要求:

　　(1) 认识复合材料的概念、分类及特点;

　　(2) 理解相补效应、相抵效应、乘积效应、界面效应等复合效应;

　　(3) 理解混合定则及其应用;

　　(4) 理解连续纤维和短纤维(晶须)的临界体积分数,并进行比较;

　　(5) 正确理解和运用临界长度、临界长径比的概念;

　　(6) 认识弥散增强、粒子增强及纤维增强机制;

　　(7) 掌握界面结合的类型、界面的稳定性及改善途径。

## 9.2　知识结构

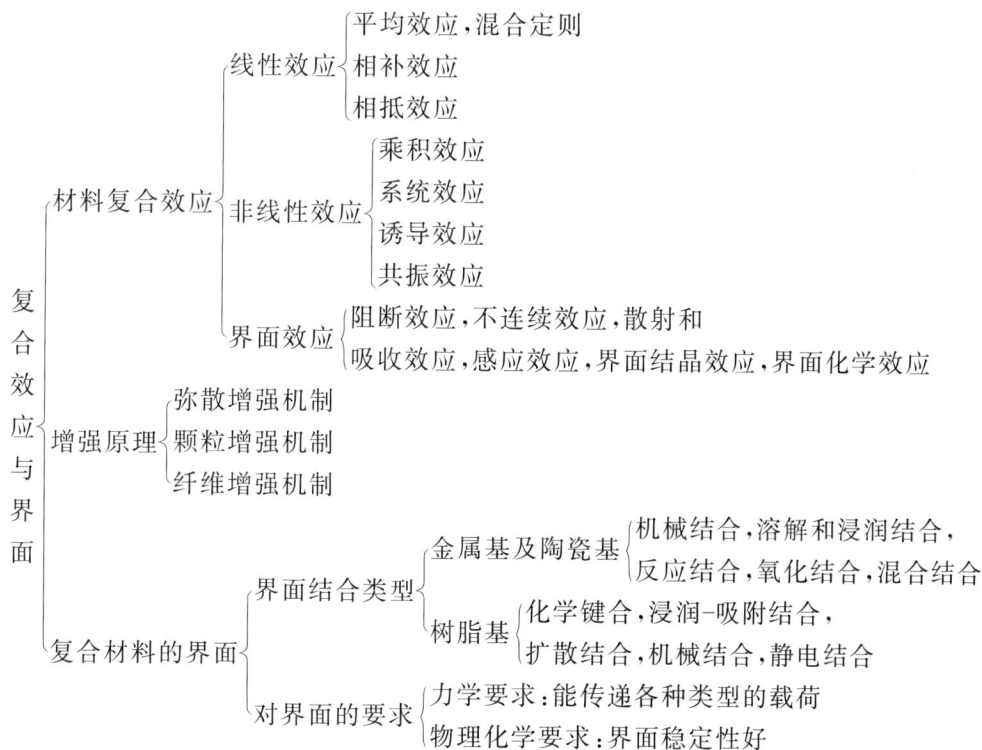

## 9.3　重要公式

　　(1) 混合定则:常用来计算增强体和基体复合后对某一性质的效果,即

$$p_c = \sum_{i=1}^{N} (p_i)^n \varphi_i \qquad (9-1)$$

式中　$p$ —— 指某一性质,如强度、模量、热导、电导等;

　　　　$p_c$ —— 复合材料的某一性质;

$p_i$ —— 组分中 $i$ 材料的某一性质;

$\varphi$ 体积分数,$\sum\limits_{i=1}^{N}\varphi_i = 1$;

$\varphi_i$ —— N 种组分中第 $i$ 种组分的体积分数;

$n$ —— 由实验确定的常数,一般在 $-1 \leqslant n \leqslant 1$。

(2) 单向纤维增强复合材料,按式(9-1),沿纤维方向复合材料的性能可表示为

$$p_c = p_f \varphi_f + p_m \varphi_m \tag{9-2}$$

式中 $p$ —— 某一性质,如 $\sigma_b$、$E$、$p$,应力,比热容等;

$p_c$ —— 复合材料某一性质;

$p_f$ —— 增强体的某一性质;

$\varphi_f$ —— 增强体的体积分数;

$p_m$ —— 基体的某一性质。

$\varphi_m$ —— 基体的体积分数,存在 $\varphi_f + p_m = 1$ 这种关系。

(3) 单向连续纤维复合材料的强度可写为

$$\sigma_{cu} = \sigma_{fu}\varphi_f + \sigma_m^* \varphi_m = \sigma_{fu}\varphi_f + \sigma_m^*(1 - \varphi_f) \tag{9-3}$$

式中 $\sigma_{fu}$ —— 纤维抗拉强度;

$\sigma_m^*$ —— 纤维断裂时基体应力;

$\sigma_{cu}$ —— 复合材料纤维方向的抗拉强度。

工程上计算复合材料中应加入纤维的体积分数时,即临界纤维体积分数为

$$\varphi_{fcr} = \frac{\sigma_{mu} - \sigma_m^*}{\sigma_{fu} - \sigma_m^*} \tag{9-4}$$

式中 $\sigma_{mu}$ —— 基体材料的强度;

$\sigma_m^*$ —— 纤维断裂时基体应力;

$\sigma_{fu}$ —— 纤维抗拉强度。

(4) 短纤维增强复合材料中,(纤维)临界长度 $L_c$ 为

$$\sigma_{fu} = \frac{\tau_y L_c}{r_f}, \quad L_c = \frac{\sigma_{fu} d_f}{2\tau_y} \tag{9-5}$$

式中 $L$ —— 短纤维长度;

$\sigma_{fu}$ —— 纤维断裂应力;

$\sigma_f$ —— 纤维轴向应力;

$\tau_y$ —— 基体剪切屈服强度;

$d_f$ —— 纤维直径,$d_f = 2r_f$($r_f$ 为纤维半径)。

在工程中,常使用临界长径比,即 $\dfrac{L_c}{d_f}$,则有

$$\frac{L_c}{d_f} = \frac{\sigma_{fu}}{2\tau_y} \tag{9-6}$$

(5) 界面反应层的厚度 $x$ 为

$$x = k\sqrt{t} \tag{9-7}$$

式中 $x$ —— 反应层厚度,mm;

$t$ —— 反应时间,s;

$k$　——反应速度常数，$mm \cdot s^{-\frac{1}{2}}$。

（6）界面反应层的临界厚度为

$$x_c = \frac{G_{IC}E}{\pi(\sigma_{fu,0}')^2} \qquad\qquad (9-8)$$

式中　$x_c$　——界面反应层的临界厚度；

　　　$G_{IC}$　——临界应变能释放率；

　　　$E$　——纤维的轴向模量；

　　　$\sigma_{fu,0}'$　——复合材料设计中要求的强度。

## 9.4　典型范例

**例 9.1**　请推导玻璃纤维复合材料（它们是沿纵向排列的玻璃纤维和作为黏结纤维的聚酯树脂所构成）钓鱼竿纵向的弹性模量之混合法则。

**推导**　假定此两种组分的材料具有相同的泊松比，而横向应变忽略不计。

在纵向载荷中，这两种组分的应变必定相等，即

$$\varepsilon_{gl} = \varepsilon_m = \varepsilon_{pr}$$

$$\frac{F/f_{gl}}{E_{gl}} = \frac{F/A}{E_m} = \frac{F/f_{pr}}{E_{pr}}$$

其中，$E_m$ 为混合物的弹性模量；gl 为玻璃纤维；pr 为树脂纤维；$A$ 为总截面积（可看做 1）；$f$ 为不同材料截面积（或体积）分数。则有

$$F_{gl} = \frac{f_{gl}E_{gl}F}{E_m}$$

$$F_{pr} = \frac{f_{pr}E_{pr}F}{E_m}$$

因为 $F = F_{gl} + F_{pr}$，所以

$$F = \frac{(f_{gl}E_{gl} + f_{pr} + E_{pr})F}{E_m}$$

$$E_m = f_{gl}E_{gl} + f_{pr}E_{pr}$$

**讨论**　此混合法则仅适用于应变相等的情况下，且形态上受力方向应与纤维纵向方向一致。

**例 9.2**　一直径为 0.89 mm 的钢丝，其 $\sigma_{ss}=980$ MPa，$\sigma_{sb}=1\,130$ MPa；另有一铝合金，其 $\sigma_{as}=255$ MPa，$\sigma_{ab}=400$ MPa。已知它们的密度分别为 $\rho_s=7.85$ g/cm$^3$，$\rho_a=2.7$ g/cm$^3$。

（1）如果铝线要承受 40 kg 的载荷且和钢丝具有相同的弹性变形，则此铝线要比钢丝重或轻多少（以百分比表示）？

（2）如果铝线要承受相同的最大载荷而不变形，则比钢丝重或轻多少（以百分比表示）？

（3）如果不破裂时又如何？

**解**　已知钢的 $\sigma_{ss}=980$ MPa，$\sigma_{ss}=1\,130$ MPa，$E_{ss}=205\,000$ MPa；铝的 $\sigma_{as}=255$ MPa、$\sigma_{ab}=400$ MPa，$E_{as}=70\,000$ MPa，40 kg = 392 N。

（1）

$$\sigma_s = \frac{p}{A_s} = \frac{392}{A_{ss}}, \quad \sigma_a = \frac{392}{A_a}$$

$$\frac{\sigma_s}{E_s} = \frac{\sigma_a}{E_a}$$

则
$$\frac{392}{205\,A_s} = \frac{392}{70\,A_a}$$

所以
$$A_a = 2.93\,A_s$$

$$\frac{m_a}{m_s} = \frac{A_a \rho_a}{A_s \rho_s} = \frac{2.93 \times 2.7}{1 \times 7.85} = 1.008$$

$$1.008 - 1 = 0.008 = 0.8\%$$

此铝线要比钢丝重 $0.8\%$。

（2）
$$\sigma_{ss} = \frac{p_{max}}{A_s} = 980, \quad \sigma_{as} = \frac{p_{max}}{A_a} = 255$$

由以上两式知
$$\frac{A_s}{A_a} = \frac{255}{980}$$

$$A_a = 3.84\,A_s$$

$$\frac{m_a}{m_s} = \frac{3.84 \times 2.7}{1 \times 7.85} = 1.32$$

$$1.32 - 1 = 0.32 = 32\%$$

此铝线要比钢丝重 $32\%$。

（3）
$$\sigma_{sb} = \frac{p_{max}}{A_s} = 1\,130, \quad \sigma_{ab} = \frac{p_{max}}{A_a} = 400$$

由以上两式知
$$\frac{A_s}{A_a} = \frac{400}{1\,130}$$

$$A_a = 2.825\,A_s$$

$$\frac{m_a}{m_s} = \frac{2.825 \times 2.7}{1 \times 7.85} = 0.97$$

故
$$0.97 - 1 = -3\%$$

即铝线要比钢丝轻 $3\%$。

**讨论** 计算过程中可利用质量比而不用计算真正的面积。

**例 9.3** 有一钢丝（直径为 1 mm）包覆着一层铜（总直径为 2 mm），此复合材料的热膨胀系数为多少。已知钢的弹性模量 $E_{st} = 205$ GPa，铜的弹性模量为 $E_{Cu} = 110$ GPa；它们的膨胀系数分别为 $\alpha_{st} = 1.1 \times 10^{-6}/℃, \alpha_{Cu} = 17 \times 10^{-6}/℃$。

**解** 在无荷重的情况下，此复合材料中 $(\Delta l/L)_{st} = (\Delta l/L)_{Cu}$，且受力 $F_{Cu} = -F_{st}$。若 $\Delta t = 1\,℃$，则有

$$A_{st} = \pi\left(\frac{d}{2}\right)^2 = (\pi/4)(0.001\ \text{m})^2 = 0.8 \times 10^{-6}\ \text{m}^2$$

$$A_{Cu} = \pi\left(\frac{d}{2}\right)^2 = (\pi/4)(0.002\ \text{m})^2 - 0.8 \times 10^{-6}\ \text{m}^2 = 2.4 \times 10^{-6}\ \text{m}^2$$

$$(\Delta l/L)_{st} = (\Delta l/L)_{Cu}$$

$$\left[\alpha\Delta t+(F/A)/E\right]_{st}=\left[\alpha\Delta t+(F/A)/E\right]_{Cu}$$

$$(1.1\times10^{-6})\times1+\frac{F_{st}/(0.8\times10^{-6}\ \mathrm{m}^2)}{205\times10^9\ \mathrm{N/m}^2}=(17\times10^{-6})\times1+\frac{-F_{st}/(2.4\times10^{-6}\ \mathrm{m}^2)}{110\times10^9\ \mathrm{N/m}^2}$$

$$F_{st}\approx0.61\ \mathrm{N}\qquad(在加热时受拉力)$$

$$F_{Cu}\approx-0.61\ \mathrm{N}\qquad(在加热时受压力)$$

当 $\Delta t=1\ ^\circ\!\mathrm{C}$ 时,则有

$$(\Delta l/L)_{Cu}=(17\times10^{-6}/^\circ\!\mathrm{C}\times1\ ^\circ\!\mathrm{C})+\frac{-0.61\ \mathrm{N}/(2.4\times10^{-6}\ \mathrm{m}^2)}{110\times10^9\ \mathrm{N/m}^2}=15\times10^{-6}$$

即复合材料的热膨胀系数为

$$\overline{\alpha}=15\times10^{-6}\ /^\circ\!\mathrm{C}$$

**讨论**　该膨胀系数不会因为材料的种类不同而有大的变化,这是因为弹性模量对材料内部组织不敏感。

**例 9.4**　参考上题中的复合材料。已知钢的屈服强度为 280 MPa,铜的屈服强度为140 MPa。

(1) 如果该复合材料受到拉力,请问何种金属先行屈服?

(2) 在不发生塑性变形的情况下,该复合材料能承受的最大拉伸负荷为多少?

(3) 该复合材料的弹性模量为多少?

**解**　由上题知

$$A_{st}=0.8\times10^{-6}\ \mathrm{m}^2,\qquad A_{Cu}=2.4\times10^{-6}\ \mathrm{m}^2$$

$$E_{st}=205\ \mathrm{GPa},\qquad E_{Cu}=110\ \mathrm{GPa}$$

两种金属的弹性应变 $\varepsilon$ 必定相当,即

$$(\sigma/E)_{st}=\varepsilon_{st}=\varepsilon_{Cu}=(\sigma/E)_{Cu}$$

$$\sigma_{st}=\sigma_{Cu}(205\ 000\ \mathrm{MPa})/(110\ 000\ \mathrm{MPa})=1.86\sigma_{Cu}$$

(1) 由于应力之比为 1.86,故当钢受应力为 140 MPa 时,铜受应力也为 140 MPa,因此,铜将先行屈服。

(2) 最大拉伸力为

$$F_{总}=F_{Cu}+F_{st}=(140\times10^6\ \mathrm{N/m}^2)\times(2.4\times10^{-6}\ \mathrm{m}^2)+(260\times10^6\ \mathrm{N/m}^2)\times$$

$$(0.8\times10^{-6}\ \mathrm{m}^2)=540\ \mathrm{N}$$

(3) $\overline{E}=(\varphi E)_{st}+(\varphi E)_{Cu}=0.25\times(205\ 000\ \mathrm{MPa})+0.75\times(110\ 000\ \mathrm{MPa})=130\ 000\ \mathrm{MPa}$

**讨论**　对于复合材料中的混合法则,通常是用来计算增强材料和基本复合后对某一性质产生的效果。如强度、弹性模量、密度、热容等这类纯量都可直接计算。

**例 9.5**　某仓库存放有 $Al_2O_3$ 短纤维和 $\beta$-SiC 晶须,厂里决定生产铝基复合材料,作为一个工程师,应如何解决这个问题。已知 $\beta$-SiC 晶须直径为 0.5 $\mu\mathrm{m}$,长度 70 $\mu\mathrm{m}$,密度 3.85 $\mathrm{g/cm}^3$,抗拉强度为 70 000 MPa,弹性模量大于 6 000 GPa;$Al_2O_3$ 短纤维长 4 mm,直径为 10 $\mu\mathrm{m}$,密度 3.05 $\mathrm{g/cm}^3$,抗拉强度为 2 275 MPa,弹性模量 224 GPa。基体为 2024-O 铝合金,屈服强度为 76 MPa,抗拉强度为 186 MPa。

三导

**解**　液态铝对 β - SiC 的润湿性高于 $Al_2O_3$，从润湿性角度应选前者。计算临界长度，则有

$$L_c = \frac{d_1 \sigma_{fu}}{2\tau_y}$$

对 β - SiC，则有

$$L_c = \frac{0.5 \times 10^{-6} \times 70\,000}{2 \times 38} = 460.5 \times 10^{-6}\ \mathrm{m} = 460.5\ \mu\mathrm{m} > L$$

对 $Al_2O_3$，则有

$$L_c = \frac{10 \times 10^{-6} \times 2\,275}{2 \times 38} = 299.3 \times 10^{-6}\ \mathrm{m} = 299.3\ \mu\mathrm{m} < L$$

$\sigma_m^*$ 未知，可近似用屈服强度代替，设纤维应力呈线性关系，则有

$$\varphi_{fcr} = \frac{\sigma_{mu} - \sigma_m^*}{\sigma_f - \sigma_m^*}$$

对 β - SiC，由于 $L_c$ 大于 $L$，则有

$$\bar{\sigma}_f = \frac{\tau_y L}{d_f} = \frac{\sigma_y L}{2d_f} = \frac{76 \times 70 \times 10^{-6}}{2 \times 0.5 \times 10^{-6}}\ \mathrm{MPa} = 5\,320\ \mathrm{MPa}$$

$$\varphi_{fcrSiC} = \frac{186 - 76}{5\,320 - 76} = 0.021$$

对 $Al_2O_3$，由于 $L$ 大于 $L_c$，则有

$$\sigma_f = (1 - \frac{L_c}{2L})\sigma_{fu} = (1 - 299.3 \times 10^{-6}/2 \times 4\,000 \times 10^{-6}) \times 2\,275\ \mathrm{MPa} = 2\,190\ \mathrm{MPa}$$

$$\varphi_{fcrAl_2O_3} = \frac{186 - 76}{2\,190 - 76} = 0.052$$

以 $\varphi_f$ 为 0.1 计，两者均大于临界体积分数，并设置成为定向短纤维复合材料，预计其强度为

$$\sigma_{Lu} = \bar{\sigma}_f \varphi_f + \sigma^* \varphi_m$$

$\sigma^*$ 未知，可近似用屈服强度代替，于是

$$\sigma_{LuSiC} = 5\,320 \times 0.1 + 186 \times 0.9 = 700\ \mathrm{MPa}$$

$$\sigma_{LuAl_2O_3} = 2\,190 \times 0.1 + 186 \times 0.9 = 386\ \mathrm{MPa}$$

**讨论**　由上面的计算结果可知，从润湿性、临界体积分数、预计复合材料强度来讲，选 β - SiC 晶须为好。加入量应大于 0.021 体积分数。此外还应考虑纤维价格，制造工艺等。请读者进一步计算复合材料的模量。

**例 9.6**　在随机定向排列短纤维复合材料中，$\frac{L_c}{L}$ 的值与复合材料断口上的拔出纤维数和断裂纤维数有何联系，请予以说明。

**解**　如果纤维强度分散性不大时，就单独一根理想的伸直短纤维来说，断裂发生在任意部位的概率都是相等的。在复合材料中与这根纤维具有同一长度的一段复合材料，断口发生在任意部位的概率也是相等的。断口发生在距纤维末端距离小于 $L_c/2$ 的概率应为 $L_c/L$（$L$ 为纤维长度）。当断口距纤维末端距离小于 $L_c/2$ 时，纤维不会断裂，只能从基体中拔出。对任意

纤维来讲,这种概率都是相同的。因此,$L_c/L$ 表示短纤维复合材料断口上纤维拔出的概率,$1-L_c/L$ 表示断口上纤维断裂的概率,亦即断裂根数为断口上总根数乘以$(1-L_c/L)$。

**讨论**　不同纤维长度$(L)$时,沿纤维长度上纤维拉伸应力$(\sigma_f)$和界面剪切应力$(\tau_j)$不同。若 $L<L_c$,无论对复合材料施加多大的应力,纤维都不会达到其断裂强度,即纤维不可能断裂,在界面切应力作用下,从基体中拔出破坏的可能性增大;若 $L\geqslant L_c$ 时,纤维中点处$\left(\dfrac{L}{2}\right)$达到拉伸应力最大值$(\sigma_{fu}^*)$,纤维将先于基体断裂,即断裂破坏的可能性增大。

**例 9.7**　某接触器件是用银-钨复合材料制成的,其生产过程是首先制成多孔的钨粉末冶金坯料,然后将纯银渗入到孔洞中去。在渗银之前,钨压坯的密度为 14.5 g/cm³。试计算孔洞的体积分数及渗银之后坯料中银的质量分数。已知纯钨及纯银的密度分别为 19.3 g/cm³ 及 10.49 g/cm³。假定钨坯很薄并全为开空孔。

**解**　由
$$\rho_c = \varphi_W \rho_W + \varphi_孔 \rho_孔$$
孔洞密度 $\rho_孔$ 显然为零。

于是
$$\varphi_孔 = 1 - \varphi_W = 1 - \frac{\rho_c}{\rho_W} = 1 - \frac{14.5}{19.3} = 0.25$$
银渗入后的质量分数为
$$w_{Ag} = \frac{0.25 \times 10.49}{0.25 \times 10.49 + 0.75 \times 19.3} = 15.4\%$$

**讨论**　通常材料的成分可用组元的质量分数或体积分数表示,两者之间可以互相转换。此例中是已知组元的体积分数和密度,计算组元的质量分数。

**例 9.8**　已知某硬质合金含 WC,TiC,TaC 及 Co,其质量分数依次为 0.25,0.15,0.05,0.05。其密度依次为 15.77 g/cm³,4.94 g/cm³,14.5 g/cm³,8.9 g/cm³。试计算该复合材料的密度。

**解**　由
$$\rho_c = \rho_{WC}\varphi_{WC} + \rho_{TiC}\varphi_{TiC} + \rho_{TaC}\varphi_{TaC} + \rho_{Co}\varphi_{Co}$$
即可算出。

把质量分数转化为体积分数,即
$$\varphi_{WC} = \frac{\dfrac{25}{15.77}}{\dfrac{25}{15.77} + \dfrac{15}{4.94} + \dfrac{5}{14.5} + \dfrac{5}{8.9}} = \frac{4.76}{8.70} = 0.547$$

$$\varphi_{TiC} = \frac{\dfrac{15}{4.94}}{8.70} = 0.349$$

$$\varphi_{TaC} = \frac{\dfrac{5}{14.5}}{8.70} = 0.040$$

$$\varphi_{Co} = \frac{\dfrac{5}{8.90}}{8.70} = 0.064$$

$$\rho_c = \sum \rho_i \varphi_i = 11.5 \text{ g/cm}^3$$

**例 9.9** 在玻璃纤维增强尼龙复合材料中，$E$ 玻璃纤维体积分数为 0.3。$E$ 玻璃和尼龙的弹性模量分别为 72.4 GPa 和 2.76 GPa，求纤维承载占复合材料承载的分数。

**解** 若界面结合良好，则复合材料受力后的应变应与基体和纤维应变相等，即

$$\varepsilon_c = \frac{\sigma_c}{E_c} = \varepsilon_m = \frac{\sigma_m}{E_m} = \varepsilon_f = \frac{\sigma_f}{E_f}$$

于是

$$\frac{\sigma_f}{\sigma_m} = \frac{E_f}{E_m} = \varepsilon_f = \frac{72.4 \text{ GPa}}{2.76 \text{ GPa}} = 26.25$$

纤维承载所占分数为

$$\varphi = \frac{\sigma_f}{\sigma_f + \sigma_m} = \frac{1}{1 + \frac{\sigma_m}{\sigma_f}} = \frac{1}{1 + \frac{1}{26.25}} = 0.96$$

**讨论** 上述计算结果表明，复合材料所承受的载荷几乎都由纤维承受。

**例 9.10** 短纤维复合材料各参数如下：$\varphi_f = 0.4$，$d_f = 25\ \mu m$，$\sigma_{fu} = 2\,500$ MPa，$\sigma_{mu} = 275$ MPa，纤维和基体界面结合剪切强度 200 MPa。设纤维两端纤维应力呈线性变化，试近似估算纤维长度为 1 mm 时的随机定向排列短纤维复合材料的强度。

**解** 由于纤维断裂应变和基体应力应变曲线未给出，难于求出 $\sigma_m^*$，用 $\sigma_{mu}$ 近似代替 $\sigma_m^*$；可用 200 MPa 近似代替 $\tau_y$。先求 $L_c$：

$$L_c = \frac{d_f \sigma_{fu}}{2\tau_y} \approx \frac{25 \times 10^{-6}\ m \times 2\,500\ \text{MPa}}{2 \times 200\ \text{MPa}} = 156.25 \times 10^{-6}\ m$$

$$\sigma_{cu} = \left(1 - \frac{L_c}{2L}\right)\sigma_{fu}\varphi_f + \sigma_m^*(1 - \varphi_f) =$$

$$\left(1 - \frac{156.25 \times 10^{-6}\ m}{2 \times 1.0 \times 10^{-3}\ m}\right) \times 2\,500\ \text{MPa} \times 0.4 + 275\ \text{MPa} \times 0.6 = 1\,087\ \text{MPa}$$

随机定向排列短纤维复合材料的强度大约为 1 087 MPa

**讨论** 连续纤维增强的复合材料受力较大时，由于纤维主要承担载荷，纤维断裂应变小于基体断裂应变时，纤维先于基体发生断裂，按照短纤维承载分析，纤维将断裂为 $L_c$ 或 $2L_c$ 长的短纤维。此时复合材料仍能承载，不过承载能力变为短纤维承载时的情况。

## 9.5 效果测试

**1.** 增强体、基体和界面在复合材料中各起什么作用？

**2.** 涂有碳化硅涂层的硼纤维增强铝合金是一种耐高温的轻质航空、航天复合材料，纤维和基体的主要性能参数如表 9-1 所示。当纤维体积分数为 0.40 时，试计算复合材料的密度、纵向和横向模量及纵向强度、热膨胀系数。

**表 9-1 硼纤维及铝合金的某些性能参数**

| 材料 | 密度 g/cm$^3$ | 弹性模量 GPa | 抗拉强度 MPa | 热膨胀系数 $10^{-6}/℃$ |
|---|---|---|---|---|
| 硼纤维 | 2.36 | 379 | 2 759 | 8.30 |
| 铝合金 | 2.70 | 69 | 345 | 23.4 |

**3.** 比较弥散增强、粒子（颗粒）增强和纤维增强的作用和机理。

**4.** 简述复合材料中的尺寸效应。

**5.** 比较连续纤维和短纤维增强复合材料的临界体积分数,说明临界体积分数的意义。

**6.** 说明对于 $L < L_c$ 的短纤维复合材料,为什么无论施加多大载荷,复合材料中的纤维都不会断裂。

**7.** 证明当单向复合材料受到垂直于纤维的应力时,其横向弹性模量的计算公式为

$$\frac{1}{E_T} = \frac{\varphi_f}{E_f} + \frac{\varphi_m}{E_m}$$

**8.** 对复合有何要求,是否任意两种材料复合后都能制成复合材料?

**9.** 导出 $\varphi_{min}$ 的关系表达式(包括连续纤维和随机定向排列短纤维复合材料)。

**10.** 若单向连续纤维排列不均匀,但都是方向性很好的平行排列,是否会对弹性模量有影响,请予说明。

**11.** 短纤维复合材料强度达到连续复合材料强度的 95% 时,计算 $\dfrac{L_c}{L}$。

**12.** 单向连续复合材料受纵向应力纤维断裂时,纤维会断裂成什么样的长度,分析为什么会出现这种断裂。

**13.** 应从哪些方面考虑改进界面结合?

**14.** Kevlar 纤维-环氧树脂复合材料中,纤维体积分数为 0.3,环氧树脂密度为 1.25 g/cm³,弹性模量为 31 GPa,Kevlar 纤维的密度为 1.44 g/cm³,弹性模量为 124 GPa,计算该复合材料的密度和平行于纤维方向和垂直于纤维方向的模量。

**15.** 证明短纤维复合材料的纤维平均应力为 $\bar{\sigma}_f = \left(1 - \dfrac{L_c}{2L}\right)\sigma_{fu}$,式中 $L_c$ 为纤维的临界长度,$L$ 为纤维长度,$L > L_c$,$\sigma_{fu}$ 为纤维断裂强度。设纤维呈伸长状态。

**16.** 镍与 $w_{Th}$ 为 0.01 的 Th 形成合金,并制成粉末,然后挤压成为所需形状,再烧结成最终产品时,Th 完全氧化。试计算这种 Th-Ni 材料会产生多少体积分数的 $ThO_2$。已知 $ThO_2$ 的密度为 9.86 g/cm³,Ni 为 8.98 g/cm³,Th 为 11.72 g/cm³。

**17.** 用显微镜观察硼-铝单向复合材料垂直于纤维的截面,如图 9-1 所示。发现纤维直径为 0.05 mm,纤维间距为 0.15 mm,纤维呈正方形排列。试确定硼纤维的体积分数及纵向(纤维方向)的弹性模量。已知铝合金的弹性模量为 69 GPa,强度为 345 MPa。硼纤维弹性模量为 400 GPa,强度为 3 700 MPa。

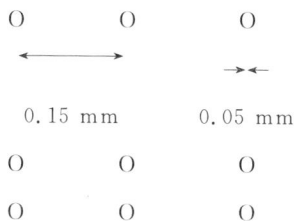

图 9-1  硼-铝单向复合材料截面示意图

**18.** 若制造以环氧树脂为基体,体积分数为 0.30 的连续铝纤维电缆,试预测电缆的电导率。已知铝的电导率为 $3.8 \times 10^7$ S/m,环氧树脂的电导率为 $10^{-11}$ S/m。

## 9.6  参考答案

**1.** 基体主要用于固定和黏附增强体,并将所受的载荷通过界面传递到增强体上,当然自身

也承受少量载荷。基体是能起到类似隔膜的作用,将增强体分隔开来,当有的增强体发生损伤和断裂时,裂纹不致从一个增强体传播到另一个增强体。在复合材料的加工和使用中,基体还能保护增强体免受环境的化学作用和物理损伤等。从增强体在结构复合材料中主要承担载荷角度看,通常要求增强体具有高强度和高模量,增强体的体积分数,与基体的结合性能对复合材料的性能起着很大的影响。增强体、基体和界面共同作用,可以改变复合材料的韧性、抗疲劳性能、抗蠕变性能、抗冲击性能及其他性能。界面能起到协调基体和增强体变形的作用,通过界面可将基体的应力传递到增强体上,基体和增强体通过界面发生结合,但结合力的大小要适当,既不能过大,也不能太小,结合力过大会使复合材料韧性下降,结合力过小,起不到传递应力的作用,容易在界面处开裂。

**2.** 运用混合定则可作出以下运算。

密度为

$$\rho_c = \rho_B \varphi_B + \rho_{Al} \varphi_{Al} = 2.36 \times 0.40 + 2.70 \times 0.60 = 2.56 \text{ g/cm}^3$$

纵向弹性模量为

$$E_{CL} = E_B v_B + E_{Al} v_{Al} = 379 \times 0.4 + 69 \times 0.6 = 193 \text{ GPa}$$

横向弹性模量为

$$\frac{1}{E_{CL}} = \frac{\varphi_B}{E_B} + \frac{\varphi_B}{E_B} = \frac{0.4}{379} + \frac{0.6}{69} = 0.009\ 75$$

纵向抗拉强度为

$$\sigma_{cu} = \sigma_{fu} \varphi_f + \sigma_m^* \varphi_m \approx \sigma_{fu} \varphi_f + \sigma_{mu} \varphi_m = 2\ 759 \times 0.4 + 345 \times 0.6 = 1\ 301 \text{ MPa}$$

纵向热膨胀系数为

$$\alpha_c = \alpha_f \varphi_f + \alpha_m \varphi_m = 8.3 \times 0.4 + 23.4 \times 0.6 = 17.36 \times 10^{-6} / ℃$$

**3.** 弥散增强:主要针对金属基体,加入硬质颗粒如 $Al_2O_3$,$TiC$,$SiC$ 等,其粒径为 $0.01 \sim 0.1\ \mu m$ 左右。这些弥散于金属或合金中的颗粒,可以有效地阻止位错的运动,起到显著的强化作用,但基体仍是承受载荷的主体。

粒子增强:在基体中加入直径为 $1 \sim 50\ \mu m$ 的硬质颗粒,粒子可承担部分载荷,但基体承担主要载荷。微粒以机械约束的方式限制基体变形。粒径适当搭配并均匀分布,从而起到有效的强化。

纤维增强:① 连续纤维增强可用混合定则来解释,载荷和模量主要由纤维起作用。由于纤维强度和模量远高于基体,并大于纤维临界体积分数,故起到增强作用,界面结合要适中。② 短纤维和晶须增强复合材料中纤维长度应大于临界长度,或长径比应大于临界值。纤维是强度和模量的主要贡献者,由于纤维强度和模量远高于基体,界面结合要适中。

**4.**(1)从复合材料结构单元和尺度上讲,把增强颗粒尺度为 $1 \sim 50\ \mu m$ 的叫颗粒增强复合材料,把 $0.01 \sim 0.1\ \mu m$ 尺度增强叫弥散强化复合材料,而把亚微米至纳米级叫精细复合材料,其强化原理各不相同。

(2)纤维破坏概率 $F(\sigma) = 1 - \exp(-\alpha l \sigma^\beta)$ 和纤维平均强度 $\bar{\sigma} = (\alpha l)^{-\frac{1}{\beta}} \Gamma(1 + \frac{1}{\beta})$ 都与纤维的长度 $l$ 有关。纤维增强的复合材料的性能不仅与纤维的长度有关,与纤维的长径比 $\frac{l}{d}$ 也有关,还与复合材料板的厚度有关。这些都是复合材料尺寸效应的体现。

(3)复合材料试样越大,含缺陷概率越高,强度越低。

**5.** 比较连续纤维和短纤维增强复合材料的临界体积分数,说明临界体积分数的意义

连续纤维:

$$\varphi_{Cr} = \frac{\sigma_{mu} - \sigma_m^*}{\sigma_{fu} - \sigma_m^*}$$

式中　$\sigma_{mu}, \sigma_{fu}$ —— 基体、纤维的抗拉强度;

$\sigma_m^*$ —— 纤维达到断裂应变时基体所承受的应力。

短纤维:

$$\varphi_{cr} = \frac{\sigma_{mu} - \sigma_m^*}{\bar{\sigma}_f - \sigma_m^*}$$

式中　$\bar{\sigma}_f$ —— 纤维平均应力。

由于 $\bar{\sigma}_f$ 小于 $\sigma_{fu}$,故短纤维临界体积分数大于连续纤维临界体积分数。

临界体积分数的意义:纤维体积分数大于临界体积分数时,复合材料强度高于基体强度。纤维体积分数小于临界体积分数时,复合材料强度小于基体强度,起不到增强作用。

**6.** 按照短纤维复合材料中的剪滞理论,纤维中的最大应力为 $(\sigma_f)_{max} = \dfrac{\sigma_s L}{r_f}$,亦即纤维中的最大应力和纤维长度 $l$ 呈线性关系。$L_c$ 对应与纤维中最大应力 $(\sigma_f)_{max}$ 等于纤维断裂应力 $\sigma_{fu}$。所以当 $L < L_c$ 时,纤维中最大应力低于纤维断裂应力。无论施加多么大的载荷,纤维也不会断裂。

**7.** 证明:取单元体如图 9 - 2 所示。横向加载时,则在加载方向上的伸长量 $\Delta t_T$ 应是基体伸长量 $\Delta t_m$ 和纤维伸长量 $\Delta t_f$ 之和。即

$$\Delta t_T = \Delta t_f + \Delta t_m$$

$$\varepsilon_T t_T = \varepsilon_f t_f + \varepsilon_m t_m$$

$$\varepsilon_T = \varepsilon_t \frac{t_f}{t_T} + \varepsilon_m \frac{t_m}{t_T}$$

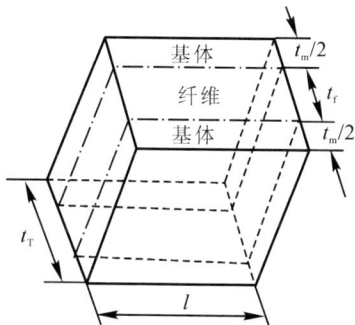

图 9 - 2　单向复合材料受力示意图

从图 9 - 2 中可知　　　　$$\frac{t_f}{t_T} = \varphi_f, \qquad \frac{t_m}{t_T} = \varphi_m$$

于是有

$$\varepsilon_T = \varepsilon_f \varphi_f + \varepsilon_m \varphi_m = \varepsilon_f \varphi_f + \varepsilon_m (1 - \varphi_f)$$

$$\sigma_T = E_T \varepsilon_T, \sigma_T = E_f \varepsilon_f, \sigma_T = E_m \varepsilon_m$$

整理得　　　　　　　　$$\frac{1}{E_T} = \frac{\varphi_f}{E_f} + \frac{1 - \varphi_f}{E_m}$$

**8.**(1)要形成复合材料,两种材料必须在界面上建立一定的结合力,界面结合力大致可分

为物理结合力和化学结合力。

(2) 遵循协同效应思想,即两种或多种因子组合作用效果大于两种或多种因子单独作用效果之和,并力求获得正混杂效应。

(3) 熔解和浸润结合时,基体能润湿增强体,相互之间发生扩散和熔解形成结合;反应结合时,基体与增强体应能反应生成有利的界面生成物,其厚度须控制在临界厚度以下。

(4) 如果形成结构复合材料,所选择的增强体力学性能(强度、模量)一定要大大高于基体。如形成功能复合材料,应该利用有利的复合效应,例如协同效应。

**9.** 对连续纤维增强,由

$$\sigma_{Lu} = \sigma_{fu}\varphi_f + \sigma_m^*(1-\varphi_f) = \sigma_{mu}(1-\varphi_f)$$

可得

$$\varphi_{min} = \varphi_f = \frac{\sigma_{mu} - \sigma_m^*}{\sigma_{fu} + \sigma_{mu} - \sigma_m^*}$$

对随机定向排列短纤维,由

$$\sigma_{Lu} = \sigma_{fu}\left[1 - \frac{L_c}{2L}\right]\varphi_f + \sigma_m^*(1-\varphi_f) = \sigma_{mu}(1-\varphi_f)$$

得到

$$\varphi_{min} = \frac{\sigma_{mu} - \sigma_m^*}{\sigma_{fu}\left(1 - \frac{L_c}{2L}\right) + \sigma_{mu} - \sigma_m^*}$$

注意:$L > L_c$。

**10.** 没有影响。复合材料的模量 $E_L = \varphi_f E_f + \varphi_m E_m$ 和纤维体积百分数呈线性变化。纤维排列密的地方,弹性模量高,纤维排列稀的地方,弹性模量低。但是线性关系具有可加性,整体的平均模量还等于具有相同体积分数均匀排列的复合材料的弹性模量,亦即没有影响。

**11.** 短纤维强度为

$$\sigma_{Lu} = \sigma_{fu}\left[1 - \frac{L_c}{2L}\right]\varphi_f + \sigma_m^*(1-\varphi_f)$$

连续纤维强度为

$$\sigma_{Lu} = \sigma_{fu}\varphi_f + \sigma_m^*(1-\varphi_f)$$

式中 $\sigma_m^*(1-\varphi_f)$ 在强度中贡献较小,省略后比较两式可得

$$1 - \frac{L_c}{2L} = 0.95, \qquad \frac{L_c}{L} = 0.1$$

**12.** 将会断裂成一段一段的短纤维,其长度为 $L_c$ 或 $2L_c$。根据剪滞理论分析,短纤维长度为 $L_c$ 时,纤维中正应力最大值可达到纤维断裂应力。

**13.** 降低界面残余应力,基体改性,纤维表面改性,选择合理的复合工艺和条件等。

**14.** 密度为 $\rho = 1.31 \text{ g/cm}^3$,纤维方向模量为 58.9 GPa,垂直纤维方向模量为 40 GPa。

$$\rho_L = 1.25 \times 0.7 + 1.44 \times 0.3 = 1.3078 \text{ g/cm}^3$$

$$E_T = 0.3 \times 124 + 0.7 \times 31 = 58.9 \text{ GPa}$$

$$\frac{1}{E_T} = \frac{0.3}{124} + \frac{0.7}{31} = 0.025$$

$$E_T = 40 \text{ GPa}$$

**15.** 如图 9-3 所示。

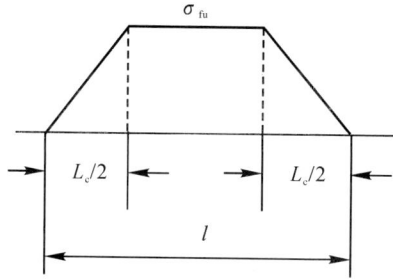

图 9 - 3　纤维平均应力 $\bar{\sigma}_{\mathrm{f}}$ 计算示意图

$$\bar{\sigma}=\frac{1}{L}\left[\sigma_{\mathrm{fu}}(L-L_{\mathrm{c}})+\frac{L_{\mathrm{c}}}{2}\sigma_{\mathrm{fu}}\right]=\frac{1}{L}\left[L-\frac{L_{\mathrm{c}}}{L}\right]=\sigma_{\mathrm{fu}}\left(1-\frac{L_{\mathrm{c}}}{2L}\right)$$

**16.** $ThO_2$ 体积分数为 $0.008\ 4(0.84\%)$。

**17.** 硼纤维的体积分数为 $10.41\%$,纵向(纤维方向)的弹性模量为 $103.46\ \mathrm{GPa}$。

**18.** $1.14\times10^5\ \mathrm{S/m}$。

三导

# 附录一  典型考研试题剖析

**1.** 已知 β-Sn 的晶体结构为体心正方（$a=0.583$ nm，$c=0.318$ nm），每个晶胞中含有 4 个原子，原子坐标分别为 $(0,0,0)$，$\left(\dfrac{1}{2},\dfrac{1}{2},\dfrac{1}{2}\right)$，$\left(0,\dfrac{1}{2},\dfrac{1}{4}\right)$，$\left(\dfrac{1}{2},0,\dfrac{3}{4}\right)$，试画出 β-Sn 的晶胞。（西北工业大学考研试题）

【分析】 考点是点阵晶胞与结构晶胞的区别。

【解】 结合题意可知，坐标 $(0,0,0)$ 就是角原子的位置（8个）；坐标 $\left(\dfrac{1}{2},\dfrac{1}{2},\dfrac{1}{2}\right)$ 表示体心原子的位置；其他两个坐标 $\left(0,\dfrac{1}{2},\dfrac{1}{4}\right)$ 和 $\left(\dfrac{1}{2},0,\dfrac{3}{4}\right)$ 即为面上原子的位置，其示意图如附图 1-1 所示。

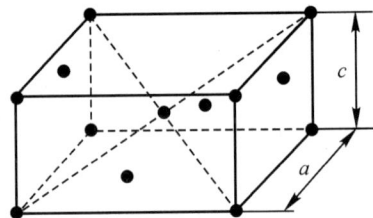

附图 1-1  β-Sn 的结构晶胞

【讨论】 能够完全反映晶格特征的最小几何单元称为晶胞，也称点阵晶胞；如果在点阵晶胞的范围内，标出相应晶体结构中各原子的位置，这部分原子构成了晶体结构中有代表性的部分，含有这一附加信息的晶胞称为结构晶胞。显然，点阵晶胞和结构晶胞是两个不同的概念，前者是把后者经过科学抽象而得到的。此题是要绘出 β-Sn 实际的晶体结构（结构晶胞）。

**2.** 在铝试样中测得晶粒内部的位错密度为 $2\times10^{12}$ m$^{-2}$。假设位错全部为刃型位错，并全部集中在亚晶界（即小角晶界）上，其柏氏矢量 $\boldsymbol{b}=\dfrac{a}{2}\langle110\rangle$。如果亚晶界的截面均为正六边形，且亚晶粒之间的倾侧角为 $2°$，试求亚晶界上的位错距离，每个正六边形的边长及每平方米中有多少亚晶粒（已知铝的点阵常数 $a=0.404$ nm）。

【分析】 考点是小角度晶界的结构。

【解】 设正六边形的边长为 $l$，则每个正六边形的面积 $S=6\times\dfrac{\sqrt{3}}{4}l^2=\dfrac{3\sqrt{3}}{2}l^2$，设正六边形中包含的位错数目为 $N$，则有

$$\begin{cases} \dfrac{N}{S}=2\times10^{12} \\[2mm] N=\dfrac{3l}{D} \end{cases}$$

其中

$$D=\frac{b}{\theta}=\frac{\dfrac{\sqrt{2}}{2}\times0.404}{2°\times\dfrac{3.14}{180°}}=81.88\times10^{-10}\ \text{m}$$

解上述方程组得

$$l=\frac{3}{81.88\times10^{-10}\times2\times10^{12}\times1.5\sqrt{3}}=7.05\times10^{-5}\ \text{m}$$

$$N = 0.26 \times 10^7$$

所以每平方米中亚晶粒的数目为

$$n = \frac{\rho}{N} = \frac{2 \times 10^{12}}{0.26 \times 10^7} = 7.69 \times 10^7 \text{个} / \text{m}^2$$

【讨论】　应明确两点：一是亚晶界属于小角度晶界，其中最简单的一种为对称倾侧晶界，在亚结构中，位错主要分布在亚晶界上。对称倾侧晶界中位错的间距 $D \approx \frac{b}{\theta}$；二是计算亚晶界上的位错数目时，由于每个亚晶粒的边界 $l$（正六边形）连接了两个亚晶，故只有 $\frac{l}{2}$ 属于一个亚晶所有。

**3.** 氧化铁中氧的摩尔分数 $x_0 = 52/10^{-2}$，且晶格常数为 0.429 nm，与 NaCl 具有相同的结构，如附图 1-2 所示。（因为有一部分 $Fe^{3+}$ 离子存在，需要空位来平衡电荷）

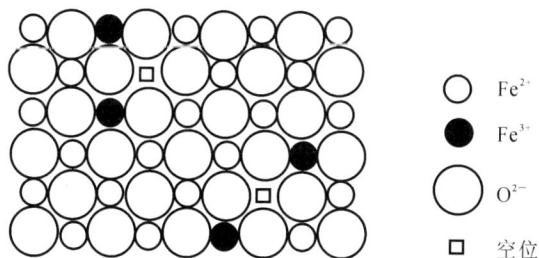

附图 1-2　氧化铁（$Fe_{1-x}O$）的缺陷结构

（1）计算此种氧化铁中 $Fe^{2+}/Fe^{3+}$ 离子比。

（2）计算其密度。（西北工业大学考研试题）

【分析】　考点是非化学计量化合物中的电荷平衡。

【解】　（1）选 100 个原子作为计算基准，则 100 个原子中有 52 个 $O^{2-}$ 和 48 个铁离子。

设有 $Fe^{3+}$ 离子数为 $Y_{Fe^{3+}}$，则 $Fe^{2+}$ 离子数有 $X_{Fe^{2+}} = (48 - Y_{Fe^{3+}})$。构成氧化物时，总电荷应为零。由电荷平衡知，则有

$$52 \times (-2) + Y(+3) + (48 - Y)(+2) = 0$$

可得

$$Y_{Fe^{3+}} = 8, \quad X_{Fe^{2+}} = 48 - Y_{Fe^{3+}} = 40$$

$$X_{Fe^{2+}} / Y_{Fe^{3+}} = 5$$

（2）由氧化铁的结构知道，52 个 $O^{2-}$ 离子需要 13 个单位晶胞，但只存在 48 个铁离子（和 4 个空位）

$$\rho = \frac{(48 \times 55.8 + 52 \times 16)/13 \text{ 单位晶胞}}{(6.02 \times 10^{23}/\text{g})(0.429 \times 10^{-9} \text{ m})^3/\text{单位晶胞}} = 5.7 \text{ mg/m}^3 = 5.7 \text{ g/cm}^3$$

【讨论】　许多化合物均有一定的元素比，如 MgO，$Al_2O_3$，$Fe_3C$ 等，因此它们是化学计量的。对于有些化合物，其元素间偏离特定的整数比也是存在的，我们称之为非化学计量的化合物。例如 $Fe_{1-x}O$，由于 Fe 离子和氧离子差别太大，故没有取代发生。但铁的化合物总是含有一些铁离子（$Fe^{3+}$ 和亚铁离子 $Fe^{2+}$），因此，为了平衡电荷就必须有 $x_0 > 0.5$。事实上，每两个

$Fe^{3+}$ 离子就必须有一个多出来的 $O^{2-}$ 离子;反过来说,每一对 $Fe^{3+}$ 离子必伴随着一个正离子空位。

**4.** 银和铝都具有面心立方点阵,且原子半径很接近,$r_{Ag} = 0.288$ nm,$r_{Al} = 0.286$ nm,但它们在固态下却不能无限互熔,试解释其原因。(西北工业大学考研试题)

**【分析】** 考点是影响置换固熔体固熔度的因素。

**【解】** 对于置换固熔体,熔质与熔剂的晶体结构类型相同、原子半径接近,这是它们能够形成无限固熔体的必要条件。但是,15% 规则表明当 $|\delta| > 15\%$ 时,固熔度(摩尔分数)就很小,说明当尺寸因素对形成无限固熔体处在有利的范围时,它的重要性就是第二位的,即固熔度大小取决于其他因素。在此,原子价的因素就很重要。因为 Ag 的化合价为 1,而 Al 的化合价为 3,即高价元素作为熔质在低价元素中的固熔度大于低价元素在高价元素中的固熔度。所以,银和铝在固态下不能无限互熔。

**【讨论】** 分析置换固熔体的固熔度,主要应遵循 Hume-Rothey 规则。该规则第三条是相对价效应:两个给定元素的相互固熔度是与它们各自的原子价有关,且高价元素在低价元素中的固熔度大于低价元素在高价元素中的固熔度。

**5.** 根据凝固理论,试述细化晶粒的基本途径。(西北工业大学工程硕士研究生入学试题)

**【分析】** 考点是凝固理论在细化铸件晶粒工艺中的应用。

**【解】** 由凝固理论可知,细化铸件晶粒的基本途径:

(1)增加过冷度 $\Delta T$。$\Delta T$ 增加,$N$ 和 $V_g$ 都随之增加,但是 $N$ 的增长率大于 $V_g$ 的增长率。因而,$N/V_g$ 的值增加,即 $z$ 增多。

(2)加入形核剂。加入形核剂后,可以促使过冷液体发生非均匀形核。即不但使非均匀形核所需要的基底增多,而且使临界晶核半径减小,这都将使晶核数目增加,从而细化晶粒。

(3)振动结晶。振动结晶,一方面提供了形核所需要的能量,另一方面可以使正在生长的晶体破断,以形成更多的结晶核心,从而使晶粒细化。

**【讨论】** 由结晶理论可知,如果金属结晶时体积中的晶粒数为 $Z_V$,则 $Z_V$ 取决于两个重要的因素,即形核率 $N$ 和长大速率 $V_g$,它们之间有如下关系:

$$Z_V = 0.9 \left( \frac{N}{V_g} \right)^{3/4}$$

因此,控制晶粒度主要以从控制 $N$ 和 $V_g$ 入手。金属结晶时 $N$ 和 $V_g$ 均随着过冷度的增加而增大,且 $N$ 的增长率大于 $V_g$ 的增长率。所以,增加过冷度会提高 $N/V_g$ 的比值,使 $Z_V$ 增大,从而细化晶粒。

**6.** 假定有 100 g 的 Al-Cu 合金($w_{Al} = 0.96$,$w_{Cu} = 0.04$)在 620 ℃ 中达到平衡而形成 α 和液相 L。然后,该合金又急速冷却至 550 ℃,以致原来的固体没有机会参与反应,并且液相依然存在。请问:

(1)该液体的成分为多少?

(2)此时液体的重量为多少?(西北工业大学考研试题)

**【分析】** 先求 620 ℃ 时液体的成分与数量。在 620 ℃ 时的那个固体"没有机会参与反应",所以,当液体冷却到 550 ℃ 时,它就像是一单独的合金,并形成一对新的固体-液体对。于是问题就变成了在此第二代的固体-液体对中,液体的成分为多少?重量为多少?

【解】 Al-Cu 相图如图 4-8 所示。

在 620 ℃，由图 4-8 可知其平衡相的成分，液体 $L_1$：$w_{Al}=0.88$，$w_{Cu}=0.12$；固相 $\alpha$：$w_{Al}=0.98$，$w_{Cu}=0.02$。液体重量为

$$W_{L_1}=100\times\frac{0.98-0.96}{0.98-0.88}=20 \text{ g}$$

在 550 ℃ 时，只有 20 g 液体参与反应。

（1）液体 $L_2$：$w_{Al}=0.67$，$w_{Cu}=0.33$；$\alpha$ 固相：$w_{Al}=0.944$，$w_{Cu}=0.056$。

（2）液体重量为

$$W_{L_2}=20\times\frac{0.944-0.88}{0.944-0.67}=4.6 \text{ g}$$

【讨论】 相图只能反映合金平衡加热（冷却）时的相变过程，对于非平衡冷却（急冷）条件，则有些相变将会被抑制，甚至不能进行。

**7.** 附图 1-3 是铜-铝合金相图的近铜部分。

（1）写出 $w_{Al}=0.08$ 的 Al-Cu 合金，平衡凝固后的室温组织，并述其形成过程；

（2）若该合金在铸造条件下，将会是什么组织？

（3）若该合金中 Al 含量改变时（当 $w_{Al}<0.05$ 或 $w_{Al}>0.08$ 时），其机械性能将如何变化？（西北工业大学考研试题）

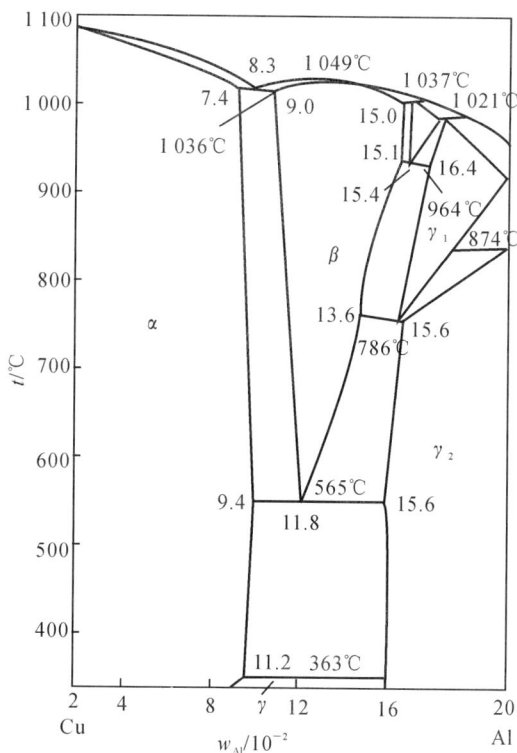

附图 1-3 铜-铝合金相图

【分析】 利用相图分析合金的结晶过程及组织，要注意在不同相区合金成分的变化。如

在两相区,不同温度下两相成分均沿其相界线变化;三相平衡时,三个相的成分是固定的。相图只能给出合金在平衡条件下存在的相和相对量,并不表示相的形状、大小和分布。因此,当用相图分析实际问题时,既要注意合金中存在的相及相的特征,又要了解这些相的形状、大小和分布及对合金性能的影响。

在实际生产条件下(如铸造、焊接等),合金很少能达到平衡状态。在结合相图分析合金生产中的实际问题时,要了解该合金在非平衡条件下可能出现的相和组织。

**【解】** (1)平衡凝固后室温组织为 α。

由相图可见,该合金共晶反应后是 $α_初 + (α+β)_{共晶}$;从共晶温度(1 036 ℃)冷至565 ℃的过程中,β溶入α;到565 ℃全部转变为α,其成分为 $w_{Al}=0.08$。从565 ℃再冷下来,无固熔度变化,故为α。

(2)在铸造条件下,冷却较快,β熔入α的转变不充分,有剩余β,故在565 ℃时发生共析转变,$β → (α+γ_2)_{共析}$。故室温下为 $α+(α+γ_2)_{共析}$。

(3)当 $w_{Al}<0.05$ 时,组织为α固熔体,强度很低;当 $w_{Al}>0.08$ 时,因组织中出现共析体,塑性急剧降低。

**8.** 在浓度三角形(见附图1-4)中:

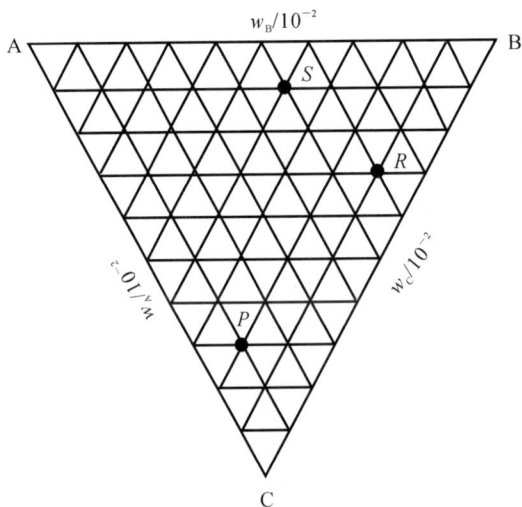

附图1-4　浓度三角形

(1)定出 $P, R, S$ 三点的成分。若有 $P, R, S$ 三点合金的质量分别为2 kg,4 kg,7 kg,将其混合构成新合金,求混合后新合金的成分。

(2)定出 $w_C=0.80$,$w_A/w_B$ 等于 $S$ 中 $w_A/w_B$ 时的合金成分。

(3)若有4 kg成分为 $P$ 点的合金,欲配成10 kg成分为 $R$ 点的合金,求需要加入的合金成分。(西北工业大学考研试题)

**【分析】** 在研究三元合金时,经常遇到一个相分解为三个相,或由几种不同成分的合金配制成一种新的三元合金,要解决其相对量的问题时可用直线定律或重心法则。

**【解】** (1)三点的合金成分如下:

点 $P$ 合金成分为

$$w_A = 0.20, \quad w_B = 0.10, \quad w_C = 0.70$$

点 $R$ 合金成为为

$$w_A = 0.10, \quad w_B = 0.60, \quad w_C = 0.30$$

点 $S$ 合金成为为

$$w_A = 0.40, \quad w_B = 0.50, \quad w_C = 0.1$$

设混合后合金质量为 $Q$，由题意得

$$Q = 2 + 4 + 7 = 13 \text{ kg}$$

则混合后合金成分为

$$w_A = \frac{2 \times 0.20 + 4 \times 0.10 + 7 \times 0.40}{13} \approx 0.277$$

$$w_B = \frac{2 \times 0.10 + 4 \times 0.60 + 7 \times 0.50}{13} \approx 0.469$$

$$w_C = 1 - w_A - w_B \approx 0.254$$

（2）由于 $w_C = 0.80$，所以

$$w_A + w_B = 0.20 \tag{①}$$

由图可知：在点 $S$ 的合金中，

$$w_A / w_B = 4/5 = 0.8 \tag{②}$$

式①，式②联立解得

$$w_A \approx 0.09$$
$$w_B \approx 0.11$$

故所求合金的成分为

$$w_A = 0.09, \quad w_B = 0.11, \quad w_C = 0.80$$

（3）设需要加入的合金成分为 $w_A, w_B, w_C$，由题意可得

$$\begin{cases} 4 \times 0.20 + 6 \times w_A = 10 \times 0.10 \\ 4 \times 0.10 + 6 \times w_B = 10 \times 0.60 \\ 4 \times 0.70 + 6 \times w_C = 10 \times 0.30 \end{cases}$$

解得

$$\begin{cases} w_A \approx 0.033 \\ w_B \approx 0.934 \\ w_C \approx 0.033 \end{cases}$$

**9.** 将足够长的纯铁棒在 930 ℃ 及 800 ℃ 两种温度下由一端渗碳一定时间。试分析：

（1）两种温度下渗碳一定时间后沿棒长方向碳浓度分布有何不同？（画出碳浓度分布曲线示意图进行比较）

（2）两种温度渗碳后缓慢冷却至室温，沿棒长方向的金相组织有何异同？（西北工业大学考研试题）

**【分析】** 将纯铁棒在 930 ℃ 温度下渗碳，这时棒的组织为奥氏体。由 $Fe\text{-}Fe_3C$ 相图可求得奥氏体中的最大含碳质量分数（约为 $w_C = 0.014$），所以纯铁棒端部表面最高含碳质量分数为 $w_{C1}$，离表面越远，含碳质量分数越低；如果在 800 ℃ 下渗碳，由于渗碳前的组织为 $\alpha\text{-}Fe$，随着渗碳过程的进行，端部表层中的含碳质量分数会不断提高，当达到某一值（$w_C > 0.000\ 218$）

时 α 便饱和,变得不稳定,发生相变 α → γ,即发生反应扩散。所以,在 α 与 γ 的相界处,会产生成分的突变。

**【解】** (1) 不同温度渗碳铁棒中碳浓度分布曲线如下:附图 1-5 为 930 ℃ 渗碳;附图 1-6 为 800 ℃ 渗碳。

(2) 渗碳后缓冷至室温时,从渗碳端面沿长度方向金相组织的分布:

在 930 ℃ 渗碳条件下:$Fe_3C_{II} + P \rightarrow P \rightarrow P + F \rightarrow F$;

在 800 ℃ 渗碳条件下:$Fe_3C_{II} + P \rightarrow P \rightarrow P + F \rightarrow F$。

可见,铁棒中的组织类别及分布相似,但渗层深度、组织组成物的相对量等不同。

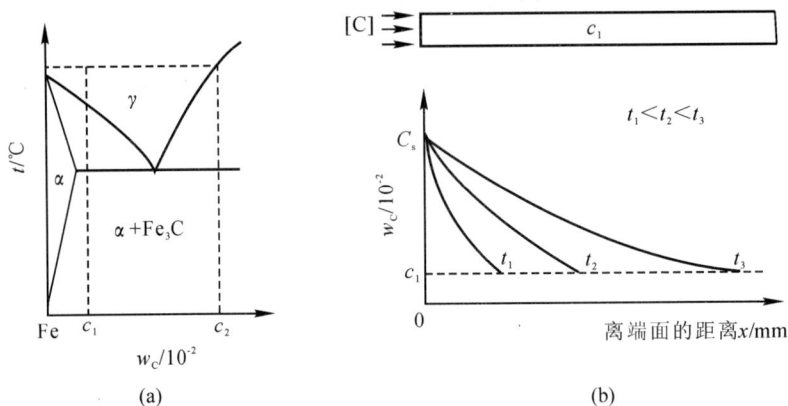

附图 1-5 $Fe-Fe_3C$ 相图左下角(a) 及 930 ℃ 渗碳后渗碳层中的碳浓度(质量分数) 分布(b)

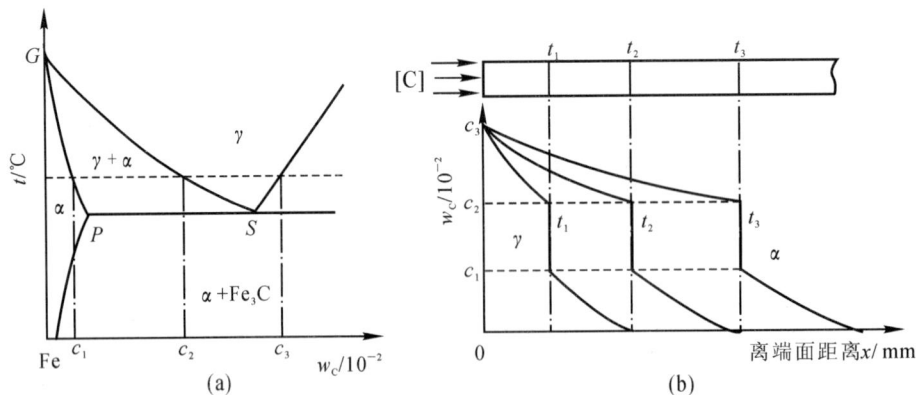

附图 1-6 $Fe-Fe_3C$ 相图左下角(a) 及 800 ℃ 渗碳后渗碳层中的碳浓度(质量分数) 分布(b)

**10.** 已知碳在 γ-Fe 中的扩散常数 $D_0 = 2.0 \times 10^{-5}$ m² · s⁻¹,扩散激活能 $Q = 1.4 \times 10^5$ J/mol[$R = 8.31$ J/(mol · K)]。碳势均为 $C_P = 1.1\%C$ 的条件下对 20# 钢在 880 ℃ 进行渗碳,为达到 927 ℃ 渗碳 5 h 同样的效果,渗碳时间应为多少? (华中科技大学考研试题)

**【分析】** 可以有两种不同的思路:一是求出 927 ℃ 渗碳 5 h 的渗层厚度 $\delta_1$(若以 $w_C > 0.3$ 的区域作为渗层),然后计算 880 ℃ 下渗层厚度达到 $\delta_1$ 所需要的时间;二是由渗层厚度 $\delta =$

$K\sqrt{Dt}$ 可知,两种条件下的渗层厚度 $\delta_1=\delta_2=\delta$,即 $\sqrt{D_1t_1}=\sqrt{D_2t_2}$,则 $t_x=\dfrac{D_1t_1}{D_2}$。

【解】　$T_1=927\ ℃=1\ 200\ K$

由 $D=D_0\exp\left(-\dfrac{Q}{RT}\right)$,知

$$D_1=D_{1\,200}=2.0\times10^{-5}\exp\left(\dfrac{-1.4\times10^5}{8.31\times1\,200}\right)=1.6\times10^{-11}\ m^2\cdot s^{-1}$$

$$T_2=880\ ℃=1\ 153\ K$$

$$D_2=D_{1\,153}=2.0\times10^{-5}\exp\left(\dfrac{-1.4\times10^5}{8.31\times1\,153}\right)=0.902\times10^{-11}\ m^2\cdot s^{-1}$$

所以

$$t_x=\dfrac{1.6\times10^{-11}\times5}{0.902\times10^{-11}}=9\ h$$

【讨论】　渗层深度 $\delta$ 与扩散时间 $t$ 的关系式 $\delta=K\sqrt{Dt}$ 是一个很重要的结果,它说明"规定浓度的渗层深度"$\delta\propto\sqrt{t}$,或 $t\propto\delta^2$。如果要使渗层深度增加1倍,则扩散时间要增加3倍。

11. 已知 Cu-Zn 合金($w_{Zn}=0.30$)的再结晶激活能为 250 kJ/mol,此合金在 400 ℃ 的恒温下完成再结晶需要 1 h,试求此合金在 390 ℃ 的恒温下完成再结晶需要多少小时?(上海交通大学考研试题)

【分析】　再结晶进行的速率可表示为

$$V_{再}=A^{-\frac{Q}{RT}}\qquad(Q\ 为再结晶激活能)$$

设某温度下完成再结晶所需要的时间为 $t$,则

$$V_{再}\,t=1$$

若不同温度($T_1$,$T_2$)下完成再结晶所需要的时间分别为 $t_1$,$t_2$,则

$$Ae^{-\frac{Q}{RT_1}}t_1=Ae^{-\frac{Q}{RT_2}}t_2$$

【解】　已知 $T_1=400\ ℃=673\ K$,$t_1=1\ h$

$$T_2=390\ ℃=663\ K,\quad Q=2.5\times10^5\ J/mol$$

设在 390 ℃ 下完成再结晶需要 $t_2$ 时间,则由

$$Ae^{-\frac{Q}{RT_1}}t_1=Ae^{-\frac{Q}{RT_2}}t_2$$

得

$$\dfrac{t_1}{t_2}=e^{\left[-\frac{Q}{R}\left(\frac{1}{T_2}-\frac{1}{T_1}\right)\right]}=e^{\left[-\frac{2.5\times10^5}{8.31}\times\left(\frac{1}{663}-\frac{1}{673}\right)\right]}=0.509$$

所以

$$t_2=1.96\ h$$

【讨论】　由上述公式 $V_{再}=Ae^{-Q/RT}$ 可以看出,加热温度越高,再结晶转变速度越快,完成再结晶所需的时间越短。

12. 画出线型非晶态高分子形变-温度曲线,从分子运动的观点简述其三种力学状态产生的起因。(上海交通大学考研试题)

【分析】　线型非晶态高分子(即高聚物)的物理、力学性能是由其结构决定的,同时受温度的影响也很大。即使是同一种物质,结构确定不变,也会由于分子运动方式不同,而表现出不同的物理、力学性能。

【解】　线型非晶态高分子的形变-温度曲线示意图如附图1-7所示。

此曲线表明,随着温度的变化,线型非晶态高分子可以呈现出玻璃态、高弹态和黏流态三

三导

种力学状态。

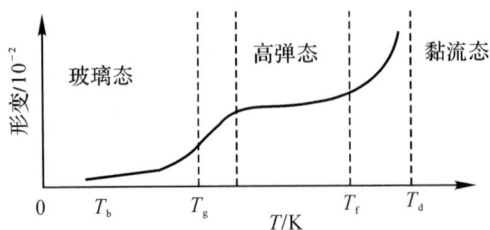

附图 1-7　线型非晶态高分子（受恒应力作用时）的形变-温度曲线

三种状态的出现，反映了分子运动机制的变化：

(1) 玻璃态：在 $T_g$ 以下，温度不高，分子的动能较小，整个分子链或链段不能发生运动，分子被"冻结"，高聚物保持为玻璃态。

(2) 高弹态：温度高于 $T_g$ 时，分子的动能增大，结构内空位增多，链段有可能自由旋转，但尚不足以使大分子链发生整体运动，但分子链的柔顺性已大大增强。因此，受力时可达到很大的变形量，表现出很高的弹性。

(3) 黏流态：温度超过 $T_f$ 时，分子的动能大大增大，有可能实现许多链段同时或相继向一定方向的移动，而造成整个分子链的移动，故受力时极易发生分子链间的相对滑动，产生很大的不可逆的流动变形，即黏性流动，所以黏流态主要与大分子链的运动有关。

【讨论】　上述曲线中的几个转变温度：$T_g$ 为玻璃转变温度，或者称为玻璃化温度；$T_f$ 为高弹态与黏流态之间的转变温度，称为黏流温度或软化温度；$T_b$ 为脆化温度（当低于 $T_b$ 温度时，由于分子运动被"冻结"，材料将发生脆化）；$T_d$ 为化学分解温度。

线型非晶态高聚物由于所处状态不同，有着不同的性能，可以有不同的用途。

# 附录二　硕士研究生入学考试模拟题

（一）

**一、判断下列概念是否正确,并分析原因**（每题 2 分,共 20 分）

**1.** 一根位错线具有唯一的柏氏矢量,但当位错线的形状发生改变时,柏氏矢量也会改变。

**2.** Fe－$Fe_3C$ 相图中的 δ 相就是 δ－Fe,α 相就是 α－Fe。

**3.** 在铁碳合金中,只有过共析钢的平衡组织中才有 $Fe_3C_{II}$ 存在。

**4.** fcc 中的八面体间隙比 bcc 中的大,故 fcc 中的原子排列比较松散。

**5.** 立方系中,若位错线方向为[001],$b = a[101]$,则此位错必为左螺 $b_1 = a[001]$ 及负刃 $b_2 = a[100]$ 合成的混合位错。

**6.** 间隙相与间隙固熔体的性能相近。

**7.** 小角度晶界均是由刃型位错排列而成。

**8.** 固熔体合金在铸造条件下,容易产生宏观偏析,所以可用扩散退火的方法加以消除。

**9.** 根据相律计算,在匀晶相图中的两相区内,其自由度为 2,即温度与成分这两个变量都可以独立改变。

**10.** 晶粒正常长大是小晶粒吞食大晶粒,反常长大是大晶粒吞食小晶粒。

**二、作图、计算题**（每题 5 分,共 25 分）

**1.** 试画出面心立方晶体中的(123)晶面和[346]晶向。

**2.** 已知半径为 $r_0$ 的 $N$ 个原子构成晶体,试计算具有体心立方晶格时的体积。

**3.** 在 Al－Mg 合金中,$x_{Mg} = 0.05$。计算 Mg 的质量分数($w_{Mg}$)。已知 Mg 的相对原子质量为 24.31,Al 的相对原子质量为 26.98。

**4.** 1 000 ℃ 时,碳在 fcc 铁中的固熔度为 $w_C = 0.017$。求每 100 个单位晶胞中有多少个碳原子。已知铁的相对原子质量为 55.86,碳的相对原子质量为 12.01。

**5.** 一根 T8 钢棒置于强脱碳气氛中由一端脱碳,若棒足够长,脱碳温度为 820 ℃,脱碳端面碳浓度保持为零,并设脱碳时间为 $t$(小时)。

（1）画出在 820 ℃ 脱碳时间为 $t$ 棒中的金相组织示意图;

（2）画出在 820 ℃ 脱碳时间为 $t$ 后缓冷至室温时棒中金相组织示意图(沿棒长纵截面)。

**三、简单回答问题**（每题 5 分,共 25 分）

**1.** 下列材料中哪些具有各向异性?哪些没有各向异性?

（1）单晶体铜;　　（2）多晶体纯铁;　　（3）塑料;

（4）玻璃;　　　　（5）经冷轧的多晶体硅钢片(变形量 70%)。

**2.** 在均匀形核时,形核率为

$$N = C\exp\left(-\frac{A}{kT}\right)\exp\left(-\frac{Q}{kT}\right)$$

试讨论 $A,Q$ 的意义、单位、计算方法。

3.含碳质量分数为 $w_C = 0.019$ 的铁碳合金,在实际铸造条件下的结晶过程及组织与平衡条件下有何不同?

4.金相显微镜中光栏有什么作用?

5.为什么绑扎物件一般用铁丝,而起重机吊物却用高碳钢丝?

**四、综合题**(每题 10 分,共 30 分)

1.综述金属结晶过程的热力学条件、动力学条件、能量及结构条件。

2.有一青铜(Cu-Sn), $w_{Sn} = 0.10$ ,参见图 4-19 所示的 Cu-Sn 相图,请问:

(1)当 300 ℃ 时有哪几种相存在?它们的化学成分如何?各个相所占的分率为多少?

(2)在哪个温度下有 1/3 液体?

3.假定某面心立方晶体可以开动的滑移系为 $(11\bar{1})[0\bar{1}1]$ ,试回答:

(1)写出引起滑移的单位位错的柏氏矢量,并说明之。

(2)如果滑移是由纯刃型位错引起的,试指出位错线的方向。

(3)指出上述情况下,滑移时位错线运动的方向。

(4)假定在该滑移系上作用一大小为 $7 \times 10^6$ N/m$^2$ 的切应力,试计算单位刃型位错线受力的大小和方向(设晶格常数为 $a = 0.2$ nm)。

# (二)

**一、指出下列概念中错误之处,并改正**(15 分)

1.单晶体中的一根螺型位错运动至表面时,晶体就在位错运动方向滑移一定距离。

2.室温下,金属晶粒越细小,则其强度愈高,塑性愈低。

3.固熔体合金结晶过程中,当冷速造成的温度梯度很小时,其成分变化造成的"成分过冷"度也很小。

4.过冷度愈大,晶体生长速率愈快,则晶粒就愈粗大。

5.交滑移是多个滑移面同时沿多个滑移方向发生滑移的结果。

6.固熔体合金非平衡结晶时,只要液-固界面前沿液相内熔质原子分布均匀一致,就可以减小合金中的偏析。

7.对扩散常数 $D_0$ 的影响因素主要是温度及扩散激活能。

8.Mg 的晶体点阵参数为 $a = b \neq c, \alpha = \beta = 90°, \gamma = 120°$ ,阵点坐标 $(0,0,0)$ , $(2/3, 1/3, 1/2)$ ,则其空间点阵类型必属于密排六方。

9.晶界原子排列混乱,能量高,原子易活动,因此晶界强度较晶内低。

10.实际生产中,采用增加过冷度细化铸件晶粒比采用振动的方法细化晶粒效果更佳。

**二、填空**(15 分)

1.写出一个具体的合金相:间隙固熔体_____,有序固熔体_____,电子化合物_____。

2.立方系中,若位错线方向为 $[110]$ , $\boldsymbol{b} = \dfrac{a}{2}[1\bar{1}0]$ ,则此位错为_____位错。

3.固态金属中,原子扩散的驱动力是_____。

4.再结晶的驱动力是_____。

5.珠光体较铁素体强度高,是因为_____。

**6.** 面心立方晶体中的滑移系是_____。

**7.** 钢加热时,碳化物熔入奥氏体的过程是_____扩散;而冷却时,碳化物析出的过程是_____扩散。

### 三、作图计算题(42 分)

**1.** 已知某金属的晶体结构为体心正方($a = 0.583$ nm,$c = 0.318$ nm)。每个晶胞中含有 4 个原子,其坐标分别为$(0,0,0)$,$(\frac{1}{2},\frac{1}{2},\frac{1}{2})$,$(0,\frac{1}{2},\frac{1}{4})$ 和 $(\frac{1}{2},0,\frac{3}{4})$。试画出其晶胞。

**2.** 作图表示出六方晶系中的$[1\bar{2}1\bar{3}]$,$(11\bar{2}0)$。

**3.** 绘出含碳质量分数为$w_C = 0.002$,$w_C = 0.008$,$w_C = 0.012$钢的室温平衡组织图,在图下注明组织、腐蚀剂及放大倍数。

**4.** 铜具有面心立方结构,且其原子半径为 0.127 8 nm,计算其密度。

**5.** 已知 Al - Cu 合金($w_{Cu} = 0.04$)(见图 4 - 20)中的析出反应受扩散所控制。铜在铝中的扩散激活能$Q = 136 \times 10^3$ J·$mol^{-1}$。如果为了达到最高硬度,在 150 ℃进行时效需要 10 h,问在 100 ℃时效需要多长时间?

**6.** 在 A - B 二元系中,组元 A 的熔点为 1 000 ℃,组元 B 的熔点为 500 ℃,存在有两个包晶反应:

(1) $\alpha_{(0.05B)} + L_{(0.75B)} \xrightleftharpoons{800\text{ ℃}} \beta_{(0.50B)}$;

(2) $\beta_{(0.55B)} + L_{(0.90B)} \xrightleftharpoons{600\text{ ℃}} \gamma_{(0.80B)}$。

依据以上数据,绘出概略的相图。

### 四、综合分析题(可选两题回答,每题 14 分,共 28 分)

**1.** 为细化某纯铝件晶粒,将其冷变形 5% 后于 630 ℃退火 1 h,组织反而粗化;增大冷变形量至 80%,再于 630 ℃退火 1 h,仍然得到粗大晶粒。试分析其原因,并指出上述两种工艺不合理之处?请制定一种合理的细化工艺(已知铝的熔点为 660 ℃)。

**2.** 参看图 4 - 19 Cu - Sn 二元相图。分析$w_{Sn} = 0.20$的合金平衡结晶过程(画出冷却曲线,写出主要转变的反应式及相变过程),并说明室温下该合金的相组成物及组织组成物。

**3.** 在晶体的滑移面上有一位错环 $abcda$,其柏氏矢量为 $\boldsymbol{b}$,试问:

(1) 各段位错线是什么位错?

(2) 若在其柏氏矢量 $\boldsymbol{b}$ 的方向加一切应力 $\tau$,则各段位错线所受的力有多大?其方向如何?

(3) 位错环在 $\tau$ 的作用下怎样运动?运动的结果如何?

(4) 在 $\tau$ 的作用下,要使此位错环稳定不动,其环的最小半径应为多大?

## (三)

### 一、简单回答下列各题(每题 5 分,共 30 分)。

**1.** 在某一立方晶系中,若位错线方向为$[11\bar{2}]$,$\boldsymbol{b} = a[\bar{1}10]$,试判断此位错是什么类型的位错?若为刃型位错,试求出半原子面的指数以及插入方向。

**2.** 分析下列位错反应能否进行。

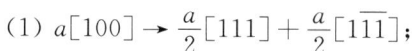

(1) $a[100] \rightarrow \frac{a}{2}[111] + \frac{a}{2}[1\bar{1}\bar{1}]$;

(2) $\dfrac{a}{3}[112]+\dfrac{a}{2}[111]\rightarrow\dfrac{a}{6}[11\bar{1}]$。

**3.** 哪些转变是属于固态相变中的扩散型相变？

**4.** 一立方晶体中，欲在[100]方向上产生 130 N 的分力，试问在[1$\bar{1}$0]方向上须施加多少力？

**5.** 什么叫超塑性？产生的原因是什么？

**6.** 在显微镜下如何区别滑移带与变形孪晶？

**二、**（10 分）

[01$\bar{1}$]和[11$\bar{2}$]均位于 fcc 铝的(111)平面上，因此，[01$\bar{1}$](111)与[11$\bar{2}$](111)的滑移是可能的。

(1) 画出(111)平面并指出单位滑移矢量[01$\bar{1}$]和[11$\bar{2}$]；

(2) 比较具有此二滑移矢量的位错线的能量。

**三、**（10 分）

在 586 ℃，Cu-Sn 青铜中，Sn 的最大固熔度为 $w_{Sn}=0.158$，试求锡的摩尔分数（$x_{Sn}$）(已知铜的相对原子质量为 63.5，锡的相对原子质量为 118.69)。

**四、**（10 分）

在钢棒表面上，铁的每 20 个单位晶胞中有一个碳原子；在表面下 1 mm 处，每 30 个单位晶胞中才有一个碳原子。在 1 000 ℃ 时，其扩散系数为 $3\times10^{11}$ m$^2$/s，晶体结构为 fcc(晶格常数 $a=0.365$ nm)。问每分钟有多少个碳原子扩散经过一个单位晶胞。

**五、**（10 分）

有一批 Al-Cu 合金($w_{Cu}=0.07$)铸件(见附图 2-1)室温组织中有离异共晶。有人提出用高温扩散退火的方法加以消除，你认为此工艺是否可行？为什么？

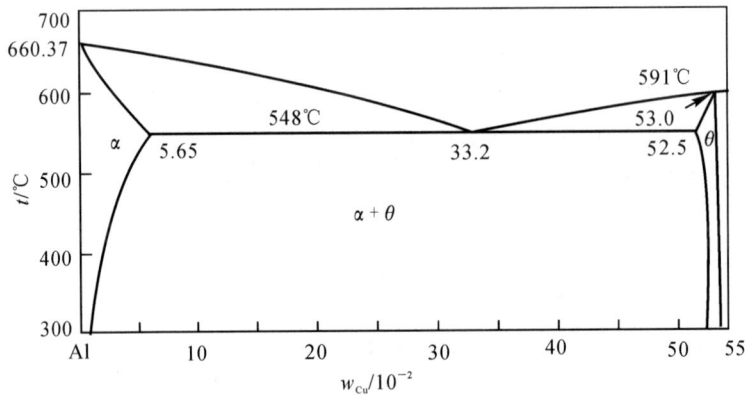

附图 2-1　Al-Cu 相图一角

**六、**（10 分）

某 A-B 二元系，A 组元的熔点为 1 000 ℃，B 组元的熔点为 700 ℃。$w_B=0.25$ 的合金在 500 ℃ 凝固完毕。在平衡状态下，此合金的组织组成物中 $\alpha_{初}$ 占 73$\dfrac{1}{3}$%，共晶体($\alpha+\beta$)$_{共}$ 占

$26\dfrac{2}{3}\%$；$w_B=0.50$ 的合金也在 $500\ ℃$ 凝固完毕,此时,$α_初$ 占 $40\%$,共晶体 $(α+β)_共$ 占 $60\%$,且合金中 $α$ 相的相对量为 $50\%$。假定 $α$ 相及 $β$ 相的固熔度不随温度而改变,试画出此 A－B 二元相图。

**七、(10 分)**

在缓慢顺序结晶条件下,固熔体合金从左向右,进行定向凝固,液-固界面保持平直,假设固相中无扩散。证明凝固后,固熔体中熔质浓度沿棒长分布为

$$c_s = k_0 c_0 (1-z/L)^{k_0-1}$$

式中　$c_0$——固熔体合金的成分[质量分数$(w_B)$]

　　　$k_0$——平衡分配系数;

　　　$L$——合金棒总长度;

　　　$z$——已凝固部分的长度;

　　　$c_s$——凝固到 $z$ 处时固相中熔质的质量分数$(w_B)$。

**八、(10 分)**

冷轧纯铜薄板,如果要求保持较高强度,应进行什么热处理? 当需要继续冷轧变薄时,又应进行何种热处理? 并从显微组织变化上予以说明。

及沿圆棒长度上 Cu 浓度的分布曲线(假设液相内完全混合,固相内无扩散,界面平直移动,液相线与固相线呈直线)。

# 附录三　历年硕士研究生入学考试试题

## （一）

**一、简答题:**（共 40 分,每小题 8 分）

**1.** 简单立方晶体中,若位错线方向为[001], $b = a[10\bar{1}]$,试判断该位错属于什么类型的位错。

**2.** 举例说明金属间化合物可分为几类,分别在工程材料中有何用途。

**3.** 固熔体合金非平衡凝固时,有时会形成微观偏析,有时会形成宏观偏析,原因何在?

**4.** 一种合金能够产生析出硬化的必要条件是什么?

**5.** 晶界对金属材料的室温强度与高温强度会有何影响?

**二、计算、作图题**（共 60 分,每小题 12 分）

**1.** 绘出面心立方点阵中(110)晶面的原子平面图。在该图中标出[1$\bar{1}$0]晶向和(1$\bar{1}$0)晶面[指晶面在(110)晶面上的垂直投影线]。

**2.** 在附图 3-1 所示浓度三角形中,确定 $P,R,S$ 三点的成分。若有 4 kg 成分为 $P$ 的合金,欲配成 10 kg 成分为 $R$ 的合金,求需要加入的合金成分。

**3.** 已知碳在 $\gamma$-Fe 中扩散时, $D_0 = 2.0 \times 10^{-5}$ m²/s, $Q = 1.4 \times 10^5$ J/mol。当温度在 1 027 ℃ 时,求其扩散系数为多少[已知摩尔气体常数 $R = 8.314$ J/(mol·K)]。

**4.** 纯锆在 553℃ 和 627℃ 等温退火至完全再结晶分别需要 40 h 和 1 h。试求此材料的再结晶激活能[已知摩尔气体常数 $R = 8.314$ J/(mol·K)]。

**5.** 画出 T12 钢经退火后室温下的显微组织示意图,并注明组织、放大倍数、腐蚀剂等。

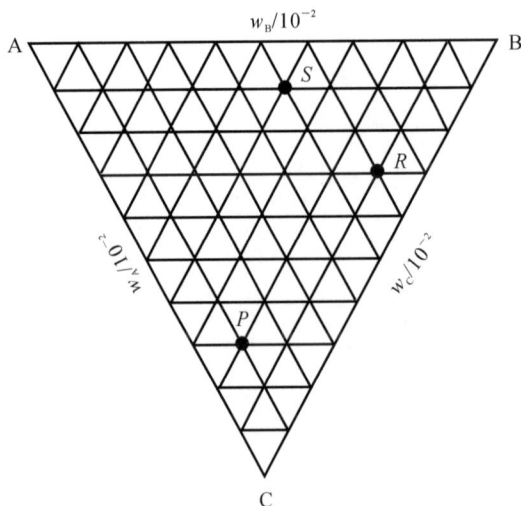

附图 3-1　浓度三角形

**三、综合分析题**(共 50 分,每小题 25 分)

**1.** 附图 3 - 2 是铜-铝合金相图的近铜部分。

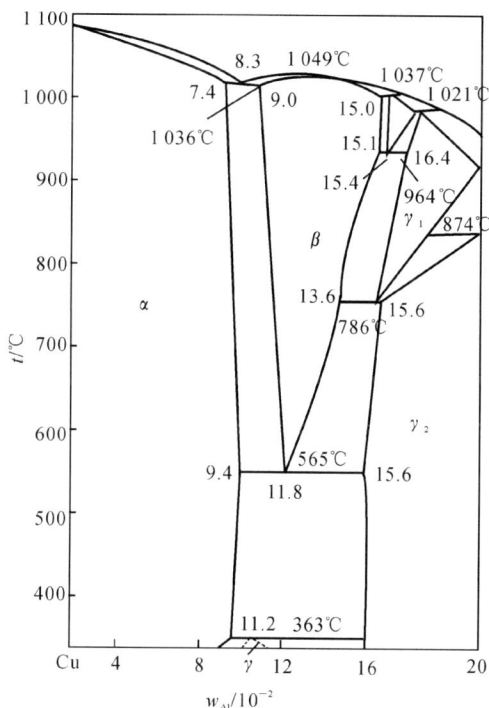

附图 3 - 2　铜-铝合金相图

(1) 写出 $w_{Al} = 0.08$ 的 Al - Cu 合金平衡凝固过程及室温下的组织。

(2) 若该合金非平衡凝固时,组织会发生什么变化?

(3) 若该合金中 Al 含量改变时(当 $w_{Al} < 0.05$ 或 $w_{Al} > 0.08$ 时),其强度及塑性会如何变化?

**2.** 已知位错环 $ABCD$ 的柏氏矢量为 **b**,外应力为 $\tau$ 和 $\sigma$,如附图 3 - 3 所示。

(1) 位错环的各边分别是什么类型的位错?

(2) 在足够大切应力 $\tau$ 作用下,位错环各边将如何运动?

(3) 在足够大的拉应力 $\sigma$ 作用下,位错环各边将如何运动?

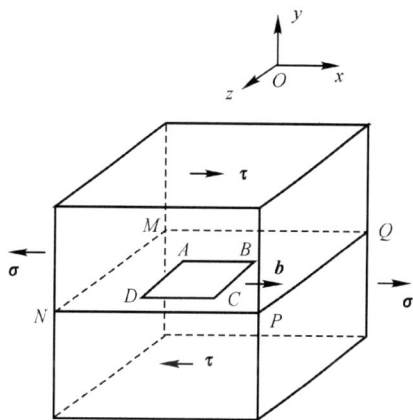

附图 3 - 3　位错环 $\overline{ABCD}$ 及其柏氏矢量 **b**

# (二)

**一、简答题**(每题 10 分,共 50 分)

1. 请解释 $\gamma - Fe$ 与 $\alpha - Fe$ 溶解碳原子能力差异的产生原因。

2. 请简述位向差与晶界能的关系,并解释原因。

3. 请简述在固态条件下,晶体缺陷、固溶体类型对溶质原子扩散的影响。

4. 请分析、解释在正温度梯度下凝固,为什么纯金属以平面状生长,而固溶体合金却往往以树枝状长大。

**二、作图计算题**(每题 15 分,共 60 分)

1. 写出附图 3-4 的简单立方晶体中 $ED$、$C'F$ 的晶向指数和 $ACH$,$FGD'$ 的晶面指数,并求 $ACH$ 晶面的晶面间距,以及 $FGD'$ 与 $A'B'C'D'$ 两晶面之间的夹角。(注:$G,H$ 点为二等分点,$F$ 点为三等分点)

2. 请判断附图 3-5 中 $b_1$ 和 $b_2$ 两位错各段的类型,以及两位错所含拐折($bc$,$de$ 和 $hi$,$jk$)的性质。若图示滑移面为 fcc 晶体的(111)面,在切应力 $\tau$ 的作用下,两位错将如何运动?(绘图表示)

3. 某合金的再结晶激活为 250 kJ/mol,该合金在 400 ℃ 完成再结晶需要 1 h,请问在 390 ℃ 下完成再结晶需要多长时间?(气体常数 $R = 8.314$ L/mol·K)

4. 请分别给出 fcc 和 bcc 晶体中的最短单位位错,并比较二者哪一个引起的畸变较大。

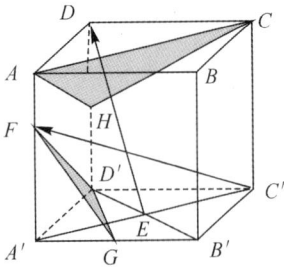

附图 3-4

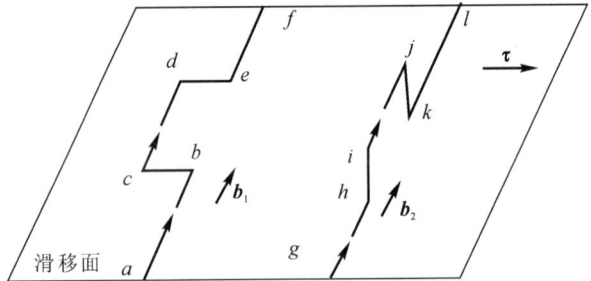

附图 3-5

**三、综合分析题**(共 40 分)

1. 请分析对工业纯铝,Fe-0.2%C 合金、Al-5%Cu 合金可以采用的强化机制,并阐述机理。(15 分)

2. 请根据附图 3-6 所示的 Cu-Zn 相图回答下列问题:(25 分)

1)若在 500 ℃ 下,将一纯铜试样长期置于锌液中,请绘出扩散后从表面至内部沿深度方向的相分布和对应的浓度分布曲线。

2)请分析 902 ℃,834 ℃,700 ℃,598 ℃,558 ℃ 各水平线的相变反应类型及其反应式。

3)请绘出 Cu-75%Zn 合金的平衡结晶的冷却曲线,并标明各阶段的相变反应或相组成。

4)请计算 Cu-75%Zn 合金平衡结晶至 200 ℃ 时的相组成含量。

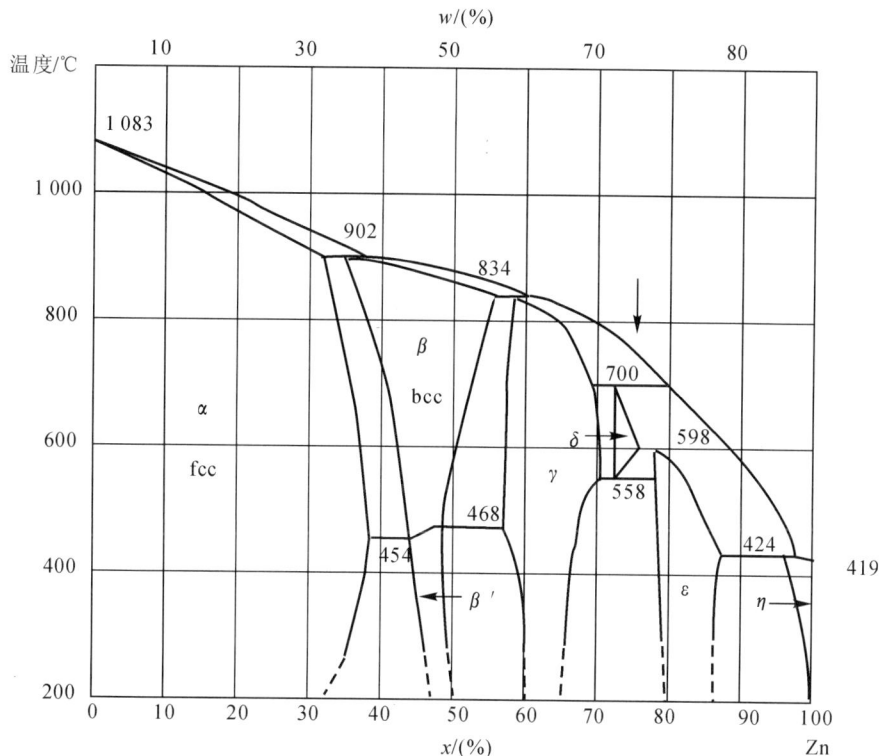

附图 3-6　Cu-Zn 相图

# (三)

**一、简答题**(每题 10 分,共 50 分)

**1.** 请从原子排列、弹性应力场、滑移性质、柏氏矢量等方面对比刃位错、螺位错的主要特征。

**2.** 何谓金属材料的加工硬化?如何解决加工硬化对后续冷加工带来的困难?

**3.** 什么是离异共晶?如何形成的?

**4.** 形成无限固溶体的条件是什么?简述原因。

**5.** 两个尺寸相同、形状相同的铜镍合金铸件,一个含 90% Ni,另一个含 50% Ni,铸造后自然冷却,问哪个铸件的偏析严重?为什么?

**二、作图计算题**(每题 15 分,共 60 分)

**1.** 写出 {112} 晶面族的等价晶面。

**2.** 请判定下列反应能否进行:$\dfrac{a}{2}[\bar{1}\,\bar{1}\,1] + \dfrac{a}{2}[1\,1\,1] \rightarrow a[0\,0\,1]$

**3.** 已知某晶体在 500 ℃时,每 $10^{10}$ 个原子中可以形成有 1 个空位,请问该晶体的空位形成能是多少?(已知该晶体的常数 $a = 0.053\,9$,波耳兹曼常数 $K = 1.381 \times 10^{-23}$ J/K)

**4.** 单晶铜拉伸,已知拉力轴的方向为 [001],$\sigma = 10^6$ Pa,求 (111) 面上柏氏矢量 $b = \dfrac{a}{2}[\bar{1}\,0\,1]$ 的螺位错线上所受的力($a_{Cu} = 0.36$ nm)

三导

### 三、综合分析题（共 40 分）

1. 经冷加工的金属微观组织变化如附图 3-7 所示，随温度升高，并在某一温度下保温足够长的时间，会发生(b)～(d)的变化，请分析四个阶段微观组织、体系能量和宏观性能变化的机理和原因。

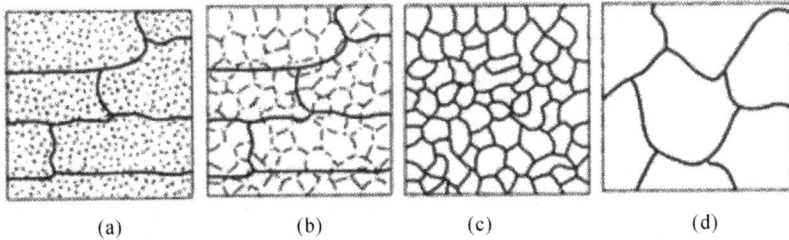

(a)　　　　　(b)　　　　　(c)　　　　　(d)

附图 3-7

2. 根据附图 3-8 所示的 Ag-Cd 二元相图：

(1)当温度为 736 ℃,590 ℃,440 ℃和 230 ℃时分别会发生什么样的三相平衡反应？写出反应式。

(2)分析 Ag-56%Cd 合金的平衡凝固过程,绘出冷却曲线,标明各阶段的相变反应。

(3)分析 Ag-95%Cd 合金的平衡凝固与较快速冷却时,室温组织会有什么差别,并讨论其原因。

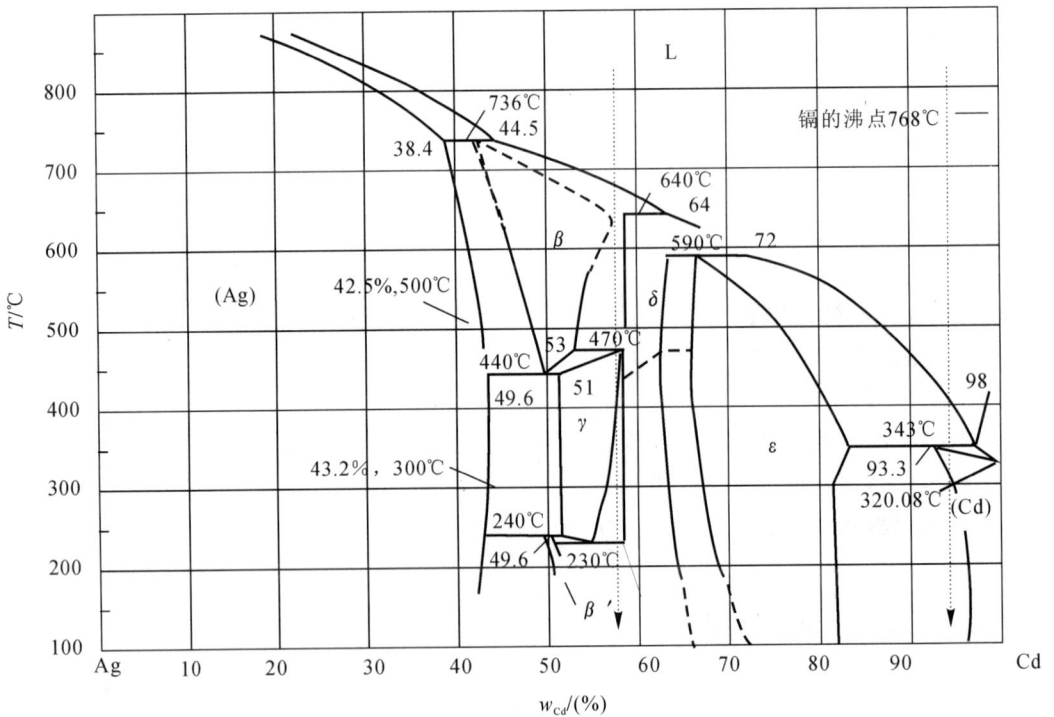

附图 3-8　Ag-Cd 二元相图

## （四）

**一、简答题**（每题 10 分，共 50 分）

**1.** 请简述滑移和孪生变形的特点。

**2.** 什么是上坡扩散？哪些情况下会发生上坡扩散？扩散的驱动力是什么？

**3.** 在室温下，多数金属材料的塑性比陶瓷材料好很多，为什么？纯铜与钝铁这两种金属材料哪个塑性好？说明原因。

**4.** 请总结并简要回答二元合金平衡结晶过程中，单相区、双相区和三相区中，相成分的变化规律。

**5.** 合金产品在进行冷塑性变形时会发生强度、硬度升高的现象，为什么？如果合金需要进行较大的塑性变形才能完成变形成型，需要采用什么中间的处理方法？而产品使用时又需要保持高的温度、强度，又应如何热处理？

**二、作图计算题**（每题 15 分，共 60 分）

**1.** 在 Fe-Fe₃C 相图中有几种类型的渗碳体？分别描述这些渗碳体的形成条件，并绘制出平衡凝固条件下这些不同类型渗碳体的显微组织形貌。

**2.** 在两个相互垂直的滑移面上各有一条刃型位错 $AB$ 和 $XY$，如附图 3-17 所示。假设以下两种情况[附图 3-9(a)和(b)]中，位错线 $XY$ 在切应力作用下发生运动，运动方向如图中 $v$ 所示，试问交割后两位错线的形状有何变化（画图表示）？在两种情况下分别会在每个位错上形成割阶还是扭折？新形成的割阶或扭折属于什么类型的位错？

**3.** 已知 H 原子半径 $r$ 为 0.040 6 nm，纯铝是 fcc 晶体，其原子半径 $R$ 为 0.143 nm，请问 H 原子溶入 Al 时处于何种间隙位置？

**4.** 柱状试样，当固溶体合金（$k_0 > 1$）从左向右定向凝固。凝固过程中假设，凝固速度快，固相不扩散，液相基本不混合，$\alpha/L$（固/液）界面前沿液体中的实际温度梯度为正温度梯度。由于 $\alpha/L$ 界面前沿存在成分过冷区，晶体易以树枝状结晶生长。当合金从左向右定向凝固，达到稳态凝固区时，请画出：① $k_0 > 1$ 相图；② $\alpha/L$ 界面处固体、液体的溶质浓度分布图；③ 液体中成分过冷区图。

**三、综合分析题**（共 40 分）

**1.** 试用位错理论解释低碳钢的应变时效现象。

**2.** 如附图 3-10 所示，在立方单晶体中有一个位错环 $ABCDA$，其柏氏矢量 $b$ 平行于 $z$ 轴。

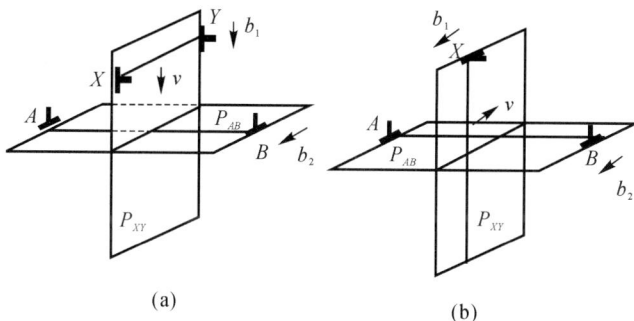

(a)　　　　(b)

附图 3-9

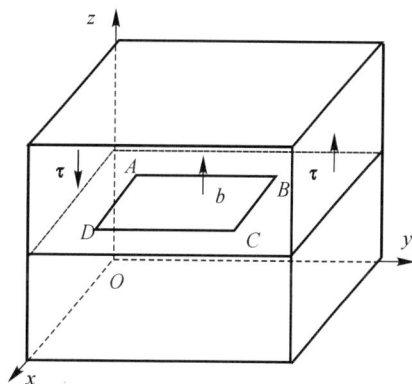

附图 3-10

三导

(1)指出各段位错线是什么类型的位错。

(2)各段位错线在外应力 $\tau$ 作用下将如何运动？请绘图表示。

# (五)

## 一、简答题(每题 10 分,共 50 分)

**1.** 什么是相？什么是相平衡？达到相平衡的条件是什么？

**2.** 简述点缺陷对晶体性能的影响。

**3.** 简述晶界位相差与晶界能的关系,为什么？

**4.** 简述包晶形核、长大过程中溶质原子扩散的特点。

**5.** 简述平衡条件下与非平衡条件下结晶的不同之处。

## 二、作图计算题(每题 15 分,共 60 分)

**1.** A—B 二元系相图如附图 3-11 所示,对纯 A 无限长金属棒在加热到 $T_1$ 温度下,对其一端进行长时间的渗入 B 组元,画出成分分析图和浓度分析图。

**2.** 在面心立方晶体中,有位错位于滑移面 $(11\bar{1})$,滑移方向为 $[\bar{1}10]$

(1)某柏氏矢量为 $2/a[\bar{1}10]$,在晶胞图中画出柏氏矢量,并计算其大小;

(2)若造成该滑移的是刃型位错或螺型位错,画出其位错线,并写出位错线的晶向指数。

**3.** 碳原子在 $\gamma$-Fe 中扩散,$D_0 = 2.0 \times 10^{-5}$ m²/s,$Q = 1.4 \times 10^5$ J/mol,当温度从 927 ℃上升到 1 027 ℃时,扩散系数变化了多少？($R = 8.31$ J/mol·K)

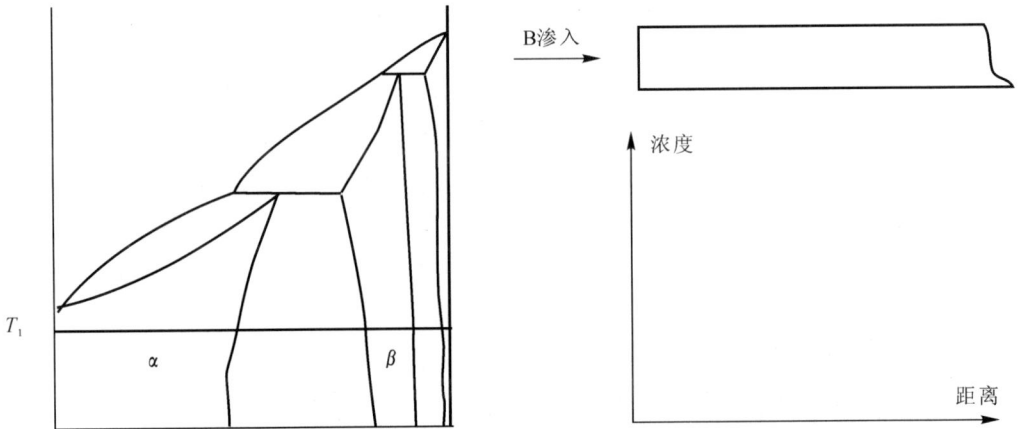

附图 3-11

**4.** 若原子直径不变,Fe 从 fcc 转变为 bcc,体积膨胀百分比为多少？经试验测定,912 ℃时 $\alpha$-Fe 的晶格常数为 0.289 2 nm,$\gamma$-Fe 的晶格常数为 0.363 3 nm,计算 $\gamma$-Fe 转化为 $\alpha$-Fe 时体积膨胀百分比,说明两种情况膨胀百分比不同的原因。

## 三、综合分析题(共 40 分)

**1.** 在不改变合金成分的条件下,怎样提高纯铝和 40 钢的强度？并解释其机理。

**2.** 在室温下对纯铅板反复弯折会越弯越硬。放置一段时间,发现铅板和弯折前一样软,分析解释这一现象的机理。

# （六）

**一、简答题**（共 70 分，每小题 5 分）

**1.** 欲确定一成分为 18%Cr，18%Ni 的不锈钢晶体在室温下的可能结构是 fcc 还是 bcc，由 X 射线测得此晶体的（111）面间距为 0.21nm，已知 bcc 铁的 $a=0.286$nm，fcc 铁的 $a=0.363$nm，试问此晶体属何种结构？

**2.** 晶体结合键与其性能有何关系？

**3.** C 原子可与 $\alpha-Fe$ 形成间隙固溶体，请问 C 占据的是八面体间隙还是四面体间隙？为什么？

**4.** 按照硅氧四面体在空间的组合情况，硅酸盐结构可以分成＿＿＿＿、＿＿＿＿、＿＿＿＿、＿＿＿＿和＿＿＿＿几种方式。硅酸盐晶体就是由一定方式的硅氧结构单元通过其他＿＿＿＿联系起来而形成的。

**5.** 举例说明在离子晶体中，正、负离子是如何排列的。正离子的配位数主要取决于什么？（即鲍林第一规则的实质是什么？）

**6.** 如何理解高聚物分子量的多分散性？高聚物的平均分子量及分子量分布宽窄对高聚物性能有何影响？

**7.** 在高聚物大分子链中有哪些热运动单元？这些热运动单元与高聚物宏观性状有何关联？

**8.** 举例说明点缺陷转化为线缺陷；线缺陷生成点缺陷。

**9.** 为什么点缺陷在热力学上是稳定的，而位错则是不平衡的晶体缺陷？

**10.** 上坡扩散的驱动力是什么？列举两个上坡扩散的例子。

**11.** 根据位错一般理论，论述实际晶体中位错及其运动的特殊性。

**12.** 简述晶体结构类型对其塑性变形能力和扩散特性的影响。

**13.** 简述细晶强化的原理以及应用范围。

**14.** 为什么说两个位错线相互平行的纯螺型和纯刃型位错，它们之间没有相互作用？

**二、释图与作图题**（共 25 分）

**1.** 根据如附图 3-12 所示的 Gibbs 自由能曲线绘制相图（$T_1 > T_2 > T_3 > T_4 > T_5$）。（5 分）

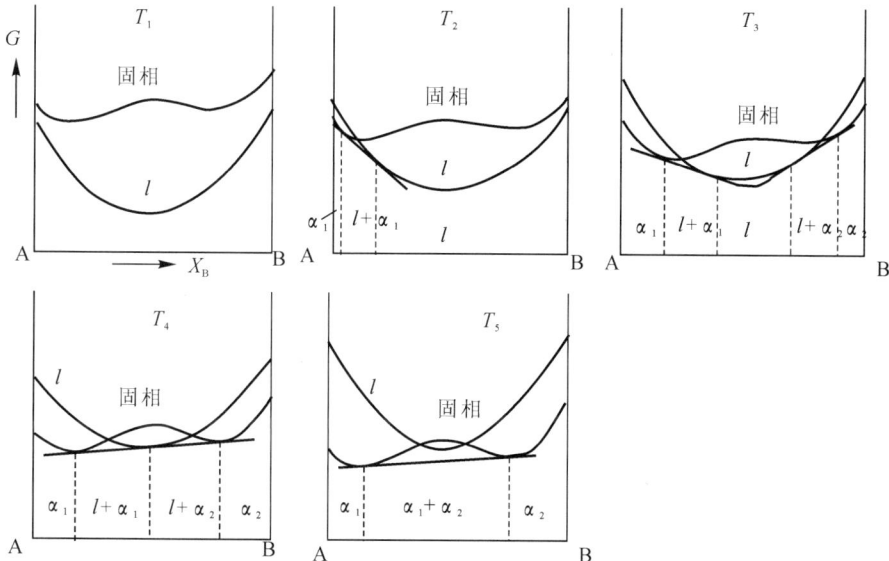

附图 3-12

**2.** 画出合金铸锭(件)的宏观组织并简述组织形成原因。(5分)。

**3.** 如附图 3-13 所示是金属和陶瓷材料的工程应力-应变曲线,试分析其性能差异。(3分)

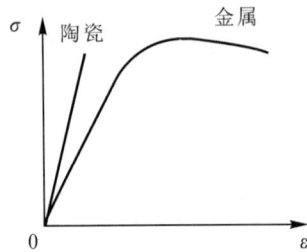

附图 3-13

**4.** 从附图 3-14 所示分析回复的特点(3分)。

**5.** 示意画出高、低应变速率下动态再结晶的应力-应变曲线(3分)。

**6.** 已知某铜单晶试样的两个外表面分别是(001)和(111)。当该晶体在室温下滑移时,示意画出上述两个外表面上的滑移线。(3分)

**7.** 纯铁在 950 ℃渗碳,表面碳浓度达到 0.9%,缓慢冷却后,重新加热到 800 ℃,继续渗碳,示意画出:(3分)

(1)在 800 ℃长时间渗碳后(碳气氛为 1.5%C)的组织分布;

(2)在 800 ℃长时间渗碳后缓慢冷却至室温的组织分布。

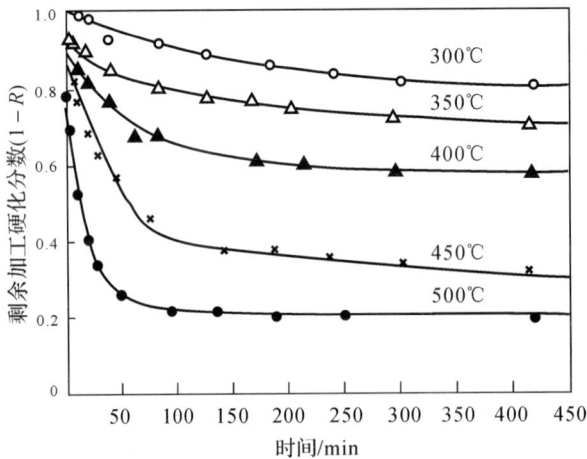

附图 3-14

**三、计算分析题**(共 55 分)

**1.** 根据如附图 3-15 所示的 Fe-C 相图,回答问题。(15分)

(1)写出 S 点和 C 点的相变类型。

(2)计算 C 质量分数为 0.45%合金室温下的组织组成物和相组成物重量百分比。

(3)画出 C 质量分数含量为 0.9%合金的冷却曲线和室温组织示意图。

(4)画出 1200 ℃的 Gibbs 自由能-成分曲线。

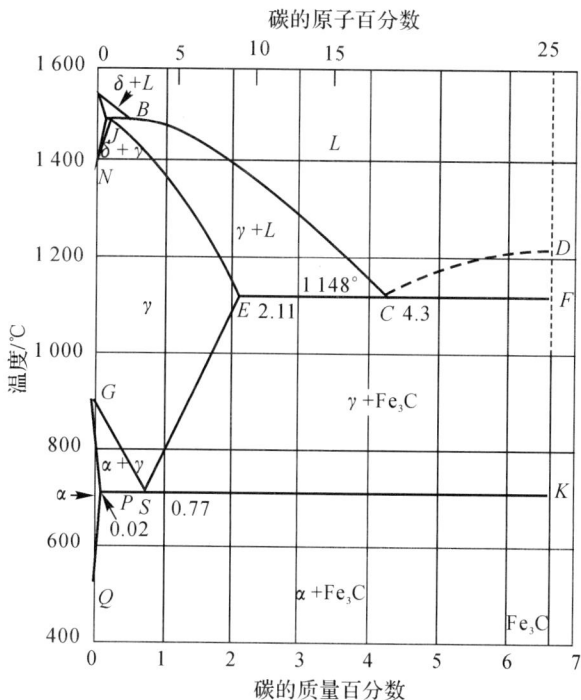

碳的原子百分数

温度/℃

碳的质量百分数

附图 3－15

**2.** 考虑在一个大气压下液态铝的凝固,过冷度 $\Delta T = 10$ ℃,计算:(10 分)

(1)临界晶核尺寸;

(2)半径为 $r*$ 的晶核中原子个数;

(3)从液态转变到固态时,单位体积的自由能变化 $\Delta Gv$;

(4)从液态转变到固态时,临界尺寸 $r*$ 处的自由能的变化 $\Delta G*$(形核功)。

已知:铝的熔点 $T_m = 993$ K,单位体积熔化热 $L_m = 1.836 \times 10$ J/m$^3$,固液界面比表面能 $\sigma = 93$ mJ/m$^2$,原子体积 $V_0 = 1.66 \times 10^{-29}$ m$^3$。

**3.** Cu－Sn－Zn 三元系相图在 600 ℃时的部分等温截面如附图 3－16 所示:(10 分)

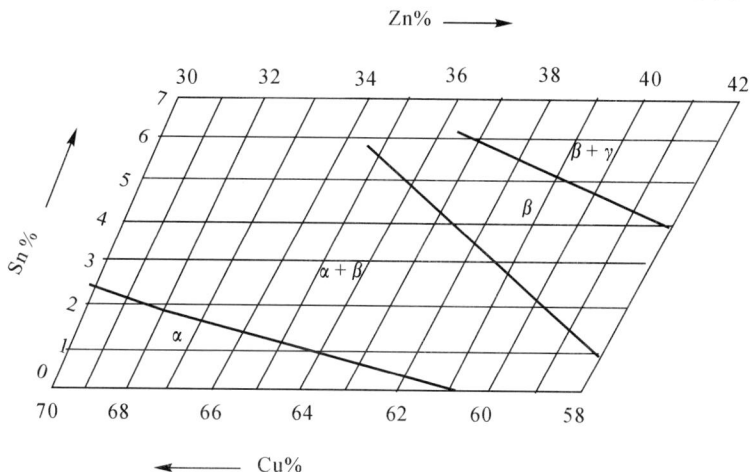

Zn%

Sn %

Cu%

附图 3－16

三导

(1)请在附图 3-24 中标出合金成分点 P 点(Cu-32％Zn-5％Sn),Q 点(Cu-40％Zn-6％Sn)和 T 点(Cu-33％Zn-1％Sn),并指出这些合金在 600 ℃时由哪些平衡相组成。

(2)若将 5 kg P 合金、5 kg Q 合金和 10 kg T 合金熔合在一起,则新合金的成分为多少?

**4.** 某铝单晶体在外加拉伸应力作用下,首先开动的滑移系为$(1\,1\,\bar{1})[0\,1\,1]$,(10 分)

(1)如果滑移是由纯刃型单位位错引起的,试指出位错线的方向、滑移时位错线运动的方向以及晶体运动方向。

(2)假定拉伸轴方向为$[0\,0\,1]$,$\sigma=10$ Pa,求在上述滑移面上该刃型位错所受力的大小和方向。(已知 Al 的点阵常数 $a=0.404\,9$ nm)

(3)随着滑移的进行,拉伸试样中$(1\,1\,\bar{1})$面会发生什么现象?它对随后进一步的变形有何影响?

**5.** 已知在 1 227 ℃下,Al 在 $Al_2O_3$ 中的 扩散常数 $D_0(Al)=2.8\times10^{-3}$ $m^2/s$,扩散激活能为 477 kJ/mol, 而 O 在 $Al_2O_3$ 中的 扩散常数 $D_0(O)=0.19$ $m^2/s$,扩散激活能为 636 kJ/mol。(10 分)

(1)分别计算二者在该温度下的扩散系数。

(2)说明它们扩散系数不同的原因。

(3)试分析纯铝在该温度下氧化的扩散过程;提出在该温度下加速氧化过程的方法。

# （七）

**一、名词辨析**( 每小题 6 分,共 36 分)

**1.** 回复与再结晶

**2.** 孪晶界与相界

**3.** 反应扩散与稳态扩散

**4.** 连续长大与螺型位错长大

**5.** 本征半导体与非本征半导体

**6.** 间隙相与间隙固溶体

**二、简答题**( 每小题 8 分,共 64 分)

**1.** 从内部微观结构角度简述纳米材料的特点。

**2.** 试述玻璃和晶体的区别。

**3.** 什么是液晶态?简述液晶的分子结构特点。

**4.** 在室温下对铁丝( 熔点 1 538 ℃)和锡丝( 熔点 232 ℃),分别进行来回弯折,随着弯折的进行,各会发生什么现象?

**5.** 若将一位错线的正向定义为原来的反向,此位错的伯氏矢量是否改变?位错的类型性质是否变化?一个位错环上各点位错类型是否相同?

**6.** 什么是固溶强化?影响固溶强化的因素有哪些?

**7.** 简述铸锭的典型宏观组织及形成机理。

**8.** 什么是金属的蠕变?蠕变的变形机制有哪些?

**三、综合分析题**( 共 50 分)

**1.** 从热力学及动力学角度分析固态相变与液态相变的异同点。(10 分)

**2.** 如附图 3-17 所示,在滑移面上有一个位错环,回答以下问题。(15 分)

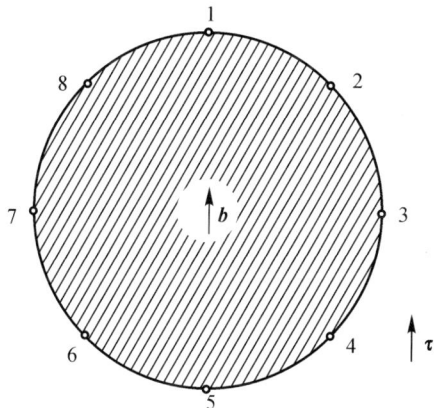

附图 3 - 17

(1) 指出图中位错环上 1~8 点是什么类型的位错；

(2) 用箭头标出在切应力 $\tau$ 的作用下，各处位错线的运动方向；

(3) 两个符号相同的刃型位错在滑移面靠近时将产生排斥力还是吸引力，为什么？

**3.** 相图分析(25 分)

已知常压下金属 A,B 的熔点分别为 450 ℃ 和 900 ℃，金属 B(s)与 $X_B = 0.55$( 摩尔分数，下同 )的液相在 600 ℃ 生成正常价化合物 $AB_3(s)$，$AB_3(s)$ 与 $X_B = 0.40$ 的液相在 400 ℃ 发生反应，生成正常价化合物 AB(s)。该系统还有一个共晶点，对应液相组成为 $X_B = 0.20$，共晶温度 300 ℃ 。

(1) 请粗略绘出该系统的相图；

(2) 标示图中各相区的稳定相态及三相线所代表的相平衡关系；

(3) 绘出 $X_B = 0.45$ 和 $X_B = 0.50$ 的步冷曲线；

(4) $X_B = 0.20$ 的样品 10 mol，自完全液相温度冷却至室温，平衡共存的两相是什么？两相物质的量分别为多少？

# （八）

**一、简答题**(每题 10 分,共 50 分)

**1.** 请简述固溶强化的机制？

**2.** 何为形核率？请对比分析均匀形核与非均匀形核两种情况下,形核率各有什么特点,有什么差异。

**3.** 相界有哪几类？请比较这几类相界的表面能(化学能)、应变能,以及总能量的大小。

**4.** Al - 2.0%(质量分数)Cu 合金在时效过程中会形成 $Al_2Cu$ 相,请按热力学分类、动力学分类和结构学分类,分别说明 $Al_2Cu$ 相形成所属的相变类型。

**5.** 扩散的影响因素有哪些？

**二、作图计算题**(每题 15 分,共 60 分)

**1.** 请分析在 fcc 中，$\dfrac{a}{2}[1\,0\,\overline{1}] + \dfrac{a}{6}[\overline{1}\,2\,1] \rightarrow \dfrac{a}{3}[1\,1\,\overline{1}]$ 位错反应能否进行？若能够进行,请在晶胞图上做出各柏氏矢量图。

**2.** 已知 Al 在 $Al_2O_3$ 中的扩散系数 $D_0(Al)=2.8\times10^{-3}$ $m^2/s$,激活能 477 kJ/mol,而 O(氧)在 $Al_2O_3$ 中的 $D_0(O)=0.19$ $m^2/s$,$Q=636$ kJ/mol。分别计算二者在 2000 K 温度下的扩散系数 $D$。说明它们扩散系数不同的原因。

**3.** 有一 bcc 晶体的 $(1\bar{1}0)[111]$ 滑移系的临界分切力为 60 Mpa,试问在 $[001]$ 和 $[010]$ 方向必须施加多少的应力才会产生滑移?

**4.** 请根据附图 3-18 绘出三元共晶相图中 $FG$ 所代表的垂直截面,并标明各个相区的相组成;绘出合金 X 的冷却曲线,并标明各阶段的相变反应或相组成。

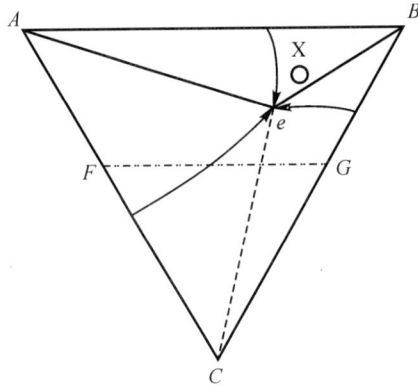

附图 3-18

**三、综合分析题**(每题 20 分,共 40 分)

**1.** 纯金属和固溶体凝固时可能得到哪些典型形态?哪些因素影响其生长形态?请比较分析异同,并阐述原因。

**2.** 如果你是一位工程师,在为一款新型山地自行车车架选材,你需要考虑哪些因素?钢、铝、钛合金都是制造自行车的常用金属材料,最先进的自行车常常使用复合材料,请分析这四种材料的主要优缺点。

# (九)

**一、简答题**(每题 10 分,共 50 分)

**1.** 请从热力学上阐明一级相变和二级相变的特点。

**2.** 合金凝固时能够产生成分过冷的临界条件是什么?对固溶体的生长形态有何影响?

**3.** 处于滑移面上的一大一小两位错环具有相同的 $b$,在相同切应力作用下,哪一个容易运动?为什么?

**4.** 请简述屈服和应变时效的机理。

**5.** 何为热变形?热变形过程中主要的软化机理是什么?

**二、作图计算题**(每题 15 分,共 60 分)

**1.** 已如铜的点降常数为 0.361 51 nm。求铜的最短单位位错的长度。

**2.** 如附图 3-19 所示,在 2 cm×2 cm 见方的纯镍(NI)厚板与纯钽(Ta)厚板之间插入一块 0.05 cm 原的 MgO 薄板。当 1 400 ℃时,NI 原子可以穿过 MgO 层扩散到 Ta 中,经长时间保温达到稳定扩散状态。已知 NI 为 fcc 结构,NI 在 MgO 中的扩散系数为 $9\times10^{-12}$ $cm^2/s$,NI 点阵常数为 $3.6\times10^{-8}$ cm。求每秒钟通过 MgO 层的 NI 原子数。

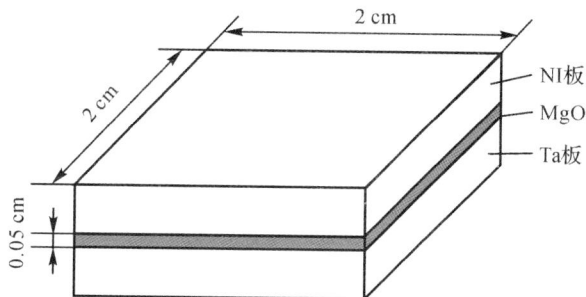

附图　3-19

**3.** 判定 $\frac{a}{2}[1\,1\,0] \rightarrow \frac{a}{6}[1\,2\,\overline{1}] + \frac{a}{6}[2\,1\,1]$ 反应能否进行。若能够进行,请在晶胞图上做出各柏氏矢量图。

**4.** 请根据附图 3-20 作出简单三元共晶相图中 $BF$ 所代表的垂直截面,并标明各个相区的相组成,绘出合金 X 的冷超曲线,并标明各阶段的相变反应或相组成。

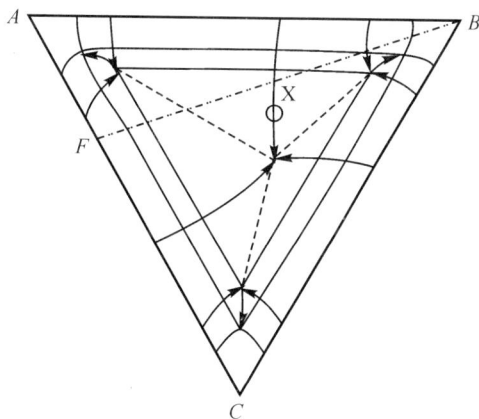

附图　3-20

**三、综合分析题**(每题 20 分,共 40 分)

**1.** 请综合分析合金结晶应满足的条件。

**2.** 根据铁碳合金相图可知,$\gamma$-Fe 的最大含碳量为 2.11%,$\alpha$-Fe 的最大含碳量为 0.021 8%,请分析为什么两者的最大含碳量相差两个数最级? 并请分析为什么渗碳处理一般都加热至 $\gamma$ 相区进行?

# (十)

**一、简答题**(每题 10 分,共 50 分)

**1.** 请简述晶界的类型,及晶界有哪些特点。

**2.** 何谓晶体结构? 何谓空间点阵? 二者之间是何种关系?

**3.** 相变有何特点? 固态相变有何特点?

**4.** 何为偏析? 偏析的类型有哪些?

**5.** 请简述凝固过程中的形核、长大与再结晶过程中的形核、长大主要区别有哪些。

**二、作图计算题**(每题 15 分,共 60 分)

**1.** 请根据附图 3-21 作出简单三元共晶相图中 $BF$ 所代表的垂直截面,并标明各个相区的相组成;绘出合金 X 的冷却曲线,并标明各阶段的相变反应或相组成。

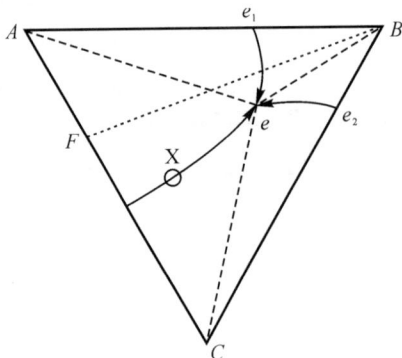

附图 3-21

**2.** 在立方晶胞内分别画出 $(1\bar{2}1)$、$(\bar{1}22)$ 晶面,以及 $[01\bar{2}]$、$[110]$、$[20\bar{1}]$ 晶面。

**3.** 已知某晶体在 500 ℃时,每 $10^{10}$ 个原子中可以形成 1 个空位,请问该晶体的空位形成能是多少?(已知该晶体的常数 $A=0.0539$,波耳兹曼常数 $K=1.381×10^{-23}$ J/K)

**4.** 请判定 $\dfrac{a}{2}[\bar{1}\bar{1}1]+\dfrac{a}{2}[111]\rightarrow a[001]$ 能否进行。并请在简单立方晶胞内绘出参加反应位错的柏氏矢量。

**三、综合分析题**(每题 20 分,共 40 分)

**1.** 请根据 Fe-C 相图,分析 Fe-3.0%(质量分数)C 合金平衡凝固过程,并完成下列问题:

①请绘出冷却曲线,并标注每个阶段的主要相变反映;②请绘出室温组织示意图;③该合金的室温组织是什么?请计算室温下组织组成的相对含量(室温下 $\alpha$ 相含碳质量分数为 0.001%)。

**2.** 纯金属结晶可能得到什么形态?单相固溶体合金结晶会得到什么形态?请分析产生各种形态的控制因素。比较纯金属与单相固溶体合金的形态形成机理有何异同。

## (十一)

**一、简答题**(每题 10 分,共 50 分)

1. 钨的力学性质和物理、化学性质有哪些主要特点?请根据结合键分析原因。
2. 金属塑性变形主要有哪些机制?请简述它们的特点。
3. 晶体中是否一定存在缺陷?为什么?
4. 请简述二元合金系统中共晶、包晶反应的异、同点。
5. 请简述回复的机理及回复的动力学特点。

**二、作图计算题**(每题 15 分,共 60 分)

**1.** 在钢棒的表面,每 20 个铁的晶胞中含有一个碳原子,在离表面 1 mm 处每 30 个铁的晶胞中含有一个碳原子,已知铁为面心立方结构($a=0.365$ mm),1 000 ℃时碳的扩散系数为 $30×10^{-11}$ m²/s,求每分钟内因扩散通过单位晶胞的碳原子数是多少?

**2.** 在铜晶体中(111)面上的 $\dfrac{a}{2}[1\,0\,\bar{1}]$ 位错与 $(1\,1\,\bar{1})$ 面上的 $\dfrac{a}{2}[0\,1\,1]$ 位错发生位错反应时,写出位错反应方程并判明反应进行的方向,说明新位错的性质。

**3.** 请根据铁碳相图(不必绘出),分析含 C 质量分数为 3.0% 的 C 合金的平衡凝固过程,绘出冷却曲线,标明各阶段的相变反应,写出室温下的相组成物和组织组成物。计算室温下组织组成物的相对含量。(室温下 $\alpha$ 相含碳质量分数为 0.001%)

**4.** 请根据附图 3-22 作出简单三元共晶相图中 $AF$ 所代表的垂直截面,并标明各个相区的相组成;绘出合金 X 的冷却曲线,并标明各阶段的相变反应或相组成。

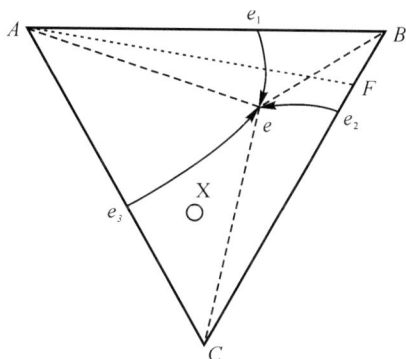

附图　3-22

### 三、综合分析题(每题 20 分,共 40 分)

**1.** 请分析冷塑性变形对退火态 40 钢组织、性能的影响。

**2.** 小李将一瓶瓶装的纯净水在室外晾晒一段时间,然后放到冰箱的冷冻室(零下 18 ℃),经过一段时间后轻轻打开冷冻室门,发现水还没有结冰;轻轻取出水瓶,在桌子上用力一震,水瞬间结成了冰。小张听说后,回家找来一个用过的空的纯净水瓶,灌了一瓶自来水。按照小李的方法试验,打开冰箱时,却发现水已经结冰了。请根据以上叙述,分析并回答下列问题:

(1)在小李的试验中,打开冰箱水尚未结冰,此时的水处于什么热力学状态?

(2)从动力学上分析一下,水结冰还需要什么条件?

(3)为什么用力一震,水会瞬间结冰?请用凝固的经典理论分析一下过程。

(4)为什么小张试验没有成功,可能的原因是什么?

(5)从上述结果可以得出什么结论?

# (十二)

### 一、简答题(每题 10 分,共 50 分)

**1.** 影响间隙固溶体固溶度的因素有哪些?哪个因素最重要?为什么?

**2.** 何为柏氏矢量?它有哪些特性?

**3.** 液固相变的驱动力和阻力是什么?固态相变的驱动力和阻力是什么?

**4.** 在固态下,原子扩散通道有哪些?位错对溶质原子的扩散有何影响?

**5.** 纯金属铁的晶体生长会得到什么形貌?请讨论其晶体生长机理和影响因素。

### 二、作图计算题(每题 15 分,共 60 分)

**1.** 已知 500 ℃ 和 600 ℃ 时 Cu 在 Al(相当于半无限长棒)中的扩散系数分别为 4.8×

$10^{-14}$ m²/s 和 $5.3 \times 10^{-13}$ m²/s,试计算 500 ℃时需扩散多长时间才能达到与 600 ℃10 小时同样的扩散效果?

**2.** 一个交滑移系包括一个滑移方向和包含这个滑移方向的两个晶面,如 bcc 晶体的 $(1\,0\,1)[\bar{1}\,1\,1](1\,1\,0)$,请写出并分别绘出 bcc 中以 $[\bar{1}\,1\,1]$ 为滑移方向的其他类似交滑移系。

**3.** 已知组元 A 和 B 在液态完全互溶,固态互不溶解,A 熔点 1 000 ℃,B 熔点 800 ℃。含 B 质量分数 63%时,1 040 ℃形成化合物 X。含 B 质量分数为 43%时,在 750 ℃发生共晶。含 B 质量分数为 90%时,在 640 ℃也发生共晶。①画出 A−B 二元相图;②写出化合物 X 的分子式;③求含 B 为 20%的合金相与组织的相对量。(分别用质量分数和摩尔分数表示,已知原子量:A=28,B=24)

**4.** 请根据附图 3−23 作出简单三元共晶相图中 FG 所代表的垂直截面,并标明各个相区的相组成;绘出合金 X 的冷却曲线,并标明各阶段的相变反应或相组成。

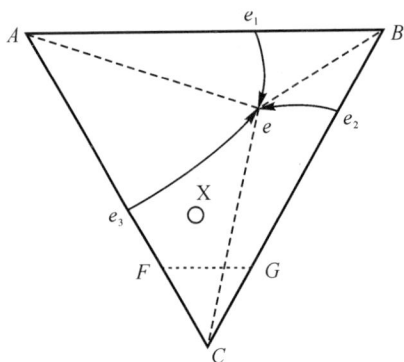

附图 3−23

**三、综合分析题**(每题 20 分,共 40 分)

1. 合金中的第二相是否都具有强化作用? 请解释原因。何种条件下强化效果好?
2. 请对比讨论冷变形和热加工对金属的组织、性能的影响,并从机理上分析原因。

# 附录四　常用资料

## （一）本书中用到的一些常数

| 量的名称 | 符号 | SI 单位 | | 备　　注 |
|---|---|---|---|---|
| | | 名　　称 | 符号 | |
| 重力加速度 | $g$ | 米每二次方秒 | $m/s^2$ | 标准自由落体加速度 $g_n = 9.806\ 65\ m/s^2$ （准确值） |
| 阿伏加德罗常数 | $L, N_A$ | 每摩[尔] | $mol^{-1}$ | $L = (6.022\ 136\ 7 \pm 0.000\ 003\ 6) \times 10^{23}\ mol^{-1}$ |
| 摩尔体积 | $V_m$ | 立方米每摩[尔] | $m^3/mol$ | 在 273.15 K 和 101.325 kPa 时,理想气体的摩尔体积为 $V_{m,0} = (0.022\ 414\ 10 \pm 0.000\ 000\ 19)m^3/mol$ |
| 摩尔气体常数 | $R$ | 焦[耳]每摩[尔]开[尔文] | $J/(mol \cdot K)$ | $R = (8.314\ 510 \pm 0.000\ 070)\ J/(mol \cdot K)$ |
| 玻耳兹曼常数 | $k$ | 焦[耳]每开[尔文] | $J/K$ | $k = (1.380\ 658 \pm 0.000\ 012) \times 10^{-23}\ J/K$ |
| 原子质量常数 | $m_u$ | 千克 | $kg$ | $m_u = (1.660\ 540\ 2 \pm 0.000\ 001\ 0) \times 10^{-27}\ kg = 1\ u$(原子质量单位) |
| 普朗克常量 | $h$ | 焦[耳]秒 | $J \cdot s$ | $h = (6.626\ 075\ 5 \pm 0.000\ 004\ 0) \times 10^{-34}\ J \cdot s$ |
| 真空介电常数（真空电容率） | $\varepsilon_0$ | 法[拉]每米 | $F/m$ | $\varepsilon_0$(准确值) $= 8.854\ 188 \times 10^{-12}\ F/m$ |
| 真空磁导率 | $\mu_0$ | 亨[利]每米 | $H/m$ | $\mu_0 = 4\pi \times 10^{-7}\ H/m$(准确值) $= 1.256\ 637 \times 10^{-6}\ H/m$ |
| 元电荷 | $e$ | 库[仑] | $C$ | 一个电子的电荷 $e = (1.602\ 177\ 33 \pm 0.000\ 000\ 49) \times 10^{-19}\ C$ |
| 法拉第常数 | $F$ | 库[仑]每摩[尔] | $C/mol$ | $F = (9.648\ 530\ 9 \pm 0.000\ 002\ 9) \times 10^4\ C/mol$ |
| 电磁波在真空中的速度 | $c, c_0$ | 米每秒 | $m/s$ | $c = 299\ 792\ 458\ m/s$ 如果用 $c$ 代表介质中的相速度,则用 $c_0$ 代表真空中的相速度 |

三导

# (二) 有关工程材料的性质 (20 ℃)

| 材料 | 密度 mg/m³ (或 g/cm³) | 传热系数 λ W/(mm² · K) | 线胀系数 $\alpha_l$ K⁻¹ | 电阻率 ρ Ω · m | 平均弹性模量 $\bar{E}$ MPa |
|---|---|---|---|---|---|
| **金属** | | | | | |
| 铝 (99.9 +) | 2.7 | 0.22 | $22.5 \times 10^{-6}$ | $29 \times 10^{-9}$ | 70 000 |
| 铝合金 | 2.7(+) | 0.16 | $22 \times 10^{-6}$ | $\sim 45 \times 10^{-9}$ | 70 000 |
| 黄铜 (70 Cu - 30 Zn) | 8.5 | 0.12 | $20 \times 10^{-6}$ | $62 \times 10^{-9}$ | 110 000 |
| 青铜 (95 Cu - 5 Sn) | 8.8 | 0.08 | $18 \times 10^{-6}$ | $\sim 100 \times 10^{-9}$ | 110 000 |
| 铸铁 (灰) | 7.15 | — | $10 \times 10^{-6}$ | — | 140 000(±) |
| 铸铁 (白) | 7.7 | — | $9 \times 10^{-6}$ | $660 \times 10^{-9}$ | 205 000 |
| 铜 (99.9 +) | 8.9 | 0.40 | $17 \times 10^{-6}$ | $17 \times 10^{-9}$ | 110 000 |
| 铁 (99.9 +) | 7.88 | 0.072 | $11.7 \times 10^{-6}$ | $98 \times 10^{-9}$ | 205 000 |
| 铅 (99 +) | 11.34 | 0.033 | $29 \times 10^{-6}$ | $206 \times 10^{-9}$ | 14 000 |
| 镁 (99 +) | 1.74 | 0.16 | $25 \times 10^{-6}$ | $45 \times 10^{-9}$ | 45 000 |
| 蒙乃尔合金 (70Ni - 30Cu) | 8.8 | 0.025 | $15 \times 10^{-6}$ | $482 \times 10^{-9}$ | 180 000 |
| 银 (史特灵银) | 10.4 | 0.41 | $18 \times 10^{-6}$ | $18 \times 10^{-9}$ | 75 000 |
| 钢 (1020) | 7.86 | 0.050 | $11.7 \times 10^{-6}$ | $169 \times 10^{-9}$ | 205 000 |
| 钢 (1040) | 7.85 | 0.048 | $11.3 \times 10^{-6}$ | $171 \times 10^{-9}$ | 205 000 |
| 钢 (1080) | 7.84 | 0.046 | $10.8 \times 10^{-6}$ | $180 \times 10^{-9}$ | 205 000 |
| 钢 (18Cr - 8Ni 不锈钢) | 7.93 | 0.015 | $9 \times 10^{-6}$ | $700 \times 10^{-9}$ | 205 000 |
| **陶瓷** | | | | | |
| 氧化铝 | 3.8 | 0.029 | $9 \times 10^{-6}$ | $> 10^{12}$ | 350 000 |
| **砖** | | | | | |
| 建筑 | 2.3(±) | 0.000 6 | $9 \times 10^{-6}$ | — | |
| 耐火黏土 | 2.1 | 0.000 8 | $4.5 \times 10^{-6}$ | $1.4 \times 10^{-6}$ | |
| 石墨 | 1.5 | — | $5 \times 10^{-6}$ | — | |
| 铺路 | 2.5 | — | $4 \times 10^{-6}$ | — | |
| 矽土 | 1.75 | 0.000 8 | — | $1.2 \times 10^{-6}$ | |
| 混凝土 | 2.4(±) | 0.001 0 | $13 \times 10^{-6}$ | — | 14 000 |
| **玻璃** | | | | | |
| 平板 | 2.5 | 0.000 75 | $9 \times 10^{-6}$ | $10^{12}$ | 70 000 |
| 硼硅酸盐 | 2.4 | 0.001 0 | $2.7 \times 10^{-6}$ | $> 10^{15}$ | 70 000 |
| 矽土 | 2.2 | 0.001 2 | $0.5 \times 10^{-6}$ | $10^{18}$ | 70 000 |
| *Vycor* | 2.2 | 0.001 2 | $0.6 \times 10^{-6}$ | | |
| 木材 | 0.05 | 0.000 25 | — | | |

续　表

| 材料 | 密度 mg/m³（或 g/cm³） | 传热系数 λ W/(mm²·K) | 线胀系数 $\alpha_1$ K⁻¹ | 电阻率 ρ Ω·m | 平均弹性模量 E MPa |
|---|---|---|---|---|---|
| 石墨（整体） | 1.9 | — | $5\times10^{-6}$ | $10^{-5}$ | 7 000 |
| 氧化镁 | 3.6 | — | $9\times10^{-6}$ | $10^3$（1 100 ℃） | 205 000 |
| 石英（二氧化矽） | 2.65 | 0.012 | — | $10^{12}$ | 310 000 |
| 碳化矽 | 3.17 | 0.012 | $4.5\times10^{-6}$ | 0.025（1 100 ℃） | — |
| 碳化钛 | 4.5 | 0.030 | $7\times10^{-6}$ | $50\times10^{-1}$ | 350 000 |
| **聚合体** | | | | | |
| 蜜胺甲醛 | 1.5 | 0.000 30 | $27\times10^{-6}$ | $10^{11}$ | 9 000 |
| 酚甲醛 | 1.3 | 0.000 16 | $72\times10^{-6}$ | $10^{10}$ | 3 500 |
| 尿素甲醛 | 1.5 | 0.000 30 | $27\times10^{-6}$ | $10^{10}$ | 10 300 |
| 橡胶（人造的） | 1.5 | 0.000 12 | — | — | 4～75 |
| 橡胶（硫化物） | 1.2 | 0.000 12 | $81\times10^{-6}$ | $10^{12}$ | 3 500 |
| 聚乙烯（低密度） | 0.92 | 0.000 34 | $180\times10^{-6}$ | $10^{13}\sim10^{16}$ | 100～350 |
| 聚乙烯（高密度） | 0.96 | 0.000 52 | $120\times10^{-6}$ | $10^{12}\sim10^{16}$ | 350～1 250 |
| 聚苯乙烯 | 1.05 | 0.000 08 | $63\times10^{-6}$ | $10^{16}$ | 2 800 |
| 聚偏二氯乙烯 | 1.7 | 0.000 12 | $190\times10^{-6}$ | $10^{11}$ | 350 |
| 聚四氟乙烯 | 2.2 | 0.000 20 | $100\times10^{-6}$ | $10^{14}$ | 350～700 |
| 聚甲基丙烯酸甲酯 | 1.2 | 0.000 20 | $90\times10^{-6}$ | $10^{14}$ | 3 500 |
| 尼龙 | 1.15 | 0.000 25 | $100\times10^{-6}$ | $10^{12}$ | 2 800 |

＊ 本表中之数据分别从不同的来源所得。

### （三）一些元素的资料表（选自不同来源）

| 元素 | 符号 | 原子序 | 相对原子质量 $A_r$ | 轨域 | | | 熔点 ℃ | 密度（固体）mg/m³（或 g/cm³）（20℃） | 晶体结构（20℃） | 原子近似半径 nm | 价数（最通常的） | 离子近似半径 nm |
|---|---|---|---|---|---|---|---|---|---|---|---|---|
| | | | | **1s** | | | | | | | | |
| 氢 | H | 1 | 1.007 8 | 1 | | | −295.4 | — | — | 0.046 | 1+ | Very small |
| 氦 | He | 2 | 4.003 | 2 | | | −272.2 | — | — | 0.176 | Inert | — |
| | | | | **2s** | **2p** | | | | | | | |
| 锂 | Li | 3 | 6.94 | He＋ | 1 | | 180.7 | 0.534 | bcc | 0.151 9 | 1+ | 0.068 |
| 铍 | Be | 4 | 9.01 | He＋ | 2 | | 1 290 | 1.85 | hcp | 0.114 | 2+ | 0.035 |
| 硼 | B | 5 | 10.81 | He＋ | 2 | 1 | 2 300 | 2.3 | — | 0.046 | 3+ | ～0.025 |

续 表

| 元素 | 符号 | 原子序 | 相对原子质量 $A_r$ | 轨域 | 熔点 ℃ | 密度（固体）$mg/m^3$（或 $g/cm^3$） | 晶体结构 (20 ℃) | 原子近似半径 nm‡ | 价数（最通常的） | 离子近似半径 nm‡ |
|---|---|---|---|---|---|---|---|---|---|---|
| 碳 | C | 6 | 12.011 | He + 2 2 | ＞3 500 | 2.25 | hex | 0.077 | — | — |
| 氮 | N | 7 | 14.007 | He + 2 3 | −210 | — | — | 0.071 | 3 − | |
| 氧 | O | 8 | 15.999 | He + 2 4 | −218.4 | — | — | 0.060 | 2 − | 0.140 |
| 氟 | F | 9 | 19.00 | He + 2 5 | −220 | — | — | 0.06 | 1 − | 0.133 |
| 氖 | Ne | 10 | 20.18 | He + 2 6 | −248.7 | — | fcc | 0.160 | Inert | |
| | | | | 3s 3p | | | | | | |
| 钠 | Na | 11 | 22.99 | Ne + 1 | 97.8 | 0.97 | bcc | 0.185 7 | 1 + | 0.097 |
| 镁 | Mg | 12 | 24.81 | Ne + 2 | 650 | 1.74 | hcp | 0.161 | 2 + | 0.066 |
| 铝 | Al | 13 | 26.98 | Ne + 2 1 | 660.4 | 2.699 | fcc | 0.143 15 | 3 + | 0.051 |
| 硅 | Si | 14 | 28.09 | Ne + 2 2 | 1 410 | 2.33 | | 0.117 6 | 4 + | 0.042 |
| 磷 | P | 15 | 30.97 | Ne + 2 3 | 44 | 1.8 | — | 0.11 | 5 + | ～0.035 |
| 硫 | S | 16 | 32.06 | Ne + 2 4 | 112.8 | 2.07 | | 0.106 | 2 − | 0.184 |
| 氯 | Cl | 17 | 35.45 | Ne + 2 5 | −101 | — | — | 0.101 | 1 − | 0.181 |
| 氩 | Ar | 18 | 39.95 | Ne + 2 6 | −189.2 | — | fcc | 0.192 | Inert | |
| | | | | 3d 4s 4p | | | | | | |
| 钾 | K | 19 | 39.1 | Ar + 1 | 63 | 0.86 | bcc | 0.231 | 1 + | 0.133 |
| 钙 | Ca | 20 | 40.08 | Ar + 2 | 839 | 1.55 | fcc | 0.197 6 | 2 + | 0.099 |
| 钛 | Ti | 22 | 47.90 | Ar + 2 2 | 1 668 | 4.51 | hcp | 0.146 | 4 + | 0.068 |
| 铬 | Cr | 24 | 52.00 | Ar + 5 1 | 1 875 | 7.19 | bcc | 0.124 9 | 3 + | 0.063 |
| 锰 | Mn | 25 | 54.94 | Ar + 5 2 | 1 244 | 7.47 | | 0.112 | 2 + | 0.080 |
| 铁 | Fe | 26 | 55.85 | Ar + 6 2 | 1 538 | 7.87 | bcc | 0.124 1 | 2 + | 0.074 |
| | | | | | | | fcc | 0.126 9 | 3 + | 0.064 |
| 钴 | Co | 27 | 58.93 | Ar + 7 2 | 1 495 | 8.83 | hcp | 0.125 | 2 + | 0.072 |
| 镍 | Ni | 28 | 58.71 | Ar + 8 2 | 1 453 | 8.90 | fcc | 0.124 6 | 2 + | 0.069 |
| 铜 | Cu | 29 | 63.54 | Ar + 10 1 | 1 084 | 8.93 | fcc | 0.127 8 | 1 + | 0.096 |
| 锌 | Zn | 30 | 65.38 | Ar + 10 2 | 420 | 7.13 | hcp | 0.139 | 2 + | 0.074 |
| 锗 | Ge | 32 | 72.59 | Ar + 10 2 2 | 937 | 5.32 | * | 0.122 4 | 4 + | — |
| 砷 | As | 33 | 74.92 | Ar + 10 2 3 | 816 | 5.78 | — | 0.125 | 3 + | — |
| 氪 | Kr | 36 | 83.80 | Ar + 10 2 6 | −157 | — | fcc | 0.201 | Inert | |
| | | | | 4d 5s 5p | | | | | | |
| 银 | Ag | 47 | 107.87 | Kr + 10 1 | 961.9 | 10.5 | fcc | 0.144 4 | 1 + | 0.126 |
| 锡 | Sn | 50 | 118.69 | Kr + 10 2 2 | 232 | 7.17 | bct | 0.150 9 | 4 + | 0.071 |
| 锑 | Sb | 51 | 121.75 | Kr + 10 2 3 | 630.7 | 6.7 | — | 0.145 2 | 5 + | — |
| 碘 | I | 53 | 126.9 | Kr + 10 2 5 | 114 | 4.93 | ortho | 0.135 | 1 − | 0.220 |

续　表

| 元素 | 符号 | 原子序 | 相对原子质量 $A_r$ | 轨域 | | | | 熔点 ℃ | 密度(固体) mg/m³ (或 g/cm³) | 晶体结构 (20 ℃) | 原子近似半径 nm[†] | 价数 (最通常的) | 离子近似半径 nm[‡] |
|------|------|--------|------|------|------|------|------|------|------|------|------|------|------|
| 氙 | Xe | 54 | 131.3 | Kr + | 10 | 2 | 6 | 112 | 2.7 | fcc | 0.221 | Inert | — |
| | | | | | 4f | 5d | 6s | | | | | | |
| 铯 | Cs | 55 | 132.9 | Xe + | | | 1 | 28.6 | 1.9 | bcc | 0.265 | 1＋ | 0.167 |
| 钨 | W | 74 | 183.9 | Xe + | 14 | 4 | 2 | 3 410 | 19.25 | bcc | 0.136 7 | 4＋ | 0.070 |
| 金 | Au | 79 | 197.0 | Xe + | 14 | 10 | 1 | 1 064.4 | 19.3 | fcc | 0.144 1 | 1＋ | 0.137 |
| 汞 | Hg | 80 | 200.6 | Xe + | 14 | 10 | 2 | −38.86 | — | — | 0.155 | 2＋ | 0.110 |
| 铅 | Pb | 82 | 207.2 | Hg + | 6p² | | | 327.4 | 11.38 | fcc | 0.175 0 | 2＋ | 0.120 |
| 铀 | U | 92 | 238.0 | Rn + | 5f³ | 6d | 7s² | 1 133 | 19.05 | | 0.138 | 4＋ | 0.097 |

＊ 钻石立方体

† 元素固体中,最接近之两原子距离的一半。对于非立方体结构指的是平均原子间距,例如,在 *hcp*,原子稍微偏向椭圆球体。

‡ 对于 CN = 6 的半径;此外,$0.97R_{CN=8} \approx R_{CN=6} \approx 1.1 R_{CN=4}$。Ahrens 的模型。

三导

# 参 考 文 献

[1] 潘金生,全健民,田民波.材料科学基础.北京:清华大学出版社,1998.

[2] 肖纪美.合金相与相变.北京:冶金工业出版社,1987.

[3] 费豪文.物理冶金学基础.卢光熙,赵子伟,译.上海:上海科学技术出版社,1980.

[4] 谢希文,过梅丽.材料科学与工程导论.北京:北京航空航天大学出版社,1991.

[5] 石德珂,沈莲.材料科学基础.西安:西安交通大学出版社,1995.

[6] 曹明盛.物理冶金学基础.北京:冶金工业出版社,1985.

[7] 宋维锡.金属学原理.北京:冶金工业出版社,1980.

[8] 胡赓祥,钱苗根.金属学.上海:科学技术出版社,1980.

[9] 刘智恩.材料科学基础.西安:西北工业大学出版社,2000.

[10] 陈秀芹,刘和.金属学原理习题集.上海:上海科学技术出版社,1989.

[11] 康大韬.物理冶金学原理习题集.北京:机械工业出版社,1981.

[12] 秦国友,胡振纪.金属学习题与思考题集.重庆:重庆大学出版社,1984.

[13] 周玉.陶瓷材料学.哈尔滨:哈尔滨工业大学出版社,1995.

[14] 杨紫侠,戴中兴.金属学研究生入学试题选编.武汉:华中理工大学出版社,1988.

[15] 胡德林.金属学及热处理.西安:西北工业大学出版社,1994.

[16] 张建.工程材料学习辅导.北京:中央广播电视大学出版社,1986.

[17] 周如松.金属物理.北京:高等教育出版社,1992.

[18] 李标荣.电子陶瓷工艺原理.武汉:华中理工大学出版社,1988.

[19] 谢希文,路若英.金属学原理.北京:航天工业出版社,1989.

[20] 刘国勋.金属学原理.北京:冶金工业出版社,1980.

[21] 刘智恩.材料科学基础.4版.西安:西北工业大学出版社,2013.

[22] 范群成,田民波.材料科学基础学习辅导.机械工业出版社,2005.

[23] 胡祥,蔡珣,戒咏华.材料科学基础.3版.上海:上海交通大学出版社,2010.

[24] 陈照峰,张中伟.无机非金属材料学.西安:西北工业大学出版社,2010.